科学文化经典译丛

韩国近代科学之路

한국 근대과학 형성사

［韩］金延姬　　著

仲维芳　曲均丽　崔　迪　译

金东国　审译

中国科学技术出版社

·北　京·

图书在版编目（CIP）数据

韩国近代科学之路 /（韩）金延姬著；
仲维芳，曲均丽，崔迪译 . —北京：中国科学技术出版社，2024.1
（科学文化经典译丛）
ISBN 978-7-5236-0040-5

Ⅰ.①韩… Ⅱ.①金… ②仲… ③曲… ④崔… Ⅲ.①技术史
—研究—韩国 Ⅳ.① N093.126

中国国家版本馆 CIP 数据核字（2023）第 040411 号

《한국 근대과학 형성사 한국의 과학과 문명 6》
By Kim Yeon Hee(김연희 / 金延姬)
Copyright © 전북대학교 한국과학문명학연구소 2016
All Rights Reserved.Original Korean edition published by Dulnyouk Publishing Co,
Simplified Chinese Character translation rights arranged through Easy Agency, SEOUL and YOUBOOK
AGENCY, CHINA

北京市版权局著作权合同登记 图字：01-2022-5425

总 策 划	秦德继	
策划编辑	周少敏 李惠兴 郭秋霞	
责任编辑	李惠兴 汪莉雅	
封面设计	中文天地	
正文设计	中文天地	
责任校对	吕传新	
责任印制	马宇晨	

出 版	中国科学技术出版社	
发 行	中国科学技术出版社有限公司发行部	
地 址	北京市海淀区中关村南大街 16 号	
邮 编	100081	
发行电话	010-62173865	
传 真	010-62173081	
网 址	http://www.cspbooks.com.cn	

开 本	710mm×1000mm 1/16	
字 数	240 千字	
印 张	17.75	
版 次	2024 年 1 月第 1 版	
印 次	2024 年 1 月第 1 次印刷	
印 刷	河北鑫兆源印刷有限公司	
书 号	ISBN 978-7-5236-0040-5 / N・308	
定 价	98.00 元	

序 言

⌄

朝鲜王朝①恐怕没有一个君王，像我关注的高宗李熙②这样，拥有着如此两极化的评价。直到 20 世纪，对他的主要评价还是"没能守护国家的无能君主"。他幼年时期缩在父亲大院君李昰应（이하응）的长衫下，青年时期躲在闵妃的裙裾下，是一个软弱且愚笨的君主。而且他生性贪婪，但凡能挣点钱的事都要插一脚，握住钱就不撒手。因此也就有了"热衷于收受贿赂"这样不好的名声。但是在即将进入 21 世纪的时候，对他的评价却逐渐开始由负面变得正面。不但称他为推行开化政策的开明君主，还说他大量引进了科技书籍并命人学习，将他塑造成一个学者型的圣君。甚至还有人称赞高宗像正祖③一样伟大，认为他统治时期内忧外患，根本没办法摆脱帝国主义的侵略。

---

① 本书开篇特别说明：由于本书主要讨论朝鲜半岛上朝鲜王朝和大韩帝国时期的近代科学发展历程，因此，本书中的"朝鲜政府"特指"朝鲜王朝政府"和"大韩帝国政府"；而本书中的"朝鲜"特指朝鲜王朝和大韩帝国时期的整个"朝鲜半岛"，而非现今意义上的"朝鲜民主主义人民共和国"。而这个时期的朝鲜半岛上的人也在本书中称为"朝鲜人"。——编者注

② 朝鲜王朝第 26 代国王，大韩帝国（1897—1910）第一任皇帝，1863—1907 年在位。下文中的页下注，如无特别注明，均为译者注。——译者注

③ 朝鲜王朝第 22 代国王，1776—1800 年在位。朝鲜王朝后期的明君，在位期间施行了多项改革政策。

　　但其实我并不关心高宗是否是一个明君。从学习本国科技史以来我感兴趣的是，在被日本占领期间，韩民族①是否应该被扣上"理解不了近代科学和数学的愚昧的民族"这样一顶帽子？从开埠②到签订《乙巳条约》③的 30 年间，是否因为没能接纳近代科学技术、拒绝改变，才导致了"由于日本的侵略，才使得朝鲜半岛进入近代科技世界"这一局面的产生？进一步来说，是否是"由于日本的殖民，才使得朝鲜半岛迈入了近代"？为了解决这些疑问，我从朝鲜半岛的科学技术史中寻找近代科学技术引进的时期，从推动社会变革的国家政策中寻找近代科学技术实现全面应用的时期。我发现，这个时期恰恰就是高宗统治的时期。之后，我开始研究这一时期科学技术的应用情况和因此而产生的变化。

　　我并不否认近代科学的特性，即不是靠思索或者推论，而是利用科学这一独特的语言来表达，在狭小的空间里再现自然现象、构筑理论体系的实验研究行为，并以这种研究行为作为领域特征。但是我认为那些像朝鲜王朝一样为了完成近代化而必须整体引进近代西方科学技术的国家，至少也要先理解西方的近代自然观、世界观，决定采取怎样的接受方式，并构建支持体系——例如构筑人才培养和培训系统、提供研究场所和资金支持、建立研究失败的保障、提升研究成果的使用等。这些都需要在国家层面形成共识的前提下才能开展。当然，我并不是说这些条件在高宗时期就已经完美地构建好了。

　　即便如此，为了能让全社会达成共识，体验西方科学技术的优势、认同其引进的必要性、理解西方的世界观和自然观并转换陈旧观念、构建学习西方科学技术的教育体制等这些条件，早在高宗统治时期就已经具备了。

---

① 和"朝鲜民族"一同作为对朝鲜半岛主要民族的称呼。

② "开埠"指朝鲜王朝于 1876 年与日本签订《江华条约》，并依照条约开通商口岸的事件，可定义为韩国近代史的开端。此条约签订的背景是日本于 1875 年将军舰开赴朝鲜海岸，以武力打开了朝鲜国门。

③ 又叫《韩日协约》，日本为了控制占领大韩帝国，于 1905 年强制其签订此条约，剥夺了大韩帝国的外交权。

在著书期间，贯穿此研究的民族主义倾向带给了我不小的烦恼。我希望大家不要用以下的观点来理解本书的观点，例如：在高宗统治时期近代科学技术就已经得到了引进和使用；朝鲜王朝的引进政策本来成功了，却因为日本的侵略而失败了；高宗在这一过程中发挥了卓越的领导才能；我们民族对他国文化抱有非常开放的心态，所以我们非常顺利地过渡到了近代等。在西方文明世界中形成、构建、发展的所谓近代科技文明，在高宗统治时期进入了朝鲜王朝，并与朝鲜王朝的传统思想相遇，产生了相互的影响。本书在近代科学技术传入朝鲜半岛的过程、与朝鲜王朝传统思想的相互影响、社会对近代科技的接受和理解方式等方面阐述了我的观点，希望大家能够与我的观点产生共鸣。

此书可以说是我研究高宗时期科学史的成果。此书的撰写得益于前人对当时社会多个领域进行的众多研究，在此谨对这些研究者表达敬意和感谢。此外还要对一直以来对我不吝赐教的朴星来（박성래）老师、宋相庸（송상용）老师、全相运（전상운）老师、金永植（김영식）老师等几位恩师表达衷心的感谢。还有林宗台（임종태）教授、朴权寿（박권수）教授、全勇勋（전용훈）教授等和我一起研究并不断鼓励我的前辈、同事们，也要对他们表达感谢。

此书的结构和框架经过了多次修改才最终成形。在此期间，全北大学科学文明学研究所的申东源（신동원）所长和全北大学的金根培（김근배）教授、文晚龙（문만용）教授一直帮我修改书稿，在此对他们表示感谢。对协助此书出版的申香淑（신향숙）研究员和将晦涩的稿件变成完美书籍的平原出版社也表达深深的感谢。最后，我要感谢不知不觉间长大并且也走上史学道路，并不断提醒我去反思我的民族主义倾向的女儿秀敏（수민）和从学术的角度给出批评、建议的丈夫金德均（김덕균）先生。

金延姬

目　录

第1章

绪　论

开埠与西方科学技术的冲击

本书主要探讨了从1876年开埠到被日本吞并前（1910年），朝鲜王朝引进西方近代科学技术的情况及由此产生的变化，考察引进的西方近代科学技术被朝鲜王朝吸收的过程、方式以及与朝鲜王朝社会互相适应、融合的方式。

朝鲜王朝在17世纪前后首次接触到西方科学技术。特别是肃宗①以来开始由政府主导引进西方科学技术，但仅限于"时宪历"②的计算方法等方面。即便如此，政府主导引进西方科学技术这件事仍然大大刺激了儒学家们。他们对介绍到清朝政府的西方科学技术抱有极大的关注，特别是京畿地区的儒学家们积极地去学习理解这些信息和知识。但这些也只是个别学者的行为，西方科技的引进仍然局限在大家关心的某些特定领域。另外，

---

① 李焞（이순，1661—1720），朝鲜王朝第19代国王，于1674—1720年在位。

② "时宪历"又称"夏历""农历"，为中国明朝时期，徐光启结合西方天文历法，采用太阳在黄道上的位置确定节气的重大天文历法革新，清朝顺治元年（1644年）由清政府正式予以颁行。

当时引进的科学内容也并不是西方的近代科学，而是像地球中心说和四元素说这种对基督教的古代自然观进行重新解释的内容，大部分都是17—18世纪欧洲的传教士们介绍到中国的。这些知识虽然能够帮助朝鲜儒学家们重构传统自然观或者传统自然哲学观，但是想要引发整个社会的变革却远远不够。

但开埠之后，情况就完全不同了。经过16—17世纪的科学革命后，西方科学技术有了新的发展，再受到18—19世纪产业革命的影响，成了近代西方帝国的产物。这些技术从传统的手工业中蜕变，成为实现了机器生产和大量生产的产业革命的一部分。最重要的是，朝鲜王朝主动引进近代科学技术，并将其用在了国政改革的多个方面。政府对西方近代科学技术开放持积极的态度，对社会造成了远超于前的巨大影响。即朝鲜王朝社会与西方科学技术遭遇了全方位的碰撞，朝鲜王朝传统科学技术和知识社会都发生了史无前例的巨大变化。

即便如此，早已在朝鲜半岛深深扎根的儒家传统自然观，并不会因为西方近代科学技术的引入就马上被废弃或者全面被近代自然观代替。因为用"阴阳五行说"来解释的传统自然观，不仅仅是解释自然现象的理论体系。天、地、人等自然世界的构成要素是构成人类社会现象和秩序的基础，"天地人合一"的理论结构不仅解释了自然现象，还囊括了儒家的道德、伦理甚至社会秩序，构建了以天人感应为代表的儒家政治理念。以这种"自然"为基础的社会、道德和伦理观念从朝鲜王朝建国以来延续了五百多年，并逐步衍变为国家统治理念。因此以西方近代科学技术为基础的自然观在朝鲜王朝的接受过程必定伴随着冲突和融合。

与综合、有机的朝鲜王朝的传统自然观相反，西方近代科学技术注重分析和精准。这种特征是在17世纪科学革命后形成的。近代科学技术从自然中分离出现象，并在实验室这一限制性空间内将其再现和重构，以此来解释说明自然现象。另外还用看起来无可争议的科学这一语言来表达，在此基础上有着精确的自然观和物质观。认识论、对自然的知识体系、研究方法和目的、科学的社会地位等与科学相关的很多事物，经过大约 200 年的时间，产生了显著的变化，因此被称为"科学革命"。科学革命的产物在欧洲经过一两百年的发展，成长为西方国家技术、产业进步的坚固基石，成为西方国家在全世界扩张势力的后盾。

19 世纪末，西方国家势力开始影响朝鲜。经过与装有强大火炮的巨大舰船正面交战后，政府深深体会到了洋枪洋炮的威力，渴望引进强有力的西方武器。为了获得西方武器，转换军制和引进武器制造的源头——近代科学技术，就变得非常必要。为实现这一目标，最需要的就是庞大的财政支持。即，为这些改革提供基础构建的工作要并行。政府为确保必要的财政资金，开始改革亏空严重的国家制度。这次的改革沿用了很多西方的制度，而大部分西方制度的引入也是以引进近代科学技术为前提的。交通和通信制度、钱币制造制度、矿务体系等的引进都包含在这一计划中。

朝鲜王朝政府以近代科学技术的引进为前提，将军事体制的转换和国家统治制度的改革作为核心事业。这意味着政府只是将西方科学技术看作可用之"器"。因此，天地人合一的传统自然观和传统科学在朝鲜王朝的解体，很难像在日本那样迅速完成。但近代科学技术的引进终归是由政府主导并以全国为对象开展的，其影响力和波及力不可小觑。因此，朝鲜王朝的社会不可能不产生变化。传统自然观必定会解体并一步步被近代自然观所取代；至少在外观上，逐渐变得和创建近代科学技术的西方社会相仿。

在西欧地区以外，这种变化不只在朝鲜半岛发生。由于西方近代科学技术的引进导致与传统科学技术的割裂广泛发生，这可以说是西方帝国主义扩张的产物和结果。这种变化非常有攻击性，是由发展了近代科学技术并完成产业革命的西方帝国打着"用文明来启蒙蛮荒世界"的名义故意传播的。虽然用上了"启蒙"一词，但实际上是他们为了扩大西欧的商品市场和原料供给地而发动的侵略。在产业化、机械化和武器开发方面落后的非西欧地区，根本无力抵抗利用强大的军事力量发动扩张的西方文明。[1]
在 18—19 世纪曾拥有绚烂文明的中国，也在两次鸦片战争后不得不接受
他们的科学技术作为应对他们侵略的一环。日本也在美国"炮舰外交"的
威胁下开放口岸，并以此为契机，果断施行了"明治维新"。就这样，19
世纪西方文明以充满侵略性的姿态开始了扩张。

非西欧地区的，特别是处在东方文化圈中的各国，采取了不同方式对待
如此有侵略性的西方文明。朝鲜王朝不是像日本一样通过政治改革来全盘接
受西方文明，而是像中国清政府一样只在必要的领域选择性地引进和改革。

在西方文明中朝鲜王朝最关注的是武器。朝鲜王朝在引进和制造西洋
武器的基础上转换了军队体制，以此来对抗西方势力的入侵。[2] 为制造西
洋武器，朝鲜王朝切实感受到了西方科学技术的必要性。1882 年高宗颁布
的《开化纶音》从始至终都贯穿着对这种必要性的表述。其中不仅表达了
像西方帝国一样实现富国强兵、不再受外国羞辱的决心，还对现实形势做
出判断，认为朝鲜无法再像以前那样拒绝国际交流，表明了必须引进西方
科学技术的态度。[3] 以此为契机，政府层次的西方科学技术引进活动变得
活跃，不仅对朝鲜的知识阶层，对整个社会都产生了不小的影响。其结果
就是，在 1910 年"庚戌国耻"①，甚至在 1905 年《乙巳条约》之前，在朝
鲜传统社会里绝对看不到的一些情形开始上演，与近代科学技术配套的教
育制度开始出现并扎根。

引进近代科学技术的三个主要阶段

本书将考察从 1876 年开埠到 1910 年"庚戌国耻"的三十多年间，朝
鲜由于引进西方科学技术所产生的变化。并将此划分为三个阶段，分别是

---

① 1910（庚戌）年 8 月 29 日，日本强行与大韩帝国签订了《韩日合并条约》（又称《日韩
合并条约》），剥夺了大韩帝国的国家政权。

从开埠到光武改革①、从光武改革到《乙巳条约》、从《乙巳条约》到"庚戌国耻"。之所以这样划分，是因为 1876 年开埠是朝鲜半岛接受近代科学技术的起点。而光武改革引起的多个政治、外交上的变化，打开了朝鲜半岛引进近代科学技术的局面。最后，《乙巳条约》和"庚戌国耻"，使得朝鲜半岛无法再继续自主地引进近代科学技术。

　　自 1876 年开埠以来，朝鲜王朝为顺利引进近代科学技术，做了很多准备工作。例如分析国际形势和中国、日本的情况，新设必要的政府机构，培养相关工作人员等。在这种形势下，清政府对朝鲜王朝政策的变化产生了很大影响。清政府自 1880 年前后开始对朝鲜王朝的内政和外交进行多方面干涉，导致朝鲜王朝国政大幅失衡。这种情况一直持续到中日甲午战争，也导致朝鲜王朝以引进科学技术为目的进行的多种改革政策无法顺利进行。这些情况引发了光武改革的开展，并一直持续到《乙巳条约》。尽管在这期间也受到过外部势力的介入，比如日本对朝鲜政府施加压力，但在"三国干涉"②和"乙未事变"③之后，国际形势相较以前稍有宽松，高宗趁机颁布了"大韩帝国国制"并开展"光武改革"。很多从 19 世纪 80 年代就已经构思好但由于得不到支持而一直无法进行的改革政策，终于在这段时期内得以施行。[4] 19 世纪 80 年代改革失败的重要原因之一就是资金问题。高宗为了解决这一问题，加强了对王室财政的管理，将掌管这一事务的官内府设为王室直属部门。官内府在废除免税特权的同时，还收回了人参专卖权、其他杂税及驿田管理权。[5] 以此为财政基础，新设或者扩大了多个政府机

① 1897—1903 年由高宗和统治阶级中的开明人士主导的近代化改革。光武（1897—1907）为大韩帝国（1897—1910）的第一个年号。

② 中日甲午战争签订《马关条约》之际，引发俄、德、法三国基于自身利益进行干涉，同时日本在朝鲜的势力也开始受到多方牵制。

③ 1895 年 10 月 8 日，高宗的闵妃被日本人杀害，因大韩帝国成立后闵妃被追封为"明成皇后"，所以史上也称"明成皇后弑害事件"。此举引发国际社会舆论，日本在朝鲜势力受到牵制。

构，力图在近代科学技术的基础上推进多项事业。通过光武改革，中央政府确立并积极推行引进西方文明的政策，并引导百姓响应这一政策。[6] 光武改革很快显现出成效，特别是汉城发生了令人刮目相看的变化。但在改革进行得如火如荼的 1905 年，《乙巳条约》的签订，成了朝鲜近代化改革的转折点。《乙巳条约》之后，光武改革的大部分成果都被日本歪曲或者改变、破坏。日本在汉城设立了"统监府"，准备对朝鲜半岛进行殖民统治，为此他们解散不需要的部分，强占、改编需要的部分，甚至歪曲相关历史。这之后，大韩帝国政府设立的教育机构，特别是培养专业人才的学校被关闭或者延迟开学，指责朝鲜人的言论也甚嚣尘上。由此，大韩帝国政府培养科技专业人才的制度解体、变形，历经 40 余年引进近代科学技术和推行相关政策的历史记忆也被歪曲。

本书通过划分各个历史时期，对各时期引进科学技术的背景和原因的不同进行研究。另外通过分析这些因素，探讨西方国家、日本、中国，以及朝鲜在科学技术发展方向上产生差异的原因。

重新审视先进与落后

本书研究的是从开埠到"庚戌国耻"这段时期，也是朝鲜半岛近代史上充满悔恨的时期。在朝鲜王国初期曾大放异彩的儒家文化在那之后便停滞不前，朝鲜王国末期（大韩帝国时期）政治昏暗，贪官污吏横行，使得国家急速衰落。掌权势力之间党争频繁，都不把国家和百姓放在心上。不仅是腐败的集权势力，连当时的百姓也难逃非议。他们被贬低为懒惰、不思进取、因循守旧、野蛮未开化的人，甚至被视作劣等民族；被评价为智力水平低下，以至于理解不了西方近代科学（和数学），朝鲜王朝时期的无数知识财富沦落为无用之物；还被污蔑是由于民族本性贪婪，才使得青瓷这样的卓越技术没有传承下来。[7] 不仅是朝鲜王朝的学校制度，就连爱国启蒙运动时期开设的很多私立学校也被批评为达不到近代教育的水平。[8] 当时的统治者高宗也被诋毁为无能、软弱、天真、不负责任的君主，对不断变化的国际局势反应迟钝，是个不合格的领导。

当时的朝鲜民族真的愚钝到需要日本来改造吗？当时朝鲜王朝的国王高宗真的无能到对日本的侵略毫不抵抗吗？高宗统治的 40 多年间真的黑暗到想要把这段历史删掉的程度吗？近代科学技术真的是由日本引进然后教给朝鲜人的吗？我们的近代科学教育真的全部依赖日本的帮助吗？在日本介绍给我们之前，朝鲜王朝真的对西方近代科学技术全然不知吗？如果有所了解的话，是否尝试过引进呢？

本书将针对这些疑问展开探讨。不只是作者对高宗时期的历史评价产生了疑问，也有很多其他研究者提出过这样的疑问。因此出现过很多相关研究，成果丰硕。这其中就有与朝鲜政府的改革政策相关的研究，[9] 其结论是当时在多个领域都进行过体制和政策的改革。这些与近代科学技术相关的研究，大部分都与近代社会所谓的社会间接资本相关。传统社会需要这些设施，越是强化中央集权的国家，为了统治和管理地方，都需要具备交通、通信、运输方式等条件。朝鲜王朝建国以来即使交通通信体制已经具备，但 500 年的岁月中也暴露出了很多问题。为了革除弊端，亟须改革，其主要方式就是利用近代科学技术的产物。为解决运输税粮的传统漕运的弊端，朝鲜王朝引进了蒸汽船。罗爱子（나애자）在其撰写的《韩国近代海运业史研究》一书中，对海运业的发展过程和变化过程，以及遇到的问题进行了研究。[10] 另外还有针对陆路交通的研究。郑在贞（정재정）在《日本帝国主义的侵略和韩国铁路（1892—1945）》中分析了为构建近代陆路交通网，朝鲜王朝引入铁路体系的摸索过程、西方列强对朝鲜铁路铺设权的争夺、被日本强占后所经历的磨难及总督府铁路政策遗留的问题，等等。[11] 另外，还以当时最先进的交通方式——电车的引进（虽然仅限于汉城）为切入点，提出了对局部地区交通体制近代化过程的研究。鲁仁华

（노인화）探讨了光武改革与汉城引进电车之间的关系，金延姬（김연희）在此基础上，进一步探讨了电气事业失败的原因和背景，以及对社会产生的影响等。吴镇锡（오진석）以大韩帝国时期以来开展的电气事业为基础，将时间延长到殖民强占时期，研究了日本帝国主义在朝鲜半岛进行电气事业的过程和特点，[12]还发表了以烽火和驿站为代表的传统通信体系向近代体系转换过程的研究。金延姬在《高宗时期近代通信网的构建》一文中写道，通过考察新通信体系——电信的引入和电信网的构建过程，可以看出朝鲜电信事业发展得非常成功，甚至达到了让日本设立的统监府担忧的程度。[13]

除了这些基础设施的相关制度之外，还发表了由近代科学技术推进的朝鲜王朝多种改革相关的研究，其中就有与朝鲜经济的主干——货币制度相关的研究。[14]元裕汉（원유한）在《典圜局考》中指出，为改革当时货币制造的弊端，朝鲜引进了近代货币制造技术。[15]李培镕（이배용）在《韩国近代矿业掠夺史研究》中指出，自从矿业跃升为政府的财政事业，为将传统的潜采方式转换为近代地质勘探及开矿技术，朝鲜王朝积极引进西方矿产技术。但这些行动，恰恰给外部势力掠夺朝鲜矿产提供了便利和机会。[16]研究结果显示，朝鲜王朝推行的近代科学技术政策及产业政策，反而帮助了西方列强及日本对朝鲜的侵略和掠夺。

与朝鲜王朝基本产业相关的研究也陆续展开。金荣镇（김영진）等介绍了朝鲜引进近代农业技术的过程，金道亨（김도형）考察了“劝业模范场”的设立和移交过程，探明了近代农业的起源。[17]权泰檍（권태억）在《韩国近代棉业史研究》中探讨了传统的织造和纺织业体系转换的过程和出现的问题。[18]他考察了曾经是重要的传统副业的纺织业在开埠之后，通过引进西方机器，从传统织造方式改造为产业化的过程。还考察了朝鲜半岛原有的棉花品种被新的陆地棉①栽培强行取代的方式，及日本插手此事的目

---

① 一种棉花品种，也称为美洲棉。

的。他揭露出，朝鲜半岛棉花品种转换为陆地棉的过程，即日本将朝鲜半岛纳为自己的纺织和纤维产业原料供给地的过程，并介绍了随之带来的朝鲜半岛纺织业的变化。另外，为防止国家财富外流、充实政府财政，朝鲜王朝政府决定引进新的蚕业技术来取代进口。金英姬（김영희）在《大韩帝国时期蚕业振兴政策和民营蚕业》一文中分析了备受关注的新蚕业技术的引进、接受过程和遇到的问题。[19]

　　这个时期朝鲜王朝建立以来就发挥作用的医疗制度也开始发生变化。申东源《韩国近代保健医疗史》和朴润栽（박윤재）《韩国近代医学的起源》研究表明，西方近代医学的引入与军制近代改革的一环，即构建军队医疗有着紧密联系。而以近代卫生的引进为基础的传染病预防，也与近代的人口管理有紧密关联。[20]这些研究详细展现了传统医疗和保健政策接触到近代西方医学后产生变化的情况，由此可见朝鲜王朝接受了近代的人口观。这些研究更进一步详细探讨了以西方科学技术为基础的各种技术引进的目的、背景和过程，朝鲜王朝医学教育的开展过程以及受日帝阻挠的过程等。

　　在朝鲜半岛近代医学史研究中可以看到的医学教育相关人力培养制度，并不局限于医学领域。与近代科学技术领域负责人才培养相关的研究也不断出现。金根培在《韩国近代科学技术人才的出现》一书中讲述了朝鲜王朝从开埠到日帝殖民期间近代科学技术人才的培养过程，整理了到"庚戌国耻"之前的科技人才情况，揭示出日本强占时期养成的科技人才，并不是得益于日本的教育政策，而完全是因为个人的努力。[21]李勉优（이면우）在《韩国近代教育期（1876—1910）的地球科学教育》中阐明，属于传统学科领域的天文学和地理学相关教育内容，也由于开埠后引入的汉译科学技术书籍发生了变化。[22]李勉优提到的汉译西方科学技术书籍的引入和收藏情况，金延姬在《对19世纪80年代收集的汉译科学技术书籍的理解：以奎章阁韩国学研究院藏本为中心》一文中也曾经探讨过。此研究揭示了现藏于韩国奎章阁的汉译近代科学技术书籍的全貌和内容分类、引进

途径等。另外与这些书籍内容相关的研究也有不少。李相九（이상구）在《韩国近代数学教育之父李相卨（xiè）撰写的19世纪近代化学讲义录〈化学启蒙抄〉》中，整理了李相卨（이상설）理解汉译科学技术书籍《化学启蒙》的方法以及当时的知识分子们学习这些书籍的痕迹。[23]朴钟硕（박종석）在《开化期韩国的科学教科书》中介绍并分析了大韩帝国时期学校制度的设立和使用的教科书，金延姬在《大韩帝国时期新技术官员集团的形成和解体——以电信技术者为中心》中说明，在《乙巳条约》之前，受过近代科学技术教育的电信技术者团体就已经形成并活跃着。[24]新式武器技术引进作为与中国清朝交流的重要一环，金延姬和金正基（김정기）就其引进过程进行了分析。[25]像这样，学者们对开埠之后朝鲜王朝的多个领域进行了研究。[26]通过这些研究，能够了解开埠之后近代科学技术引进过程的特点、倾向和面貌。也就是说通过这些研究，能够大体把握开埠以后朝鲜政府的近代西方科学技术引进政策、政策施行的具体内容、西方科学技术学习内容、新出现的技术人才培养和相关制度完善、向他们提供的教育水平等。

近年来，除了这些不同领域或制度的研究外，还对政策主导者和当时的知识分子对西方文化的认识和态度进行了研究。这些研究以"开化""文明"等综合概念为中心，考察了包括西方科学技术在内的整个西方文明在朝鲜王朝被认识的方式和相关讨论。其中朴忠锡（박충석）用多个层次的概念揭示了开埠之后基督教世界观的"文明"与儒家观念延续下的"开化"。姜相圭（강상규）认为，不同文明交叉的时期，正是基督教文明国家野蛮收揽非西方国家的过程。[27]权泰檍分析说，文艺复兴以来西方实现的蕴含"进步"的启蒙主义世界观取代了基督教世界观，并宣扬"文明"。该文明与19世纪基督教海外传教事业相联系并组织化，逐渐扩散到全世界。[28]这些关于文明和开化的研究大多将西方的侵略视作西方文明的扩散，即西方社会用"文明"启蒙非西欧圈的过程。权泰檍在分析日本和中国的情

况时指出，向往西方文明的日本，为了得到西方的认可，实行了殖民地政策。[29] 权泰檍还探讨了中国对西方的应对方式——中体西用的含义，阐述了中国对西方近代文明的态度、结果、影响、意义和局限性。

对文明这一大概念的研究，通过捕捉、分析西方文明的实体和西方文明的传播所蕴含的历史性和意图，并探明接受这一概念的非西欧国家的应对方式，将 19 世纪的情况，从"帝国的侵略与应对"这样简单的构思出发，扩大到从多个视角来研究。这些研究作为"文明规范"的标准，虽然将西方近代科学技术列为重要议题，但并没有直接探讨。甚至对近代科学技术的内容和传统科学技术的特性都没有多关注。尤其是朝鲜王朝所认知的西方科学技术的性质和科学技术在朝鲜半岛的变化、科学技术核心用语的含义变化或变用等，都不是这些研究的兴趣点。而且这些研究中提到的西方科学技术，不是历史变化过程的构成体，而是被看作没有错误和缺点的成品。而且认为只要有决心，就随时都可以获取。

引进与接受的两面性思考

本书试图将这两部分研究合二为一，综合领域史或制度史、政策史积累的研究业绩和"文明"这一综合概念中对其认识及态度的研究，考查从传统到西方文明的转换过程对朝鲜自然理解体系的变化所产生的影响及其变化过程；同时具体分析"开化"和"文明"中包含的西方科学技术的内容，综合分析朝鲜王朝与传统的相互作用和产生的影响。本研究既观察近代科学技术被引入传统社会后所产生的改变、歪曲、混合的样态，同时也揭示，引进的科学技术在朝鲜不是与西方保持同样的形态存在的独立完整体。因此这项研究表明，科学技术是一个根据社会、文化背景和知识传统而变化的体系，也是一个具有反映朝鲜社会特殊情况的特征并重新建构的产物。

这些展现西方科学技术在东亚的接受过程的研究，已经在中日科学技术史领域进行了不少，也积累了丰富的成果。这些研究是以分析西方文明的实质、翻译和改观、重组等为中心进行的。以中国为例，在以儒学为中心的本土知识传统在17—18世纪具有强大影响力，从传教士那里接受西方科学知识的情况的相关研究也不少。这些研究对流入的外来异质性知识在中国社会占据影响力地位的过程、中国知识分子学习、理解并将其消化的过程，及与此相伴的儒学知识形态的变化过程进行了细致的分析和重组。这些研究促进了"西学中源说"的形成，并发展为考证学。[30]"科学"一词被翻译成传统用词"格致"，赋予其多种含义，并包含被改变、歪曲的情况。[31]这些研究发展成为对19世纪对洋务运动和甲午战争战败的分析，最终演变为接受"科学"的转换过程和对近代科学技术认识、理解过程的分析。这综合了传统知识社会想要吸收、消化、接纳陌生文化动向的历史意义。这些研究还包括从传统"卫生"转变为近代卫生过程的领域历史性考察。通过这些研究，可以全面理解中国接受西方近代科学技术的态度、引进的影响和意义。

研究表明，日本走的是与中国不同的路线，并揭示了其意义。权泰檍指出，传统社会中未能构建完善的儒家素养和知识体系的日本，以政治变革为背景，以西方的视角接受了西方的科学知识，这直接导致对西方知识文明的全盘接受和对传统知识体系的摒弃。[32]还有研究以日本接受近代科技的17—18世纪为背景，分析了当时形成的兰学①。[33]还分析了负责学习西方科技的日本知识分子的社会地位，考察了西方科学技术在日本的社会功能及作用。以这些研究表明，日本在19世纪80—90年代，已经再也找不到日本传统的痕迹，而且日本的近代科学负责人们将西方作为竞争对手进行研究。[34]将西方作为竞争对手的认知态度，也在近代科学技术用语翻

---

① 兰学（Rangaku，らんがく）指的是在江户时代时，经荷兰人传入日本的学术、文化、技术的总称，字面意思为荷兰学术，引申可解释为西洋学术。

译过程的相关研究中被提出。[35]学习西方科学技术的日本知识分子，将关注点放在传统科学和近代科学的差异上，并致力于日本式术语的制造或者发明，在这个过程中试图与传统科学、技术自然观和认识论保持距离。这些与日本近代科学形成相关的研究中，也包括了不少领域史方面的尝试。[36]

可以看出，中国和日本关于引进西方科学技术的研究已经达到了一定的水平，在检验外来知识存在形态的同时，还能解释科学技术所具有的社会整体意义并揭示其历史意义。朝鲜王朝被归为儒学圈或东亚三国，由此可以预测，朝鲜王朝的西方科学技术引进过程也可以由中国和日本的研究进行推论。但中日两国引进近代科学技术的过程并不相同，同样朝鲜王朝的立场和情况也非常不同，因此有必要对这些不同情况进行分析。

科学技术引进的步骤与效果

本书将探讨从开埠前后至日本帝国主义强占时期朝鲜引进近代科学技术的过程，考察随之产生的社会变化，同时试图解决与这个时代科学技术引进相关的几个问题。

第一个问题是"在引进近代科技之前，传统社会中是否已经存在相应的领域？""假如存在的话，它在社会中承担着怎样的功能，又是如何存在的？"本书尝试通过考察朝鲜王朝传统社会天、地、人的认识体系框架和近代西方看待自然的视角差异来找出该问题的答案。

第二个问题和引进的过程有关。不同领域的知识采取的是不同的引进途径，结果不一样，所需时间也有差别。本书将考察造成这些差异的原因是什么？是什么对这些差异产生了影响？产生这些差异的根本原因，首先与推进这一进程的政府能力有很大关系，其次像朝鲜王朝等不得不引进西方科学技术的国家所引进近代科技的优先顺序是不同的，另外还与朝鲜王朝对近代科学技术的态度有关。为解决这一问题，需要考察朝鲜王朝政策的制定和施行过程。

第三个问题是，西方科技在朝鲜半岛的变化情况是否与其本身的特点有关。西方科技本身作为西方社会的产物，由多种要素组成，而且背景各异。当它们被引入朝鲜半岛这一传统空间时，会呈现怎样的面貌？例如，电车这一交通系统主要由三个部分组成：有轨电车、电车线路和运营体系，每个部分也在构建自己的系统。电车与发电及电力传输方式、电动机的发明和改良联系紧密，电车线路与冶铁和钢铁产业联系密切，运营体系由技术人力和近代时刻表等要素构成。因此，该交通体系的引进，意味着与之相关的社会关系、科学技术要素的流入。本书将以当时的社会状况为中心，考察这些体系和制度的引入给传统社会带来了哪些变化。

第四个问题是，引入的西方科学技术与朝鲜王朝的社会及传统的知识体系是否产生了相互作用？例如，引进像电报运营或轮船航运这种以国际交流为前提的科技体系，意味着它必须接受一部分国际标准时间制。国际标准时间制的引进，最终必然会与传统时间体系相关的知识传统产生摩擦，这很可能对朝鲜半岛的传统宇宙观和历法也产生了影响。当然，知识体系的这种变化不会仅由国际时间制引起。本书将探讨当时引进的各种科学技术相关因素对传统知识体系产生的影响。

最后的问题是，事业推动力的转变对引进的科学技术的性质和内容有何影响？在被清朝干涉内政的 19 世纪 80 年代、独立前进的光武改革时期，以及按照《乙巳条约》引进近代科学技术时，推动这一进程的力量都是不一样的。本书将探讨这些变更带来的变化或作用。

为了解决这些问题，本书首先考察了以引进西方近代科学技术为基础的朝鲜政府开化政策的整体背景、制定过程以及对近代科学技术的认识态度。首先，本书仔细研究了朝鲜王朝施行的重要政策，例如引进武器技术的政策、多个富国政策中引进新耕作方法的过程和结果、通信和运输系统的转换等。此外还探讨了这些政策推广和实施后社会产生的变化，以及近代天文学的引入和影响、新教育的实施、传统教育体系的解体和近代科学技术的教育过程。这些研究中还包含了朝鲜王朝实施开化政策的过程和结果，以及《乙巳条约》之后的变化过程。

本书前两章考察了朝鲜王朝对西方近代科学技术的接受态度。通过对传统观念的转变、为实现引进而收集的信息、引进政策的形成和开展等方面的研究，考察了朝鲜王朝的基本认识和态度，以及当时的国内外形势。

第 3 章探讨了当时朝鲜王朝长久以来对引进西方武器制造技术的期盼、引进政策的制定过程、遇到的挫折及其结果。

第 4 章探讨了朝鲜王朝为确保强兵所需的财政基础，将传统产业农业重新构建为新的近代西方农法的各种尝试。对稻米品种开发和改造施肥方法的过程、包括乳制品在内的西方代表农业经济作物的引进、建立农业技术传承教育体系的过程和挫折以及由日本在汉城设立的统监府带来的挫折及其过程进行了考察。

第 5 章和第 6 章介绍了中央集权国家的统治手段——交通和通信的西式转换过程。运输和通信事业权是国家统治最重要的领域，不仅是朝鲜王朝，也是西方列强和中国（清朝时期）、日本这两个东亚国家最关心的问题。朝鲜王朝在这两个领域的技术引进，也受到了很多干涉和阻挠。这两项主导权的归属，不仅将决定其建立和运营的方式，甚至能左右国家的命运。这两章考察了这两个领域技术引进的过程，以及运营和变化作用的过程。

第 7 章主要通过天文学和地理学考察了传统自然相关学科龟裂和瓦解的过程。天文学历经从世宗 ① 时期根据《七政算内外篇》的历法计算到肃宗朝时宪历的转换，五百年来一直是涵盖了时间、灾异、气象的传统知识领域。特别是认为天体的运行反映着人间事的灾异论，被认为是专门服务

---

① 朝鲜王朝第四代君主，朝鲜谚文的创立人之一，在位时间为 1418—1450 年。

于帝王的学问，因此一直被政府机构和官员管理着。随着开埠以后西方近代科学技术的引入，这个领域发生了显著的变化。天空被分为天文和大气两个领域，贯穿传统天文学的"灾异论"崩塌了。而且在此过程中，统监府和总督府趁机掌握了以往传统的权力。本书还考察了日本通过管理时间来掌控朝鲜半岛的过程。另外，传统学问领域之一的地理学也因开埠发生了巨大变化。近代地理学瓦解了传统地理学，为地理研究提供了新的视角。它代替了以"天圆地方说"和"中国中心说"的传统世界观为基础的传统地理学，要求人们理解五大洋和六大洲的广阔世界观并重新定位国际秩序。通过考察近代地理学的理解和接受过程，进一步研究了从传统地理学向强调爱国国土观的自然地理学过渡的过程和变化作用。

第 8 章考察了近代教育制度的引进、学制的改编及科学相关教育的实行过程。新的近代科学与传统科学有着不同的知识训练体系，难以适应以读书和背诵为主的传统教育方法和制度。本章通过研究西方学制的引进和教科书的使用，来探讨朝鲜半岛对近代科学的接受过程。

这本书之所以如此构成，是希望得知近代科学技术与传统科学之间的差异对传统社会产生的影响力，以及社会动向对科学知识体系产生的影响力，即两个学科之间的相互作用力。因为至少在科学和技术领域，能够描绘出朝鲜半岛引进近代科学技术的主导势力带来的变形和曲折。而且自开埠以来，朝鲜王朝为通过近代科学技术进行改革，付出了很多努力，造成了传统社会的龟裂、解体，引起了向新社会的转变。本书想要阐明的是，朝鲜王朝沦为殖民地，不是因为愚昧或者顽固地不引进近代科学技术，也不是因为愚笨到无法熟练掌握这些科学技术知识。

第 2 章

近代科学技术的发现
与政府的引进政策

朝鲜王朝从 1876 年开埠之后开始真正地引入西方文明。当时引入的西方文明与 17—18 世纪引进的文明截然不同。开埠后，西方科学技术经过科学革命和工业革命后变得更加强大和高效。为了引进它，必须在与传统时代完全不同的秩序中与外国交流。1876 年开埠之后朝鲜王朝接触到的国际社会，不再是维持以中国为中心的"事大交邻"①秩序的世界，而是西方帝国在所谓《万国公法》②伪装下扩张的社会。随着自给自足的自然经济的解体，以大规模生产和追求最大利润的资本主义为中心，西方列强的经济体系重构并进入帝国时代，以原材料供应和市场扩张为目的展开了激烈竞争。[1] 随着开埠，朝鲜王朝也进入了这个激烈的角斗场，政府期望通过引进西方文明来实现国家富强，避免受到外来侵略和羞辱。

---

① 侍奉大国（即中国），与邻国交好。

② 此处指代国际法，名称来源于亚洲近代史上较早介绍国际法的著作《万国公法》，（美）惠顿著，（美国传教士）丁韪良译，1864 年（同治三年）京师同文馆刊行。分《释义明源》《论诸国自然之权》《论平时往来》《论交战》等四卷。除讲解国际和战及外交惯例外，突出宣扬殖民主义。

朝鲜王朝关注具备强大力量的列强和强大力量创造出的西方文明，并试图掌握其核心。同时，高宗和朝鲜王朝为了引进西方文明，制定并实施了多方面的政策。在吸收西方文明的过程中，虽然取得了不少成果，但失败的情况也不少。即便如此，朝鲜王朝还是坚持认为近代科学技术是西方文明的真谛，并努力引进这些文明，以此谋求变化和改革。在此过程中，朝鲜社会开始以近代科学取代传统科学。本章中将分析朝鲜王朝认识西方文明、西方近代科学技术的方式，并考察朝鲜王朝接受及引进西方科学技术的态度和方法。

与西方近代科学技术的接触

通过强大火力认识西方近代科学技术

朝鲜王朝直接接触西方文明，是通过伴随强大火力的"丙寅洋扰"（1866）和"辛未洋扰"（1871）①等西方的侵略行为。两次洋扰使得朝鲜王朝对西方的印象就是强大的武器和高速的蒸汽船。当然，这种印象并不单单是由于这些侵略行为而形成的。自17世纪中叶以来，派往中国的使团带回的西方相关信息，也持续增强着这种印象的形成。当时他们还带回来了西方传教士制定的准确历法和西方机器、武器相关的信息。朝鲜王朝以这些收集来的信息为基础，学习了中国时宪历的计算方法，尝试制作西方火炮，并取得了一定成果。为熟练掌握时宪历（1645年颁行）的计算方法，朝鲜王朝做了很长时间的努力，在武器方面也是如此。到了英祖时期，训练都监制造出了射程达十余里的红夷炮，[2]另外还改良了单人火器。[3]像这样由政府主持学习历法计算方法和新武器的制造、改良，为形成西方科

---

① 1866年，法国以朝鲜杀害法国神父为由派军舰侵入江华岛，被朝鲜击退，史称"丙寅洋扰"；1871年，美国入侵江华岛，不久后撤兵，史称"辛未洋扰"。经过两次"洋扰"事件，朝鲜政府重申"锁国令"，并在朝鲜全国各地竖立"斥和碑"。

学技术强大的印象提供了背景。

但自 19 世纪中期以后,在两次洋扰中接触到的西方火力非常强大,严重威胁到了国家的安全。见识到西方火器之强大的朝鲜政府深切体会到了强化军备的必要性,并开始为此制定方案。虽然强化军备是国家统治的必要条件,但并非易事。根据大院君李昰应(1820—1898)的海防政策改良的传统武器,根本无法抵御西方近代武器。

自高宗亲政以来,朝鲜王朝加强军备的政策与大院君时代完全不同,这意味着包括西式近代军备武器在内的军制本身的转变。军制向西式转变意味着对整个军制的重大改革,包括制式训练和操练、营地的建设和城堡的建造、军需物资的生产和普及方式。[4]另外还要同时改换军队医疗、通信方式和军官培训等军制相关的所有方面。为了进行以武器转换为核心的军制改革,朝鲜王朝必须全盘理解西方文明,还要为引进西方文明做好准备工作。

然而,当时朝鲜王朝无力彻底转换军制。因此,最先从被认为是当务之急的武器改换开始。根据中央政府管理武器制造的传统,由政府主导推动西式武器的引进,以增强军队火力。朝鲜王朝有卓越的武器制造传统和政府主导及管理传统,高丽末期李朝初期就已经开始制造火药,拥有包括神机箭等各种武器和朝鲜王朝中期的龟船。这样的朝鲜王朝,从没有想到有一天需要从别人那里购买成品武器。但是,西方近代武器的制造,并不是仅靠传统武器制作方式的部分改良或改变就能实现的。[5]它是西方武器制造技术相关的物理、化学、数学等近代科学及冶炼、制造钢铁、绘图、车床、冲压等工业技术的总和。可以说武器制造技术本身,就等同于西方近代科学技术。也就是说,想要制造西方武器,就必须引进西方科学技术。

为了引进西方科学技术,需要解决不少问题,首要的问题之一就是需要营造引进的氛围。当时警惕西学的主张盛行,这成了引进西方科学技术的绊脚石。[6] 被称为"卫正斥邪派"①的儒生们引导着这种敌视的氛围，他们认为朝鲜王朝或开化论者们提出的富国强兵方法会"导致西方文明通过侵略亵渎并破坏儒家传统"，他们认为这种方法"最终会破坏儒家之道"。他们提议以传统方法改良军备，认为只要制造大量的武器并进行艰苦的训练，即使武器性能和火力很差，最终也能赢得战争。[7] 他们担心，一旦开始购入蛮夷的武器和技术，以后将不得不一直购买。[8] 尽管他们的指责没有错，即使像他们说的那样，将传统武器改良得更好，也增加武器配置并加强训练，但传统火器在射程、爆炸力和命中率等基本的性能方面，已经大大地落后于西式武器了。

值得注意的是，斥邪论者们指出，用朝鲜王朝的"本"与西方势力的"末"来交易，是非常不公平也不应该的。[9] 他们认为在逐"末"的西方蛮族的诡计下，朝鲜王朝将会陷入非常危险的境地，但"黄遵宪（1848—1905）建议的方法最终会威胁朝鲜独立"这一预测也没错。作为李恒老（이항로，1792—1868）的弟子和金平默（김평묵，1819—1891）同窗的柳重教（유중교，1832—1893）明确表达，自己虽然赞同顺应时代要求的强兵政策，但是反对利用西方文明来实现这一目标。[10] "卫正斥邪"不只是在野儒生们的立场，作为使臣被派遣到中国的李裕元（이유원，1814—1888）也坚持这种态度。他墨守"防御"这一朝鲜半岛传统政策，并说："对付强兵取决于我们怀柔政策做得多好，防御做得多好，从没听说过借用敌人的力量来变强这样的事。"[11]

然而实际上，卫正斥邪派对世界形势的看法与开化派并没有太大的不同。因为他们不是没有觉察到西势东渐的情况，也不是没有了解到西方文明的特征。但他们将西方视为野蛮中的野蛮，提出解决问题的办法是用人

---

① "卫正斥邪派"指1876年《江华条约》签订后不久，朝鲜半岛境内以儒生群体为主，思想上拥护朝鲜王朝但反对朝鲜王朝与日本继续不平等合作的政治群体。"卫正斥邪派"掀起斥邪运动，却被朝鲜王朝镇压。

伦思想来治理它。[12]这在当时的世界形势下是非常浪漫和天真的想法。他们把西方列强评价为只追逐"利益"的"豺狼",却没有把握住"帝国"的本能或构造的实质。柳重教的主张很好地体现了这种思维方式。

> 则彼夷狄者,虽曰强悍,亦有人性,岂敢兴无名之师,而行犯顺之举乎?设令有豺虎之冥顽不谅而至者,吾之所以应之者,以主待客,以守待战,以正制邪,以直制曲,百灵所扶持,万姓所奋发,岂有遽受其挫折哉?[13]

即便他把西方看作是禽兽一样的蛮族,但他还是认为能够以朝鲜传统的仁德来教化他们。

高宗和开化论者们认为,这种卫正斥邪的视角和主张,不用说跟上国际形势的步伐,连应对都非常困难,因此他们提出了"东道西器"的对策。为保存由东方古代圣贤的教诲形成的儒学社会美德,而引入西方文明。将东道西器中的道(即理)与器分离开,用西方文明的核心——科学技术来取代传统陈旧的器,以强化"东道"。这种认知与实践的分离,是为了在不改变阴阳五行的自然观的前提下,创造出一种能说服儒学家们的结构。

这种思想的领头人正是掌握朝鲜王朝最高权力的高宗。他在大院君摄政时期也支持过锁国政策,将"卫正斥邪"视为重要国策,颁布了《斥邪纶音》,鲜明地表达了自己卫正斥邪的立场。[14]但在他与大院君争夺权力并推进与日本签订外交关系条约的过程中认识到,继续阻断西方文明的引进和交流是非常不现实的。[15]因此他果断积极地收集相关信息,阐明引进西方文明的立场和决定。高宗确立了东道西器的思想,不再赞同卫正斥邪的主张,明确区分道和器、东方和西方宗教,颁布了接受西方技术的诏令。

> 且见器械制造之稍效西法,则辄以染邪目之,此又不谅之甚

也。其教则邪，当如淫声美色而远之，其器则利，苟可以利用厚
生，则农桑·医药·甲兵·舟车之制，何惮而不为也？斥其教而
效其器，固可以并行不悖也。[16]

高宗在诏令中断言，在武器火力甚至是国力强弱方面，朝鲜与西方已
经出现显著的差异。假如再不引进西方器械的话，朝鲜将无法避免被侵略
侮辱的结果。他还指出，军备的核心在于西方文明，特别是机器。

高宗的诏令影响很大，以至于收到了25份包含开化建议的奏折。[17]
从这些奏折中，能看出大部分儒学家都对当时情势的紧迫感产生了共鸣。
大部分奏折都指出了百姓食不果腹、国家财政困难、军事能力弱等情况，
表达摆脱这种状况的愿望，为此愿意以富国强兵为目的引进西方文明。尹
善学（윤선학）认为，西方机械的精巧程度，即便是中国周朝时的吕尚（姜
子牙）和蜀国时期的诸葛亮也无法做到。他主张，"船、车、武器、农具都是
器"，因此自己并不是要改变"道"，而是遵循"器的西法"罢了。[18]另外
池锡永（지석영，1855—1936）也强调了西法的引进。他收集了《万国公
法》《朝鲜策略》《博物新编》《格物入门》《格致汇编》《地球图经》《箕和
近事》《农政新编》《公报抄略》等书籍，他还提议购入各国的水车、农具、
织布机、火轮机①、兵器等，让百姓学习模仿。[19]

国家行动方向的改变

以高宗为首的开化论者们主张走富国强兵之路。为实现富国强兵，首
当其冲的就是军备的转换。西方器械的引进是军备转换的重要基础，需要
大量的财政支持。为了获得这样的财政资源，必须更加强调军备的重要性，
重点就要放在强兵上。所以富国是为了强兵，而不是为了让百姓变得富有
而强兵。因此这项政策被认为带有十分负面的意义。富国强兵曾经是儒家

---

① 火车、轮船、大型织机等一系列有齿轮带动的机械的统称。

思想中最被轻视的"霸道"。富国强兵之所以被认为是霸道，是因为它的目的是通过强兵实现国土扩张，体现了君主的野心，也意味着百姓要承受艰辛和痛苦。要实现富国强兵，最终承担军费和充当士兵的还是老百姓，这就必然影响生产，导致生产力的急剧下降。正是由于这样的认识，朝鲜王朝历代君王一再强调富国强兵政策是霸道。[20]因此以儒家思想治理国家的朝鲜君王，禁止将富国强兵设为国家政策。也是由于这样的看法，支持加强军备的李珥（이이，1536—1584）提出的"十万养兵说"被批评为霸道，受到了抵制。

即使经历了"壬辰倭乱"①和"丙子之役"②，这种想法也没有消失。比起强兵，朝鲜王朝第十四代国王宣祖更重视民生的安定，甚至明确表示过"可以没有武器"。

> 食为民天，农为政本。七年残破之余，必以劝课农桑为本。
> 兵可去而食不可去。[21]

宣祖提到，经过 7 年的战争，大量田地被破坏和废弃，百姓生活十分艰辛，在这种时候要优先照顾百姓的生活。但是在国家的军事力量被"壬辰倭乱"和"丙子之役"完全肢解后，人们还坚持这种想法，可见富国强兵是霸道的观念仍然有很深的影响。

然而，也不是完全没有例外。也有一种主张认为，应该把富国强兵作为国家的重要政策，一心将国家建设成为儒家国家的朝鲜王朝第三代国王太宗的时期正是这样。

---

① "万历朝鲜之役"的开端，在朝鲜王朝称"壬辰倭乱"，日本（丰臣秀吉政权）1591—1592 年派兵入侵朝鲜半岛，终于 1598 年全面撤出朝鲜半岛的战争世界。
② "丙子之役"，在朝鲜半岛称"丙子胡乱"，指 1636 年清太宗称帝后不久率领十万清朝军队攻打朝鲜王朝，并将朝鲜王朝纳入中国清朝的藩属国的战争事件。

> 古人有言曰："国无三年之蓄，国非其国。"又曰："暴师久，则国用不足。"此古之圣贤富国强兵之戒，可不虑乎？以我国今之蓄积观之，数万之兵，一年之饷，尚且不足。况今天下兵乱，万一兴师动众，则将何以应之！臣等窃谓虑备兵食，方今之急务也。[22]

在朝鲜王朝建立后不久动荡不安的状态下，人们认为组建军队和扩大军备以支持军队很重要，可以以此来镇压兵乱。为了保卫国家而准备3年的军备，并以此为目的追求富国。即为实现强兵而谋求富国。

此外，朝鲜王朝后期有代表性的明君正祖也表达了富国强兵的必要性。他指出，"人们普遍认为富国强兵是霸道"。但他直言，让百姓过上富足的生活，在此基础上训练士兵抵抗外敌入侵，是作为君王的本分。

> 人皆以富国强兵为霸道，而知欲辟土地朝秦楚则固非王者之当务。至于疆场之内，裕财而阜民，训兵而御暴，岂有王伯之可论乎？苟曰：不然。则《大学·平天下》章何为曰生财有大道，孟子亦何为言凿斯池筑斯城乎？[23]

虽然正祖也认为君王不应该有扩张领土的野心，但他指出，作为儒家国家的王，富国强兵是国家统治中为了防御的军事行为，为此扩充军备是合理的，并找出了儒家经典中的相关训谕。他认为为了维护国家统治，是不能完全排除富国强兵政策的。

然而，即使在"丙寅洋扰""辛未洋扰"和日本军舰入侵后"强兵"主张被提出的时期，认为富国强兵是霸道的传统思想仍然占据上风。当然，对外敌入侵的危机意识并不是没有或消失了。但人们认为可以通过"道"来自然而然地实现。像柳重教这样的卫正斥邪论者主张，"强兵有道，培养忠孝，奖励节义，使之亲其上而死其长"，要求百姓必须绝对地忠诚。[24]

在临近高宗亲政的时期，对富国强兵的看法开始发生积极转变，不少人提出要求施行富国强兵政策。前参奉洪寅燮（홍인섭）认为，"守国者守壳"，"古人有言曰：'国家虽安，忘战必危。'"因此，他主张扩充军备。[25] 他还提到，尽管富国强兵政策"没有记载在二帝和三王的书中"，但只要国家处于危急情况，就必须加强军备。[26] 还有人认为，应该努力为守卫国家的军队多提供食粮，为此应该保证国家积蓄和财政雄厚。[27]

洋扰和日本的挑衅使得富国强兵政策是"霸道"的观念产生裂痕，19世纪之后人们把富国强兵看作救国的必须之策。甚至还有人提出应确保财政，以顺应国际局势，为扩张领土而强兵。但这些主张仍然以传统认识为前提。即，富国与强兵不是平等的并列关系。正如这句话所说，"拓疆屯田，不可不务，殖财农商，不可不务，练戎常备，不可不务，择人作宰，不可不务，于是乎农兵司、监税监，亦不可不设。"开拓疆土、开垦屯田、积累财富、发展农商等富国措施都是军事训练的物质基础。[28] 更进一步，还有人提出为了管理军队，需要确保财政、强化军备。

> 一个国家要存在，首先要有粮食；要治理军队，首先要治理农业。军队制度的革新，指的是什么呢？军队可能百年都用不上，但不可不做准备。[29]

此奏疏认为，即使没有战争，也应该保留常备军。它强力声明，富国强兵这一表达方式，最终是以强兵为目标的。当然，有不少人批评像统理机务衙门这样的为强化军备而设立的部门，成了把外敌引进来的通路。反对议和，主张卫正斥邪的人也不是没有。[30] 然而在高宗颁布关于"斥和碑"相关谕旨以后，这类主张就不再有人提了。[31] 当通过强化财政来扩充军备的富国强兵主张成为主流之后，富国强兵就不再是"霸道"，为了强兵而富国的传统意义得到了进一步强化。

探索富国强兵之路

实际上，要实现强兵面临的最大问题就是财政资金的筹措。随着新技术体系的引进，需要的费用数额巨大。不仅是中国和日本，甚至连西方国家政府也难以承受。因此，他们并不是通过自身的财政收入来解决这一问题，而是通过借款或者发行国债、扩大殖民地等方式实现的。但政府很难通过这些方式来积累财富。[32]日本和中国（清朝时期）、英国、美国虽然都想扩大在朝鲜的商业利益，但他们对给予朝鲜借款却非常吝啬，因此朝鲜不得不自己想办法来支付经费。

为扩充军备提供财政资金，是以百姓富有为前提的，这就需要转换儒家社会的支配观念。儒家社会最重要的目标，就是成就清贫节俭、安贫乐道的君子生活，而不是图谋利益。认为图谋利益的行为是求末的行为，而不是追求"道"。这种想法不只局限在个人层面，而是普及在整个社会中。因此开埠之后，在政府层面追求利益、确保财政，为了变强而采取的富国强兵政策，发展的是曾经被认为是"末"的工商业，这与作为国家统治理念的儒家思想是背道而驰的。卫正斥邪派们基于这种观念，抵制富国强兵政策，自然也反对为了达成这一目标引进西方文明。李晚孙（이만손，1811—1891）强调，"如果减少消耗增加生产的话，那么财富自然就会丰富，根本没有必要引进西学。"[33]柳重教也力陈，"先王的治国之道也是让国家富有，在根本上下功夫，而遏制细枝末节，量入为出"，厉行节俭。[34]崔益铉（최익현，1833—1906）认为西方文明中夹杂着宗教，所以他强烈反对引进西方文明。他说，"敌人贪图的是物质交易，……我们的东西关系着所有人的性命，是从我们的土地上生长出来的有限的东西"。但与此相反，他们的东西"是用手做出的，是无限的……"[35]因此，要把富国强兵作为国家政策，并为实现这一目标而引进西方文明的话，先要让大家看到，富国强兵与儒学的目标或道德准则并不矛盾。

这项工作由当时具备儒学素养的开化官员来负责。他们用传统的方式来阐述自己的主旨，引用儒学经典来拥护富国强兵政策："《周礼》虽然是致力于达成太平盛世的书，但它里面的内容都是让国家富裕的方式，孔子也说'先富之后教之'，孟子也说君子最应该做的是'让百姓富有'"。[36]根据这种说法，像孔孟这样的圣贤，也把让百姓富裕作为国家经营的根本，因此追求富有与儒家的教义并不违背。在经典和圣贤的教诲之外，还根据当时的局势，主张"强而后必富，富而后必强，若想变强，必先变富"。他们指出想要变富，必须用人力使万物流通起来。当人力办不到的时候，就需要利用风、水、火、电等力量。特别是驳斥了批评商业是"垄断并追逐蝇头小利"的看法，认为商品流通是国家经济发展最根本的事情。他们认为要使国家强大，必须从富国开始。为了发展商业和鼓励商品制造，需要优先改革交通和通信体系，并进一步发展科学，以实现这些改革。[37]像这样，开化派针对当时朝鲜的改革，确立了能够同时解决富国强兵和西方文明引进的理论结构。[38]他们进一步补充说，西方文明的引入在财政上是有利的。典型的例子就是以烽火和驿站为代表的传统通信和交通政策。这两个领域效率低下，不合理的地方很多，因此要求改革的呼声也最高。[39]有人认为，用近代西方科学技术构成的制度取代它，不仅能提高效率，还可以减少现有财政的浪费。为确保国家财政所需的西方近代文明的本质就是近代科学技术。高宗和开化派认识到，为了将近代科学技术用作统治工具，需要转换传统思维。他们建立新的理论结构，来说服反对者。

为引进西方科学技术所做的准备

（1）通过外交使节收集信息。

为了将军事事务向西式转变，或引入西方文明改变国家统治工具，朝鲜王朝开始了准备工作。因为这是国家政务的重要一环，首先必须计算并掌握利益得失。朝鲜王朝为了收集与西方文明相关的信息，向日本和中国清朝派

遣了各种使节团。1876—1884 年，朝鲜王朝向日本派遣了三次修信使。^① 他们将日本引进西方文明的情况和运作状况如实地向高宗进行了汇报。^[40] 另外高宗在修信使之外，还向日本派遣了被称为"绅士游览团"或"朝士视察团"的秘密使节团进行考察。该使节团在 1881 年由 12 名朝士和各自带领的 2—3 名随员组成，规模达到约 60 人。他们由高宗的亲近精英官员组成，在回国之后成了推行开化政策的中坚力量。^[41] 秘密派遣到日本的朝士视察团，详细考察了日本引进西方技术和文明的经验教训，并摸索如何运作政府机构，负责回国后的开化相关工作。此外，必须建立起渠道，让留学生们能在这些机构担任职务。为确保朝士视察团能顺利开展活动，高宗向每个日本政府部门都派遣了 1—2 名朝士。^[42] 此外，1883 年他还向美国派遣了以闵泳翊（민영익，1860—1914）为团长的使节团。1882 年与美国签订了《朝美修好通商条规》后，为直接观察西方文明的发祥地，朝鲜王朝派遣了以"报聘使"为名的使节团。^[43] 外交使团获取的信息将直接反映在国事上，因此他们非常具体地收集实际的信息。作为使节团副团长的洪英植（홍영식，1855—1884）值得我们关注。他作为调查检查团成员访问日本时，详细地考察了陆军部。他还总结了探访美国通信制度的经验，为引进被视为西方军事战略战术基础（包括电信事业在内）的近代通信制度，组建了邮政总局。

朝鲜王朝汇总了使臣们收集来的信息，决定出引进的先后顺序，并设立了政府机构来主导这一事务，即统理机务衙门。^[44] 这个衙门的名称和作用随着国内政治的兴衰而变化。"甲午改革"^② 之前朝鲜王朝一直奉行的是"事大交邻"的传统外交关系，在被编入《万国公法》的国际秩序中以后，这一国家机构处理了不少外交事务，并把通商和引进西方文明作为主要任

---

① 指历史上朝鲜派往日本的官方正式使节。

② 亦称"甲午更张"，1894 年至 1896 年，由朝鲜王朝开化官员为主导的一系列自上而下的近代化改革。改革的推行与日本当局扶持有关，日本企图调解朝鲜王朝甲午农民起义（东学党起义），因而扶持了亲日的开化派官员，主导了经济、军事、文化、社会习俗等诸多方面的近代化改革，但改革未能大获民心。

务，促进了国家事务的发展。[45]该中央部门下设典圜局①、电信局、机器局，并计划开展铸造新货币、建设电报邮政系统和制造新武器等事务。

（2）引进和学习汉译西方科学技术书籍。

学习西方文明的努力建立在收集西方相关书籍的基础之上。这些书籍引起了当时朝鲜王朝学者的注意，唤起并加强了引入西方文明的必要性。这些书主要是由派往清朝的外交使团收集的。他们收集的书籍主要存放在高宗的书库里，并通过《汉城旬报》和《汉城周报》传播到全国各地。[46]这些与西方事务或科学技术有关的书籍都是在清朝译成汉语并发行的。由此可见，中国也曾经试图通过它们学习西方知识、掌握西方事务。这其中有不少英国人傅兰雅（John Fryer）翻译的书籍。他主要在中国洋务运动的中心和武器制造工厂——江南制造局活动。朝鲜王朝不仅收集了在此处

景福宫集玉斋。高宗即位之后不断收集中国出版的西方科学技术书籍，并将这些书籍保管在集玉斋。（资料来源：《1901 年捷克人弗拉兹的汉城旅行：捷克旅行家的汉城故事》，首尔历史博物馆调查科、捷克共和国驻韩国大使馆共同编著，2011 年。）

———————

① 朝鲜的造币机构，1883 年（高宗二十年）7 月设立，1904 年废止。

刊行的译著，还包括在其他西洋人传教活动区域里翻译、编纂的书籍。朝鲜王朝在19世纪70年代末收集了大约220种西方汉译书籍。[47]

不仅从中国，他们甚至还从日本带回中国人写的书。作为第二批修信使被派到日本的金弘集（김홍집，1842—1896）回国时带回的这些书，不仅给朝鲜王朝，也给当时的儒学者们带来了不小的冲击。[48]他从清朝驻日本公使馆的参赞官黄遵宪那里得到了两本书。其中一本是黄遵宪写的《朝鲜策略》，书中认为朝鲜应该"亲中国，结日本，联美国"，以牵制俄国。另一本是郑观应（1842—1921）的《易言》。由于《朝鲜策略》的发行目的不是为了介绍近代文明，因此书中对此只是简单提及了一点。

> 强大的邻国威胁我们交往，日本也要求和我们交流。同样是坐船，以前是帆船，现在则是轮船；同样是坐车，以前是马车或驴车，现在则是火车；同样是邮递，以前是利用驿站，现在则利用电信……别人有的我们没有，别人的精密我们的粗糙，因此无法平等地交流，输赢早就已经分出来了。[49]

虽然只是简单描述了近代技术（包括铁路、轮船、电报等近代交通通信体系）的威力，但这些内容使朝鲜王朝进一步感受到了积极探索日本引入近代文明情况的必要性。

《易言》则与此不同。这本书是从东方人的角度来介绍西方近代文明，并提出了让国家变富强的措施，产生了与《朝鲜策略》不同的影响，这种影响也体现在了开化上疏中。开化上疏中不仅直接引用了《易言》的内容，还以此为依据展开了讨论。《易言》为决心实现近代化的高宗及以他为首的新进官僚们带来了巨大的鼓舞。他们认为全国的士大夫们都应该阅读这本书，甚至在当时罕见地刊行了韩译本。[50]

《易言》总共从36个方面（附论和洋学除外）提出了使国家富强的措

施，相当于一本富国强兵的指南书。《易言》最大的特点就是它展示了电车、电报、矿业、机械、火器等从西方起源的新事物，这些新事物大都与军事或军备等密切相关。例如，书中着重讲述了电信和火车对军事效率的提升。[51] 书中认为，普法战争中德国之所以能够取得胜利，并不是因为"德国比法国军事力量更强大，而是因为电信和火车使得德军的行军速度更快"，以此阐明了电信和铁路制度在军事方面的巨大作用。[52] 这种介绍西方文明的文章，不只注重经济利益，更聚焦在军事利益上。这类文章与当时修信使所写的铁路观察记或搭乘记类的见闻记有明显不同。《易言》以练兵和水师为主要内容介绍了西方的军事状况，展示了西方文明与军事的联系。《易言》给了已决心实现富国强兵的朝鲜王朝巨大的刺激和影响。

科学技术引进政策的制定和变化

开埠后到光武改革前，朝鲜王朝的西方科技接受政策

开埠之后，朝鲜王朝将富国强兵定为国家目标，开展了军备的近代化改革事业。为此必须加强最基本的国家财政、拓宽财源、整顿机构和人员，这些工作大都是以引进西方文明为前提。政府还收集了相关信息，并正式实施了引进政策。为便于研究朝鲜王朝被殖民前对西方文明的引进政策和推进过程，将其划分为开埠后到光武改革、光武改革到《乙巳条约》签订、《乙巳条约》签订后到"庚戌国耻"三个时期。

可以看出，自 1876 年开埠以来，朝鲜王朝为引进西方技术已经实施了多项政策。朝鲜王朝必须对汹涌而来的西方势力做出反应，为了抵抗外敌、守卫国家，军事能力的强化成了首要任务。军事能力的强化就意味着需要将传统军备转换为用近代科学技术武装的西式军备。但为了实现这一目标，除了财政和转换传统观念的问题，还有很多问题需要解决。其中面临的问

题之一就是开埠之后与西方建立外交关系。清政府建议朝鲜与西方各国建交，[53]朝鲜王朝就这一建议经过两三年的讨论和意见协调，[54]从1880年开始正式与西方建交。朝鲜王朝认为，现有的行政体系无法适应以"万国公法"为名的国际秩序，因此成立了新的部门承担这一任务——即统理机务衙门，最高长官是正一品的领议政。[55]1880年（高宗十七年）12月21日，根据新设衙门节目（条目）成立的统理机务衙门，下设事大司、交邻司、军务司、边政司、通商司、军物司、机械司、船舰司、讥沿司、语学司、典选司、理用司共12司，承担军务、军物、机械、船舰等军备相关业务。其中像事大司、交邻司等无法脱离传统外交关系框架的部门，在朝士视察团回国后被废除。到1881年年末，统理机务衙门被改为7司，分别为同文司、军务司、通商司、理用司、典选司、律例司、监工司。尽管进行了改革，军务和典选、监工等与军备相关的部门仍然占到了3个司，可见当时政府设立此衙门的目的是很明确的。

在改革政府组织的同时，朝鲜还向清朝派遣了"军械学造团"。与派遣到日本和美国的使节团不同的是，这是以培养人才为目标的留学生团体。像这样，统理机务衙门负责一应与富国强兵相关的事务。此机构虽然在"壬午兵变"（1882）[①]时曾暂时关闭过，但兵变结束后即被改为统理交涉通商事务衙门和统理军国事务衙门（转换为内部衙门），继续以引进西方文明为前提收集信息、派遣留学。在此基础上，政府还制定并实施了不少引进西方文明的政策。除通过博文局发行了《汉城旬报》外，还设立了农商局、矿务局、典圜局、电报局、机器局等或推进其设立工作。

---

① 又称"壬午军乱"，1882年7月在朝鲜王朝发生的士兵和平民起义，也是朝鲜王朝历史上最早的规模型反封建、反侵略性质的武装暴动。导火索为朝鲜王朝京军武卫营和壮御营的士兵因为一年多未领到军饷以及对由日本人训练的新式军队"别技军"的反感。起义士兵和市民焚毁日本公使馆，杀死几个民愤极大的大臣和一些日本人，并且攻入王宫，暂时推翻了外戚集团的统治，推戴兴宣大院君李昰应上台执政。这次兵变引发了中国和日本同时出兵干涉，并且很快被中国的军队镇压。

设立统理机务衙门在全国都产生了影响，其中《汉城旬报》（后以《汉城周报》为名复刊）为其影响力的扩散起到了最大的作用。该报每旬10天（或每周7天）发行3000份，分发给全国各地的外职官员和知识分子阶层。除了介绍政府动向的官方报道外，大部分都是主张政府开化和富国强兵的文章。还有详细介绍地圆说的文章，让朝鲜人了解到了当时国际社会的最新情况。这份报纸除了介绍世界地理和世界各国的近代化、政府体系、学校制度等在内的整体文化外，还用了很多篇幅介绍化学、天文学等基础科学，以及电力、电报、铁路、钢铁等西方技术。《汉城旬报》1884年因"甲申政变"①休刊，1885年年底以《汉城周报》为名复刊，但因资金不足最终于1887年停刊。值得注意的是，尽管发行时间不到4年，但朝鲜王朝的开化官员们试图通过报纸向全国宣传政府推动的项目，并凝聚支持力量。《汉城旬报》和《汉城周报》刊登报道的时候，相关政府机构正好已经成立并开展工作。通过报纸的宣传，能够引起民众的关注，例如有关新武器引进政策的报道就是如此。

为掌握西方武器制造技术，军械学造团从天津港回国后，政府即于1883年成立了机器局。1884年，政府开始着手对制造近代武器的机构进行改编，将制造传统武器的军器寺并入了机器局。[56] 在机器局的主持下，1884年翻砂厂（即制铁所）正式成立，[57] 还建成了制造厂、熟铁厂等。1887年建造了机器厂，正式开始制造和修理武器。为了制造新武器，需要解决的课题不是一两个。其中最大的问题是了解新的冶铁方式，并引进相关设备。传统的小型手动冶铁炉无法制造新式西洋武器。制造武器的钢铁必须经过高温碳钢的冶炼过程，为此需要安装能承受超过1300℃高温的熔

---

① 1884（甲申）年朝鲜王朝发生的一次流血政变。这次政变由激进的开化党主导，并有日本驻朝公使竹添进一郎率军协助。开化党暗杀了守旧派大臣后，发布了具有资本主义色彩的政纲，两天后袁世凯率领清朝驻朝军队平定了叛乱，开化党人或被处死，或流亡海外。甲申政变也是朝鲜第一次资产阶级改革的尝试。

炉，而且必须确保能长时间保持这个温度。当然，这需要首先理解西方近代制铁、冶炼工程和朝鲜传统方式之间的差异。这并非易事，因为它意味着整个技术体系的引进。另外，武器的零部件不是单独设计，而是必须整体设计的。这种武器设计不仅是单纯的绘画，而是一个包含可实施过程的整体工作。因此，虽然单靠在机器厂里进行的几项作业无法制造出完整的武器，但机器局成为了实现武器制造远大目标的桥头堡。

当时，政府建立的典圜局工厂由外国设备和外国技术人员组成。[58]典圜局是为解决蔓延的财政短缺问题、为开化政策提供资金支持、铸造近代货币而成立的。政府重新改组了典圜局，并制定了新的货币政策——用外国的近代造币技术铸造新货币并流通，来取代之前的货币。朝鲜王朝任命穆麟德（Möllendorff）担任典圜局总办，通过德系商社世昌洋行购入了包括 3 台压印机在内的压延机、压写机、自动测量机、旋盘（车床）和裁切机、发动机等近代货币铸造设备，聘请了 3 名德国技师管理这些设备，并在南大门旁边建造了工厂。[59]典圜局打算用在青铜或锡上镀金的方式，各铸造五种金币、银币和红铜币。虽然在德国订购了货币铸造模型——极印和种印，但铸造出的货币不清晰，不得不另外聘请了两名日本技术员进行修改和完善。但在此之前首先要解决的是铸币权的管理问题。也就是说，由于没有从政府层面进行政策整顿，例如解除地方政府的铸币权等，导致典圜局铸造的新式货币没能正式流通。

当然朝鲜王朝为了确保政府改编和改革所需的巨额资金，曾经试图向中国和日本借款，但由于两国的阻挠失败了。因此，政府将注意力集中在传统税收上，[60]并探索农桑等传统产业的不同培养方式。日本是以出口生丝的方式为改革提供必需的资金，清朝商人们依照朝鲜人的喜好织造绸缎然后高价卖出，朝鲜王朝的开化派注意到了这些现象。政府认识到了绸缎作为财源和进口替代物的可能性。朝鲜政府认识到"（蚕业）和农业是国家的根本"，应该早早地"作为生财的源头进行保护和培养"。并且制订了计

划，要将蚕业培育为国家产业。[61]因此设立蚕桑局，制定蚕桑规则，并且督促各地官吏"农桑和开垦播种的情况，要在每个季节的第一天向本衙门详细报告，郡守汇报政绩的时候应把重点放在这两个方面。"[62]这就意味着将农桑的发展情况作为地方官员的人事考核标准。1884 年统理交涉通商事务衙门的主事金思辙（김사철，1847—1935）将中国的《曾桑栽种法》《养蚕缫丝法》等交给李祐珪（이우규），让他编纂书籍。李祐珪根据这些书编写了《蚕桑撮要》一书。此书在 1886 年以《蚕桑辑要》为名译成了朝鲜语。[63]《蚕桑撮要》中最后介绍的"蚕桑规则"曾经在《汉城旬报》上作为附录被重新刊登，由此可见其与政府政策的关系。[64]

　　另外朝鲜王朝对作为基本产业的农业也十分关注。不仅计划将荒地开垦为屯土，还打算引进西方农业技术来提高农作物产量和经济作物的多样化。政府还尝试引进奶制品制作技术，开设了农务畜牧试验场，尝试引进西方的新作物和农业技术，以及奶制品的制作方法。[65]另外为了避免税源损失，还尝试引进并使用蒸汽船来运送税粮，转运局（1883）正是总管此项工作的政府部门。不仅如此，为了改革通信体系，朝鲜王朝设立了邮政总局；为了预防天花感染、施行近代卫生保健政策，设立了牛痘局（1883）。

　　开埠以来，朝鲜王朝和开化官员们为了实现富国强兵，施行了很多政策和改革。特别是建国五百年来一直未能充分发挥作用的中央集权国家的统治机构，成了改革对象。另外为了接受和应对国际社会的变化，需要重新学习适应的也很多。但是引进新文明进行改革的努力只会与朝鲜内部的问题发生冲突，最大的问题就是国内局势不稳。被称为"守旧派"的闵氏外戚势力和被称为"开化派"的激进改革势力，是与大院君进行激烈的权力斗争后建立起来的高宗亲政的基础。支持高宗的两支政治势力不断制造矛盾，又维持着危险的平衡，但这种平衡因突然爆发的甲申政变而瓦解了。甲申政变导致了新晋开化势力的崩溃，但其后果不仅如此，还影响了许多与引进西方文明相关的政策，导致大部分政策被停止、废除或延后。其中的典型例子就是裁撤 1884 年 4 月设立的邮政总局。邮政总局设立的目的是将无法正常运营的烽火和驿站等朝鲜王朝的传统通信体系改革为近代的高效通信体系。邮政总局首先在汉城和济物浦（今仁川）之间开通了邮递业务，另外还打算架设电线，但这一计划由于甲申政变而流产。邮递事业在1895 年之后才得以真正开展。虽然政策被废除是巨大的损失，但甲申政变最大的后遗症是流失了能够推行开化政策的人才。受甲申政变的影响，不仅是被安排在邮政总局的留学派，甚至在 19 世纪 80 年代初培养的开化人才也大部分被赶走，相关事业变得停滞不前。

再加上甲申政变引发的外交弱势，朝鲜不得不接受清政府更多的干涉。清政府向朝鲜半岛派遣了军队以阻止甲申政变，并以此为由向朝鲜王朝施压。派遣到朝鲜的袁世凯（1859—1916）提出了改善施政的《朝鲜大局论》，并迫使朝鲜王朝接受，其中的一条就是"节财用"。[66] 由此带来的压力成为许多改革政策的绊脚石。由于财政资金不足，朝鲜王朝无力对抗清政府的施压和干涉，开化政策的持续推行受到阻碍。因此抵抗清政府干涉的开化力量的流失也成为甲申政变的影响之一。

即便在这样恶劣的条件下，朝鲜王朝也不放弃"富国强兵"的目标，在可能的范围内尽力推行开化政策，例如重新启用农务畜牧试验场和开设矿务局。[67] 朝鲜王朝于 1887 年设立了矿务局，期望它可以像典圜局一样为国家解决财政问题。[68] 朝鲜半岛自古以来就拥有大量金银储备，因此有人指出，积极开采金银就能够为政府提供财政资金。不仅是外国人，连国内的开化派也不断提出这个建议。朝鲜王朝计划通过发展采矿业来增加税收，并通过引进近代技术来实现由政府主导的大规模开采。政府指派矿务局主管这项业务。矿务局计划清理由于民间盗采而变得艰难的矿业，同时引进国外技术。即矿务由朝鲜人全权管理，但是通过聘请外国矿产技术人员来确保技术力量。西方开发的采矿技术与朝鲜的传统方法大相径庭。朝鲜半岛传统上采用的是物理方法，即采集地表层中发现的金属或矿物，利用重量的差异来分离混合物。但近代西方的采矿方法是通过分析地层结构、地质层构成、周围矿物的类型和特征以及矿物的结晶状态，以近代地质方法发现矿脉，并粉碎挖掘出的矿石，最后用化学方法分离出所需的金属。因此，西方的方法能够保障矿脉探查的成功率和矿物的开采量。即便如此，立即引进该方法并非易事。虽然购买了外国采矿设备，但采矿不仅需要了解近代地质学，而且还要具备经营和环境等基本条件。另外，聘请来的外国矿务技术人员把探查到的朝鲜地质情况和埋藏量等信息只向本国报告，对朝鲜的矿业发展并没有给出实质的帮助。[69]

防止税收流失的重要性不亚于开发新的财源。其中一项重要举措就是改革自《大同法》①实施以来积弊日久的漕运方式。为此朝鲜王朝引进蒸汽船，尝试使用近代海运技术来运输税粮。1885 年，转运局重组为转运署，作为负责此项业务的部门。[70]转运署的主要工作不只是引进汽船、管理船的运营，也不只是负责税粮运输。转运署的其中一项重要任务是牵制掌握朝鲜近海航运权的中国（清朝）和日本的海运业，发展对外贸易和国内商业。朝鲜王朝已经注意到了在沿岸出没的外国船只，在大院君执政时期还曾经用掉入大同江的美国商船建造了汽船。但是高宗不满足于这条汽船，在 1880 年前后派李东仁（이동인，？—1881）到日本收集近代船舶的相关信息。1881 年派遣朝士视察团前往日本时，要求金镛元（김용원，1842—1896？）收集有关运营汽船的有关信息并掌握近代航运技术。[71]引进汽船和开辟航线虽然是完全不同的业务，但随着德国商社和美国商社进入朝鲜开展汽船运营业务，航线也得到了开辟。虽然不确定是否因此改善了之前运输税粮的京江商人们偷漏税的情况，但却引发了运营汽船的外国

---

① 朝鲜王朝在"壬辰倭乱"（1592）之后，为稳定封建社会统治基础，将朝贡物统一为米谷并按土地面积进行征收，减轻了无地或少地农民的负担，但受地主阶级强烈抵制，因而花费百年时间才得以全面推广。

商社以税粮运输为武器向政府强硬要求各种利益转让和故意抬高运费等新问题。[72]

除了努力防止税收流失外，朝鲜王朝还继续开展防止财政浪费的工作。典型的例子是架设电线的项目。为了遏制驿站和烽火引发的腐败和财政浪费，政府计划回收一直以来经营不善的驿田来保全财政。[73]虽然因为中国清政府的专横和日本的阻挠进行得很艰难，但得以持续进行。特别是从电信事业中，可以看出朝鲜王朝推进近代事业的强烈意愿。

这些都是甲申政变之后朝鲜王朝通过引进新技术努力实现富国的例子。但事实上，在培养负责这些事业的政府官员方面，朝鲜王朝算不上成功。1881年派遣的领选使① 军械学造团和朝士视察团，虽然为开化政策培养了部分人才，但这些人才在"甲申政变"后至1886年纷纷被驱逐或雪藏，这就需要重新制定人才培养计划。因此1887年政府聘请了3名美国教师并开办了育英公院，尝试发展西式教育。但是政府的财政情况并不理想，无法为西方近代学问的传授和发展提供相应条件，[74]就连支付给教师的工资都发不出来。

光武改革之后，为增产兴业制定的科学技术引进政策

从甲申政变到中日甲午战争为止，朝鲜王朝一直尝试由国王直接管理引进西方文明的机构，但成效并不明显。1895—1896年成为了这种局面的转折点，其原因是国际局势的变化。俄法德三国对辽东半岛归属问题的干涉使得国际局势勉强平静下来，为高宗颁布大韩帝国国制、倡导光武改革创造了政治条件。这是实现富国强兵的最后一次机会。高宗在19世纪80年代曾提出许多构想，实施过许多改革措施，但最终结果都不理想。高宗希望通过这些举措，在帝国主义的侵略下保护国家和宗庙社稷。[75]

----

① 高宗时期，为学习新文化派遣到天津的使节。以金允植为首的69名成员（正式留学成员38名）参与学习了新式武器的制造和使用方法后归国。

高宗为了避免重蹈 19 世纪 80 年代改革失败的覆辙，首先强化皇室财政。一方面整顿皇室财政、废除免税特权，另一方面将人参专卖权、其他杂税权、驿田管理权都收回到官内府。[76] 在这些财政资源的基础上，为出版报纸，新设或扩张了官内府所属的政府机构，这也表明了高宗计划直接主导近代化事业的决心。得益于高宗的强力支持，在大韩帝国时期，西方文明引进得以在多个领域广泛开展起来。

光武改革时期实施的西方文明引进政策和支持情况可以整理为 4 个方面。第一个改革方向是政府组织的改革，以制定西方文明引进政策。增产兴业可以说是光武改革最核心的政策。为了支持这一政策，成立了各种政府机构，并且大多由皇帝直接管辖。除了量地衙门、地契衙门以外，官内府还新设或接管了通信院、典圜局、平式院、西北铁道局、博文院、矿学局、铁道院等机构。[77] 通过这些举措，将 19 世纪 80 年代就开始设立的引进西方科技的机构进行了扩张或改组，其中最具代表性的是通信相关机构。随着 1895 年驿站和烽火的废除，建立覆盖全国的通信网变得迫在眉睫。为了专门负责与日本协商通信网建设并修复故障线路，政府重启了统辖相关事务的部门。隶属于农商工部或农商部的通信科或通信局于 1900 年升级为通信院，成为皇帝直接管辖的机构。自通信院成立以来，大韩帝国的通信事业得到飞速发展。为支持其发展，1901 年起在通信业上投入的资金达到学部预算的 2—3 倍。[78]

第二个改革方向是通过开设官营工厂来推动重要产业的发展。官内府成为引进近代技术的中心，设置并运营了碾米、水轮车、矿务等相关设备。[79] 当时开设的官营工厂有机械厂、制造厂、皇室琉璃厂、瓷器制造厂、枪械制造所、碾米所、平壤石炭矿等。假如需要技术人力或者机械，则聘请外国技术人员并进口机械，来完善生产体系。[80] 例如皇室琉璃厂（主要生产电信产业必需的绝缘子），为利用果川供给的原料制造玻璃，于 1902 年从俄国聘请了化学技工梅罗（Meiro），并请来伊万·鲍尔和瓦兹拉·鲍尔兄

弟（Bauers）做他的助手，派俄语学校出身的白乐善（백낙선）与他们交流并向他们学习技术。另外，自从分院① 实现民营化之后，为复兴陶瓷制造，引进了西方新技术并设立了工厂，于 1902 年聘请了从瓷器制作学校毕业的法国人雷米翁（Remion）做技术指导。由于有传统的制作技术做基础，工人们很快就学会了西方的技术。为了保障基本的原料和人力，还充分利用了以前的人脉。例如为了更快完成瓷器工厂进口机器的免税和通关，向总税务官麦克利维·布朗（McLeavy Brown，又叫"柏卓安"）寻求过帮助。另外当时的政府认为引进近代武器技术这一事业关系着大韩帝国的兴亡，因此开始强化在 19 世纪 80 年代初曾经一度萎缩的机械厂。以军部的炮工局为主要部门，于 1903 年设立了枪械制造所。另外还有记录显示 1904 年政府曾颁布了军器厂官制。[81]

第三个政策也是最重要的，是大韩帝国的中心政策，即通过支持民间企业实现增产兴业。[82]官内府下辖的内藏司② 制造所引进了以新蚕种和桑树品种为基础的近代织造技术，并以此为契机成立了大韩帝国人工养蚕合资会社。另外，织造课成立了大朝鲜苧麻制丝会社，邮政司新成立了大韩协同邮船会社，矿务局的整顿也为朝鲜开矿会社的成立打下了一定的基础。在政府的支持下，各种民间企业纷纷成立。不仅有外国人开设了玻璃厂和火柴厂，还设立了碾米、酿造、烟草制造、造纸、铁加工等工厂，甚至还有照相馆。大韩帝国政府还为民间企业的蓬勃发展打下了基础。为了帮助这些公司建立工厂和生产商品，政府构建了交通和通信等关系网。[83]

第四个改革政策是建立近代学制的学校，培养人才。大韩帝国政府为了引进近代教育，建立了师范学校和小学，为教授西方学问奠定了基础。另外，为了培养支持中央政府改革并实施改革的人力，还建立了各种专科学校。这些学校中，有专门培养在政府机构工作的技术官员的专科学校，也有

① 朝鲜王朝时期司雍院（管理御膳和其他宫内饮食）下辖的官营砂器制造厂。

② 保管皇室宝物，核算皇室经费和财产的部门。

根据政府在民间执行政策而新设的学校。这种学校制度的树立，不仅以培养官员为目标，而且成为建立私立学校的基础。与电务学堂、邮务学堂、矿物学校、铁道学校、医学学校一样，为补充政府事业运营人才也新设了学校。民间则设立了纺织学校和企业教习所、测量学校、铁道学校等，培养必要的技术人员。

光武改革的成果很快显现出来。首先是汉城的整顿取得了令人刮目相看的成果。为了建立一个与帝国相称的都城，皇都整顿事业在交通和卫生方面取了巨大成就。[84] 当然，它不仅停留在都城的变化上，还修复或架设了覆盖全国的电报网络，并在主要行政地区开设了电报司，完全取代了传统的通信系统——烽火和驿站，邮政事业也在全国范围内开展起来。其次建起了朝医与西医结合的医院，大规模的土地测量工作开始进行，推进了度量衡的改良和整顿，更多矿山被开发。曾经划给美国人的京仁铁路铺设项目最终由日本完成了，但大韩帝国皇室为了维护京义线的修筑权，成立了西北铁道局，开展京义铁路建设事业。大韩帝国政府为了引进近代科学技术而进行的近代技术教育，最终成为向广大民众传播西方科学技术的契机。甚至在 1903 年，农商工部在汉城举办了首次技术竞赛，并举办了汉城博览会。

但《乙巳条约》（1905）的签订成为这些政策和变化的拐点。电报网和电报事业权被日本攫取，连接日本政府和统监府及总督府，成了殖民地化和殖民统治的情报基地。铁路线路也被改变，为培养专业技术人员而设立的专科学校被废弃或重组为殖民统治的教育机构，农业试验场被并入到日本人的学校内。《乙巳条约》签订以来，朝鲜成为日本对朝鲜人施行愚民政策的场所，光武改革时期制定的各种政策被以守旧、狭隘和跟不上时代等各种理由废除。此后，光武改革时期形成的许多变化都消失了，而且朝鲜人还被刻意塑造成厌恶近代文明、固执、偏见和迷信的形象。

第 3 章

扩充西式军备

16—17 世纪时，西方传教士开始来到中国。那时的中国仍然富裕，文化也优于西方，但在武器水平上却落后于西方。[1]中国的武器制造在中央政府的严格监管下进行，但西方各个地方都在生产武器。其结果就是中国发明的火药在西方被制造成武器，具备了更强的破坏力，并很快超过了中国。特别是那些不受政府约束的军火商，他们追求高利润，与科学家和工匠携手开发武器，以提高武器性能，扩大武器市场。他们用改良的武器发动了更多战争，并且对武器提出了更高要求，为确保技术实力展开了激烈的竞争。[2]以此为背景，西方成功制造出在射程、精度、杀伤力上都性能超前的致命武器，并以此为利器，向东方进击。

虽然中国发明了火药，用卓越的铸造技术制造了优秀的武器，而且元朝人曾经在奔跑的马背上征服了欧洲，但自从将儒家思想定为主导理念、加强中央集权以来，武器的制作和发展只以防卫为目的。这种情况在朝鲜也一样。"壬辰倭乱"和"丙子之役"（1637）之后，朝鲜也提出了武器开发的必要性并推行过一段时间，但很快又回归到了"以武守卫"的传统观念上。在这种社会政治观念背景下，因为仅限于防御，东方武器的破坏力

和杀伤能力被大大削弱。在这种情况下，东方遭到用强大武器武装的西方
攻击。日本和中国转向了武器强化策略，朝鲜也处于过渡的十字路口。开
埠之后，因为国家防卫至关重要，朝鲜的武器迎来了向西式转变的契机。
本章将探讨朝鲜为加强武力，选择的方式、过程及其局限性。

传统武器改良史

在传统社会，特别是朝鲜，武器主要由中央政府掌控。在这样的背景
下，政权越稳定，武力就会越弱。甚至壬辰倭乱和丙子之役反而成了将鸟
铳改良为火绳枪的契机。火绳枪是将大炮的原理应用到步枪上而制造出的
能够携带的单人火器。这种枪是 15 世纪后半叶时由德国发明的，其特点
是可以随时发射。在这种枪上还使用了划时代的发明——扳机。扣动扳机，
火绳上的火星就会落进装有火药的药室并点燃枪身内部装填的火药，从而
将弹丸发射出去。为避免药室内的火药变质、爆炸或进水受潮，在上面装
了一个火门盖，只在发射之前才将盖子打开。火绳枪的火药芯纸非常容易
受潮，点火引起的烟雾、气味或火星也容易导致枪手被敌人发现，这项发
明则大大改善了这两种情况的发生。[3] 肃宗在壬辰倭乱时期将传统的鸟铳
进行了改良。

朝鲜的大炮也得到了改良。朝鲜大炮是将从中国传入的红夷炮嫁接
到传统炮筒上的。[4] 17 世纪初，中国人震惊于红夷炮的强大破坏力，于
是购入并制造了复制品。朝鲜在仁祖时期（1623—1649）正式引进了这
种大炮，并以此为契机也开始制造。政府聘请漂流到济州岛的荷兰人朴渊
（Jan Janse Weltevree, 1595—?）、D. 吉斯贝茨（D. Gitsbertz）、J. 彼得
茨（J. Pieterz）等在训练都监里教授红夷炮的制造和操作方法，另外在收
集相关信息方面也做了很多努力。仁祖九年（1631）时郑斗源（정두원，
1581—?）出使中国，归国后报告了包括红夷炮等火器的发射装置变化和

焰硝^①制造技术为主的武器相关信息，特别强调了火炮在发射速度方面的优越性。[5]

> 火炮不需要使用火芯纸，使用火石就可点燃。我们的鸟铳发射两次的时间，火炮可以发射四五次之多，简直堪比鬼神之速。

不使用火芯纸大大提高了发射效率和发射速度，令人惊叹。不只是政府官员对这种火炮感兴趣，实学家^②李瀷（이익，1629—1690）也撰写了与火器相关的文章。他在《星湖僿说》中写道："《启祯野乘》中记载，名为薄珏的人发明了一种铜炮药，射程能达到三十里。射出的铁丸所经之地，三军尽灭。"^③ 这体现了他对武器的关注。[6]李瀷认为，必须配备像中国人薄珏发明的青铜火炮一样强大的武器，才能充分发挥军队的谋略和勇猛。假如没有这样的武器，勇猛和谋略也都起不到作用。中国的火炮大部分都是在西洋火炮的基础上改良的。值得一提的是，薄珏还在火炮上加了望远镜，大大提高了其命中率。丁若镛（정약용，1762—1836）虽然没有直接谈论火力问题，但修正了关于红夷炮起源的记载，表明了自己对它的兴趣。实学家雅亭（李德懋，이덕무）曾呈上一本关于红夷炮的书，其中写到"此炮造于西洋，消灭了迫害我们的红夷、毛夷，因此称其为红夷炮。"雅亭便据此认为此炮是红夷国制造的，丁若镛纠正了他的错误说法。[7]

红夷炮虽然射程远，但作为前装式炮，需要从炮口填装弹药，发射后炮身冷却也需要不短的时间。[8]解决了红夷炮这种弊端的第二代大炮就是

---

① 高丽和朝鲜王朝时期火药的核心原料，古时也用于指代火药。

② 实学，17世纪开始便在朝鲜半岛萌芽的进步文学流派，实学家们主张研究使用学问和社会改革，反对空谈和教条。

③ 出自《启祯野乘·薄文学传》"崇祯四年，流寇犯安庆，中丞张国维礼聘公，为造铜炮。炮药发三十里，铁丸所过，三军糜烂，而发后无声"。实际情况仍有待考证。

佛郎机炮。[9]佛郎机炮的母炮和子炮是分开的，填弹方式是将装有炮弹的子炮放进母炮，大大节省了装填时间。但如果母炮和子炮的规格不匹配的话，不但无法发射，甚至连大炮都会炸毁。另外，不论是佛郎机炮还是红夷炮，都是先装填火药然后点火，利用火药的威力将炮弹发射到数公里之外的。炮弹本身并不爆炸，这就导致其杀伤力和攻击力有限。这些炮虽然威力巨大，但炮弹不爆炸这一点与今天的大炮有很大区别。朝鲜王朝政府虽然不断地对武器进行改进，但使用传统武器很难抵挡住用19世纪尖端武器武装的西方侵略者。

　　19世纪之前朝鲜也曾陆续听闻新式西洋武器的消息，而且19世纪中叶时通过丙寅洋扰（1866年）和辛未洋扰（1871年），还亲身体验了它们的威力。辛未洋扰时美军全部武装了钢线（即膛线）后装式步枪，炮兵和军官配备单刀和雷明顿连发手枪。[10]由于枪身内部刻有钢线，即使枪身长度缩短了，子弹也能够射得很远。后装式填弹，也能够保证枪手的身体不会暴露在敌方的火力之下。这些武器比朝鲜军的火绳枪射程更远，发射速度更快，能保证枪手的安全，强化了战斗力。[11]美军使用的斯宾塞七连发步枪，是新概念的连珠枪。管状的弹匣在枪托里，弹匣里七发实弹已经上膛，熟练的枪手在15秒内就能够发射所有子弹，发射速度得到了惊人的提升。丙寅洋扰的时候朝鲜人体验了法军燧发枪的威力。这种枪的撞针和药室是一体的，只要扣动装有弹簧的扳机，撞针就会撞击燧石，点燃药室里的火药。利用这种原理，就不必再费心保存火种，只要不是暴雨天气，在雨中也能够战斗。[12]

　　当时大炮是西方武器的翘楚。西洋大炮的炮身里有钢线，射程远。因此即使不把船靠近海岸，也能够摧毁海岸的防御线，这一点与当时朝鲜的主力火炮佛郎机炮有很大区别。即使舰船靠近海岸了，佛郎机炮的射程也达不到。佛郎机炮与西洋大炮在火力上的差距不仅仅体现在射程上。西洋火炮是将火药装在炮弹里，当抵达目标的时候使其爆炸，这大大提升了火炮的攻击力和杀伤力。西洋火炮甚至能够移动，还能自由调整发射角度，提高了命中率。

西洋大型火器是铁制的。铁虽然廉价，但是必须在非常高的温度下才能铸造。用于铸造大炮的铁虽然不是经过冶炼的钢铁，但是只能在有热风机的大型高炉里才能大量生产，这在当时是尖端技术。这种高炉必须保持1300℃的火力，为此不仅需要热源，还需要能够耐受高温铁水热度的铸模。这样制造出来的铸铁炮，即使人为地突然降温，炮身也不会炸开。这就意味着这种炮的发射速度让以前的大炮望尘莫及，极大地提高了杀伤力。朝鲜半岛经历了丙寅和辛未两次洋扰，切身感受到与西方火力的差距。被西方武器火力所震撼的大院君，开始努力开发对抗西方的武器。

西方武器制作技术的引进

探索向近代武器技术转换

从执政初期开始，大院君就致力于增强兵力、改编军制。大院君进行军制改革，纯粹是为了增强军力，牵制权力阶层，同时也能团结支持势力。为此，大院君改革了原有的权力中心——备边司，恢复议政府的权威，组建三军府。由此，大院君一派武臣们的地位得到了提升。当然，三军府的建立不单单代表着权力向大院君一派武臣集团的转换。在一直以来各自为政的五军营之上，又设立了一个最高军令机构——三军府，这就使得军事事务能够得到统一有效的处理。三军府不仅负责守卫官城这样的军事事务，还负责都城治安、查处惩办勾结西方势力的内奸、强化海岸警戒等事务，加强了自身的公权力和防御力。

大院君一方面增强炮兵实力，另一方面也在积极开发新式火炮。丙寅洋扰之后，朝鲜加强了一直以来被忽视的炮兵训练。作为其中的一环，新

设了火炮科，进行发射训练。虽然水平大大落后于西方，但这些努力打破了以前连射击练习都没有的惨淡局面。在江华岛附近，一直屯有 3000—4000 人的兵力。为确保防御能力，将以前的"三手兵"体制（炮手，射手，杀手）改为以炮兵为中心的军制，增设了地方炮军，并投入了五千两银用于修理武器。[13] 因此丙寅洋扰之后，朝鲜全国大约有 3600 名炮兵，总兵力达到 20000 人以上。此外政府还尝试开发各种武器来装备军队。申櫶（신헌）作为武器改良的负责人，充分参考了中国的《海国图志》《瀛寰志略》等书籍，[14] 实现了通过移动火炮、调整炮身角度来扩大射程范围，开发了称得上是水下定时炸弹的水雷炮等武器，虽然取得了一定成果，但仍然无法与西方近代武器相媲美，也无法完全自主制造水雷炮。大院君时期通过西方武器的相关书籍来先实现武器改良、制造近代西式武器的尝试最终失败了，因此需要寻找新的对策。

高宗亲政和开放通商港口给大院君时代曾经仅依靠书籍进行的武器改良带来了巨大变化。即位 10 年后才开始亲政的高宗废除了大院君时期施行的许多政策，改革了军队体制。虽然废止了确保财源的方案，但是并没有放弃通过强化兵力和引进强大武器来构建武备自强的计划。[15] 高宗采取了更加具备前瞻性的方法。他一边接受新式军事制度，改变军队训练方式，转换兵营体制，另一边准备与新体制相符的武器。当时日本为炫耀其军事优势，会战略性地向朝鲜赠送武器，中国也会送来单兵火器和速射步枪等。高宗认识到，在火力方面，这些新式武器要大大优于铳筒、鸟铳、柳叶箭、铁箭、木箭等传统武器。[16] 但是这些西方武器都需要进口成品，在朝鲜不仅无法制造，甚至连修理都做不到，就连消耗品子弹也不得不全部依赖进口。作为国防力量重要组成部分的武器却要完全靠进口，意味着对外依赖程度的加深。如果和进口贸易国出现外交问题，那么武器和消耗品的供应都可能陷入困难。

由于这些原因，想要拥有新型武器的高宗和朝鲜政府采取了与大院君不同的方式。即从国外获得先进的武器制造设备，并掌握可以应用的新技术。为此，高宗派人探访日本和中国的武器制作水平，[17]并设立学校，培养能够统帅新式军队的将官。[18]开埠之后，朝鲜王朝将成立熟练掌握近代练兵方式的教练队伍和制造近代武器作为最终目标。虽然最高权力者宣布要引进新式武器并改革军事制度，但这却不是一个能够顺利进行的方案。首当其冲的难题就是，怎样改变儒学社会对"武备自强"的看法。在传统观念里，国家强化军备就意味着走"霸道"之路。高宗和朝鲜王朝需要首先说服固守传统观念的反对派，另外还要克服对引进西方技术的抵触。

最重要的是平息反对强化军备的舆论。反对派重拾建国初让百姓休养生息时期的主张——"无论武器多么锋利，铠甲多么坚固，没有粮食，这些兵器都将无用武之地"，认为强化军备会导致百姓穷困。[19]还有人提出，自朝鲜王朝建国以来一直强化军备的行为就是"霸道"，违背了孟子的教诲。把宋朝的王安石变法作为这种改革失败的典型例子。[20]这些主张的基础正是儒学的教导——强兵即"霸道"，因此高宗提出的强化军备政策自然也遭到了反对。

即便遭到了反对，朝鲜王朝为了防御西方可怕的军事力量，也必须尽快提升军力，"武备自强"方案的实施迫在眉睫。为了减少进口武器带来的财政消耗，朝鲜决定进口武器制造技术并设立工厂。朝鲜最终选择从中国而非日本进口近代武器技术。一方面是因为初期日本的高压态度引发了高宗的反感，另一方面是因为被派去日本收集武器信息的李东仁（이동인）失踪了。[21]另外，当日本表现出在军事方面对朝鲜施加影响的意图时，清政府也展现出与朝鲜王朝进行军事合作的积极态度。因此高宗最终决定从中国进口武器。朝鲜王朝就武器购买和军事武器技术传授事宜试探清政府的意向，并派遣卞元圭（변원규）确认中国的各种军事要素，同时进行具体磋商。对朝鲜王朝从中国清政府获取武器技术支持的形式和武器购买途径、军事训练实行与否等都进行了事先的意见协调。

　　决定从中国购入武器后，朝鲜王朝模仿清政府的制度，设立了最初的近代军务机构——统理机务衙门。虽然大院君设立三军部的目的是为了分离政治业务和军事业务，但内部业务并没有按照部门区分开，导致效率低下。统理机务衙门就是为了提高效率设立的。正如前面提到的，统理机务衙门当初是为了处理包含通商等与外国的交涉业务而设立的，下设十三司分管各方面业务。[22]

　　军事体制也得到改编，[23]军制的改编也是以新式武器的引进为前提的。[24]为符合新式武器的使用，组建了称为"教练部队"（又称"别技军"）的新式军队，试验武器使用和制式训练。由于朝鲜王朝财政紧缺，无法派遣留学生去学习军事训练，因此决定让滞留在朝鲜的外国校官特别是日本军官作为教官，设立军事训练机构。1881 年 5 月从五军营选拔 80 名身体健康的士兵，任命为"别技军"，归入武卫营。此部队的军事训练由制式训练和军事基础理论组成，他们还以新武器为中心学习了枪械的使用方法。朝鲜王朝必须为他们准备武器并提供修理，为此朝鲜王朝决定向中国派遣武器技术留学团——军械学造团。

向中国派遣留学生——军械学造团

　　朝鲜王朝自设立别技军以来不断探索新的方案，为汉城①甚至朝鲜全部军队更换武器，并降低武器的对外依存度。作为其中一环，朝鲜政府和清政府针对武器技术的转让和武器工厂的设立等方面进行了磋商。这并不是朝鲜单方面的要求，当时的清政府也将强化对朝鲜的影响作为重要目标。由于西方列强攻进北京，加之日本的持续挑衅以及与俄国的国际纷争导致国力萎缩，清政府打算利用朝鲜在国际关系上实现"以夷制夷"战略。[25]

① 汉城最初用名"南平壤"，1068 年改称"南京"，1308 年又改称"汉阳"，1395 年又改称"汉城"，1910—1945 年，又改称"京城"，1945 年日本投降后，京城又改称"汉城"。2005 年，又改称"首尔"。本书中的这段时期，统一使用"汉城"这一名称。——编者注

朝鲜作为日本、俄国与中国之间的缓冲地带，为了减轻日俄对中国的攻击，需要确保朝鲜的防御力。因此，清政府决定帮助朝鲜加强国防力量，向朝鲜传授武器相关技术，帮助朝鲜建立武器制造工厂，通过"领选使行"推进以此为目的的相关磋商。[26]

虽然清政府和朝鲜王朝在双方的需要和要求之间努力寻找平衡点，但派遣领选使对两国所代表的意义是不同的。对朝鲜王朝来说，向中国派遣领选使意味着引进武器和建立武器工厂相关机器的购入受清政府辖制，甚至学习武器制造技术也只有中国这一个渠道，这意味着朝鲜的武器技术将从属于中国。[27]对清政府来说，除了实现"以夷制夷"战略，也需要扩大上海江南制造局等武器制造工厂生产的武器的销路。这与朝鲜建立武器工厂即机器厂所需机器的中介、斡旋及交货权一应事务有着密切的关联。清政府也能够获得任意调整工厂规模、设备配置等与工厂设计、设备供应时间、数量等相关事宜的权力，大大增强了清政府对朝鲜政府的影响力。

军械学造团作为清朝对朝鲜王朝政策方案的一部分，以掌握武器技术为主要目的。朝鲜王朝希望由38名主要成员组成的技术留学团能从清政府得到充分的支持，但清政府对他们的援助微乎其微。因为当他们出发的时候，清政府对朝鲜的军事战略已经开始出现变化。清政府内部曾提出为防止日本和俄国加强势力，应重新考虑加强朝鲜国防力量。讨论的核心是：当清政府在朝鲜的影响力下降或朝鲜未能阻止与俄国和日本有联系时，朝鲜加强的军事力量可能会对中国构成威胁。因此，最好重新调整中国与朝鲜的关系，以防止这种危险，最好的方案是将朝鲜转变为中国的属邦。为此，遏制朝鲜国防力量的加强至关重要。[28]此次讨论使北洋舰队代为负责朝鲜国防的战略出台，并借"壬午兵变"为契机开始实施。

由于清政府的政策转换，朝鲜原定设立机器厂的规模也被重新调整。根据朝鲜和清政府此前达成的协议，清政府代为购买设备并提供安装，将武器工厂的生产规模定为向守卫汉城的3万兵力供应武器的水平。清政府

的立场改变后，朝鲜的工厂缩小到仅能修理武器或制造子弹的程度。这种规模的缩小是在领选使金允植（김윤식，1835—1922）考察机器局的东局和西局并听取说明的过程中被灌输的。[29] 在考察机器局时，他见到了机器局总办，并听取了关于工厂建造和维护需要的资金，以及工厂运行所需外国技术人员规模的相关信息。此外他还被告知，作为这些技术基础的西方科学非常难以理解，并且为培养人才需要进行长期训练。这些说明总是伴随着对朝鲜王朝薄弱财政能力的担忧，促使金允植认为朝鲜王朝无力建设最初设想规模的工厂。最终他认同了清政府的意见，也认为朝鲜只适合建立小规模修理武器的工厂。[30] 清政府对朝鲜战略的变化不单使机器厂的规模缩小，还对军械学造团的训练方式和内容，以及对留学团的援助和朝鲜机器厂的设厂过程等都造成了影响。之后军械学造团在技术尚未熟练的情况下就被撤回，成为留学生派遣活动失败的重要背景。[31]

以"壬午兵变"（1882）为起点，北洋舰队代行朝鲜国防成了现实。这对自清政府接受技术训练后归国的技术学徒们造成了不小的影响。特别是对工匠们非常不利，因为他们参与施工的机器厂要到 1887 年 10 月才能完工。中人① 身份之上的学徒从 1883 年 5 月开始可以在机器局内以官员身份活动，但对于无法成为官员的工匠们来说，必须参加机器厂的建设，才能熟练使用他们留学时学到的技术。因此，机器厂的建设越是滞后，他们能够使用技术的余地就会越小，他们的立场会变得微妙，军械学造团的学习成果也可能会随之被搁置不用。

朝鲜王朝并不是没有意识到这一点，因此加速了机器厂的建设，设立了机器局，选好厂址并开始建工厂。但是由于朝鲜王朝需要的机器到货晚，导致工程延期。这期间工厂规模还经常变更，最终缩小了很多。产生这种变化的最大原因，正是前面提到的"壬午兵变"之后清政府对朝鲜军事政

---

① 朝鲜王朝时期，处于两班（贵族）和平民中间的身份阶级。

策的显著变化。李鸿章虽然一直对朝鲜建造武器制造工厂不太支持，但是"壬午兵变"之后他对朝鲜建造机器厂表现出了明显的反对态度。他对希望购入武器制造机器的金允植指出，机器厂的建设和运营需要庞大和不间断的财政支持。他要求朝鲜缩小机器厂的建设规模，并说："一开始没必要建得规模很大，先建个一年只需花费白银一万两左右的小工厂，以后再慢慢扩大规模即可。"[32]另外他为朝鲜提供了原本在天津机器厂的旧式磅级开花铜炮十门、开花子三百枚、英国李-恩菲尔德旋条铳（步枪）一千支、弹药一千磅[33]，以安抚朝鲜王朝对机器供应的催促。[34]他的这种态度马上就影响到了帮助朝鲜王朝购买机器的天津机器局的工作人员。他们从金允植首先想购买的机器中把各种车床设备和小机关等排除在外。这些是天津军械厂提到的必需机器，因为"如果没有小机关及其连接的刨床、钻床这三台机器的话，所有机器都修理不了"。这些机器符合朝鲜王朝将建造的机器厂的规模和目的，[35]但最终连这些机器也没能引进。排除掉这些重要机器之后，清政府机器局的负责人以装送铜帽手器（制作铜帽的机器）、强水（即强酸）制造器具和化学器具为主装配朝鲜机器厂。[36]这意味着，清政府将朝鲜王朝的机器厂定位为位于朝鲜王朝的清军武器修理和子弹供应工厂，其意图是在朝鲜王朝机器厂装配符合自己武器水平的机器。

在机器厂建设被推迟的过程中，爆发了对朝鲜国内局势产生致命影响的事件——甲申政变（1884）。以此为契机，清政府干涉朝鲜内政和外交。当时驻扎朝鲜总理交涉通商事宜的袁世凯试图垄断朝鲜内政，对朝鲜王朝的开化政策进行了全面介入。他制定的"朝鲜大局论"达到了对朝鲜开化政策介入的顶点，对此他出示的最中心论据即"节财用"。[37]他以朝鲜王朝财力薄弱为由，中断或干扰朝鲜王朝引进西方文明的大部分开化政策，这就导致朝鲜机器厂的建设长期延滞。而作为军械学造团撤回之后的善后政策，李鸿章曾经承诺的技术指导也成为泡影。由于机器厂建设的延滞，在中国学习了武器制造和修理技术的学徒们迟迟无用武之地，特别是

被派遣到天津工厂学习的学徒们大部分都没有得到重用。唯一有记载持续活动的，是作为军械学造团天津机器厂负责人、曾受到称赞的宋景和（송경화），他于 1883 年再次去中国留学。[38] 除他之外，其他工匠出身的学徒们都再难觅踪迹了。

朝鲜王朝向天津派遣留学生学习西方武器制作技术的尝试没有成功，这些技术学员中较活跃的仅有尚沄（상운）、赵汉根（조한근）、安浚（안준）、高永喆（고영철）、安昱相（안욱상）5 人。机器厂由 1883 年作为武器制造官署而设立的机器局指挥，所属武器工厂翻砂厂、木样厂、熟铁厂等于 1884 年竣工。[39] 但由于机器的进口被推迟，直到 1887 年工厂才得以开工。1889 年，由 12 马力的蒸汽机带动枪支制造机，该工厂实现了步枪制造，但直到 1891 年才引进弹药制造机生产实弹。[40]

本时期虽然抱着强化军事力量的目的而成立了机器厂，但与高宗的期待相反，并没有取得什么特别的成果。朝鲜想要安装的用于制造枪身的枪炮制造机、武器的核心——火药制造机等机器都没能购买到。因此，机器厂被降格为组装弹药和雷管、修理枪支的水平，而朝鲜几乎成为中国清朝制造的旧式前装式枪的出口市场。

大韩帝国时期，为确立西式军制做出的努力

直到中日甲午战争之前，袁世凯一直对朝鲜的开化政策进行干扰，朝鲜政府也丧失了推进军制改革的动力。机器厂作为武器修理厂勉强维持，只能制造铜帽。尽管如此，朝鲜王朝还是于 1893 年设立了朝鲜海防水师学堂（以下简称水师学堂）。虽然该校于 1894 年被甲午战争中获胜的日本强行关闭，但在江华岛设立的海军武官学校是海军力量强化的堡垒。该校的开设是以拥有军舰为前提的，因此该校的建立也是为了实现大院君一直以来拥有蒸汽军舰的梦想。[41] 高宗亲政后改编了军制，但错过了水军体制改编的机会，使得海岸防御线处于空白状态。为了挽回这一局面，朝鲜王朝试图将海军也改编为近代军制，水师学堂的建立是这一战略的核心。[42]

水师学堂有 50 多名 18—26 岁的士官生，在英国预备役海军上尉威廉·H.卡尔威尔（William H.Callwell）和助教约翰·W.科提斯（John W.Curtis，海军下士）的指导下接受训练。[43]虽然水师学堂的官制和学生规则鲜为人知，但这些学生至少在 1894 年 4 月英国教官入境前接受了英语教育，在实际训练过程中与教官的沟通似乎也没有太大问题。但是该学校不仅没有正常运营，连相关文件也找不到。学校没能正常运营，虽然也有朝鲜政府准备不足和中日甲午战争爆发的原因，但最重要的原因是日本的阻挠。[44]在中日甲午战争中获胜的日本想要阻止朝鲜王朝加强海岸防御力量，关闭该校也是其中的一环。

1893 年建立的海军武官学校。（资料来源：《韩国近代海军创设史》，慧眼出版社，p.84。）

近代海军士官学校的关闭带来了严重的影响，首先涉及军舰。1903 年朝鲜政府实现了长久以来的夙愿，引进了蒸汽机驱动的军舰。但这造成了财政上的巨大损失，降低了国家威信，被评价为大韩帝国政府的重大失误之一。

大韩帝国进口的军舰原本属于日本商社。日本一边扼制大韩帝国的海军力量，一边却向他们出售军舰，这本身是矛盾的。但只要了解了日本所售军舰的实际情况，就完全能够理解了。这艘军舰是 3.275 吨级，在当时情况下属于大型商船，但它的性能极差。这艘船于 1888 年在英国建造，航行时不仅耗费大量煤炭，而且经常发生故障。英国将该船出售给日本三井商社，三井商社在购入该船后立即开始物色买家。[45]三井商社得到大韩帝国政府准备购买军舰的情报后，积极推进协商，最终以高出购入价格两倍以上的 55 万圆①售出，从中获取了高额的利润。[46]这艘被命名为"扬武"号的船只虽然配备了军舰必需的大炮，但这些大炮长度只有 12 尺（约 4 米），炮筒直径只有 8 厘米，毫无战斗力。甚至就连这些大炮，也是从废弃的军舰上取下的旧火炮。这艘军舰的性能极差，由于过度消耗燃料，运行困难，只能停放在岸边。[47]虽然有人主张应该利用"扬武"号作为加强海防、改革水军的契机，但作为财政浪费的代表性例子，批判的声音仍然占了上风。[48]

　　为了购买像"扬武"号一样的战舰，必须具备对近代军舰的专业见识，但是大韩帝国根本没有这样的人才。当然，在合同进行期间，大韩帝国政府并不是完全没察觉到该船的真正情况。大韩帝国政府知道这艘船的性能非常差，价格也非常昂贵，所以想取消购买。但是日本强烈反对，强行进行了交易。收购该船后，大韩帝国政府任命曾在日本东京商船学校航海系留过学的慎顺晟（신순성，1878—1944）为舰长，但日本并未履行为大韩帝国训练 72 名船员的承诺。[49]"扬武"号搁置了一段时间，1904 年日俄战争②时被日本政府征用，重新改造成了货船，但却没有归还。[50]购买军舰的种种问题，可以说是体现大韩帝国军事力量状况的代表性例子。

　　在大韩帝国国制颁布前后，朝鲜在国防方面已经发生了变化，例如改

①　"圆"（有时亦写作"圜"）是朝鲜王朝于 1892 年后逐渐形成的铸币货币单位，也是大韩帝国金本位货币制度的重要基础。后文出现的圆均为此货币单位。

②　日俄战争，1904—1905 年日本和俄国为争夺朝鲜半岛和中国东北部地区而进行的战争。

"扬武"号军舰。（资料来源：仁川开埠博物馆。）

革武器体制、培养近代化军队等，但却没有取得任何成效。尽管都失败了，但在光武改革期间，最高统帅高宗为了军队相关改革曾煞费苦心，几个项目也得到了积极推进。高宗切身感受到，为了摆脱从壬午兵变直到"俄馆播迁"① 期间受到外部势力的干涉、建设自主国家，加强国防力量是最重要的。而且为了树立和维持皇帝的权力和权威，最需要的也是强大的军队。另外高宗还认识到，为了支撑国防力量，必须制造出需要的武器。基于这种必要性，国内全面施行了军制改编，中央军新设了亲卫队和侍卫队。侍卫队是从亲卫队选拔出来的精锐部队，既是皇帝的亲军，也是中央军的主力部队。这支部队依照俄式军制组建并训练。在 1904 年日俄战争导致日本帝国主义侵略加剧之前，这种侍卫队编制一直都是大韩帝国的基本军制。加强了中央军的战斗力后，政府于 1897 年 6 月又颁布了重新增加各道地方兵力的敕令，在 8 个地区设立了地方部队。最终，中央组建了亲卫队和侍卫队，地方组建了镇卫队和地方队，国防力量得以恢复，也成了扩大高宗权威的武力基础。要改编军制必须首先成立军部来管理，为此于 1899 年 6 月设立了元帅府。元帅府以皇帝为最高首脑，作为最高军令机关统率大韩帝国全部中央军和地方军。

---

① 闵妃被日本人杀害（乙未事变）之后，人身安全受到威胁的高宗和王世子自 1896 年 2 月 11 日起离开王宫，在俄国使馆内居住了大约一年时间。

　　武官学校官制的颁布也是重要的变化之一。朝鲜王朝在设立元帅府之前就于 1896 年 1 月颁布了武官学校官制，开始培养武官。[51]新的武官学校成立于 1898 年，首先整顿了以前的练武公院官制，并于 5 月重新颁布新的官制，7 月 1 日正式建校。[52]之后，随着数次官制的修改，招生标准发生了变化，[53]但他们接受的教育没有太大变化。他们学习武术学、军制学、兵器学、筑城学、地形学、外语、军人卫生学及马术，同时还要学习兵法和工兵术。[54]其中兵器学方面，在学习子弹的运动和射击、子弹的散布、射击训练的同时，还要学习火药爆破化工品等与火药相关的部分，这些领域的基础是物理和化学。另外，在筑城学方面，还学习了道路、桥梁、铁路、电信等战争中必需的工兵技术相关课程，[55]当然也接受了制造携带兵器等与枪支组装相关的训练。另外在卫生方面，学习养护知识的同时，还要掌握病原菌、传染病预防方法。武官学校的学生们不仅学习了作为新式军队的指挥官应具备的素养和兵法，还学习了以近代科学为基础的武器和卫生相关科目。

王室守备队的训练日常。(资料来源:《开埠后汉城的近代化和磨难（1876—1910）》，2002。)

设立武官学校的目的是通过培养新的指挥官实现军队的改编及再编，其前提是武器的稳定供应。根据甲午改革及乙未改革①时期颁布的军部官制，由炮工局的炮兵科掌管兵器弹药和兵器材料的制造及储藏相关事项。[56]但在"俄馆播迁"以后，由于聘请了俄国军事教官训练军队，因此选择了直接进口步枪及弹药等成品装备的便利方法，而非自己制造武器。但这并不意味着高宗完全放弃了制造武器的梦想。政府计划重新整顿并扩建因甲午改革而废除的机器厂，1896年聘请了俄国技术人员担任机械士官，聘请法国炮兵出身的军官担任军物调查员首席技师。他们提出了修建只修理武器的小规模工厂和具备制造武器能力的大规模工厂的提案书。对此，大韩帝国政府将大规模工厂方案作为考虑的首要方案，还制定了将翻砂厂从三清洞迁到龙山的计划。但是这些远大的计划未能实行，最终还是只建成了武器修理厂。因为与小规模枪支修理工厂相比，枪支制造工厂需要投入的资金高达4倍以上，即建成枪支修理工厂所需资金为15万圆，而枪支制造工厂则需要60万圆。[57]考虑到财政状况，大韩帝国政府1898年决定从日本购入可以制造、修理步枪的机器，由炮工局管理。[58]

但是，连这个工厂也未能正常运营。曾于1900年担任陆军参谋长的白性基（백성기，1860—1929）指出，不仅是军事装备，就连军官的军装也依赖进口。[59]他评价说："虽然计划在军部②设立炮工局并制造炮工机器，但不仅没有制造出机器，反而白白消耗经费，甚至沦落为被弃置的部门"。引进新机器后，谁都不想学习制造方法，甚至连完全可以自己制造的子弹都要进口，这些状况令他慨叹。

---

① 又叫"乙未更张"，时间为1895（乙未）年至1896年，是甲午改革的主要三次改革中的最后一次近代化改革。

② 朝鲜后期负责军政事务的官府机构，高宗三十二年即1895年由"军务衙门"改为此名，1907年因日本强迫解散朝鲜军队而被取缔。

在俄国教官指导下进行训练的大韩帝国军人。(资料来源:《开埠后汉城的近代化和磨难
(1876—1910)》,2002。)

　　炮工局之设置于军部者,本欲制造炮工器械也,而几年
之间,无一成器,徒耗经费,今则无异废弃之闲局,宁不寒心
哉?………旧日器械,既不便利,必资外国之器,则初头贸用于
外国,势固然也。至于几年之后,则当学习其法,自我仿制可也。
此机局之所以设也。今所成者,何器,卒业者,何人?………至
于弹丸,则前日亲军营回龙铳,今日各队毛瑟铳丸,我国工匠,
皆能制造,今何停役,而亦从外费乎?

　　从他的上疏可以看出,引进武器技术、使用工厂制造武器的政策并没
有得到有效实施。虽然他的主张被朝廷采纳,但此后不再依赖进口的其实
只有将官、校官、尉官级军服上的领章而已。

　　政府在 1903 年再次探索重组和扩张军需产业,计划在三清洞机械厂内
设立枪支制造厂,新的厂址选定在龙山。[60] 炮工局与日本三井物产公司签
订了 35 万圆的合同,用于进口步枪制造机器。为此,军器厂于 1904 年颁
布了官制。[61] 日俄战争之后,为了大幅扩大军部所属的军械库、自主开发

军事技术，制订了改组方案。其内容包括成立枪炮、子弹、火药、皮革装备、被服制造厂，各部门大量招募技术人员等举措。当时在军械厂工作的人中，仅技术人员就有2名所长、8名技师、31名技手，人数相当多。他们当中在被服制造厂和火药制造厂工作的人最多，可见当时政府试图集中开发这些领域的技术。[62]但这一举措是在日俄战争后日本影响力增强的情况下进行的，因此可以说是在已经丧失机会的情况下采取的毫无意义的行动。

在学习机关枪操作方法的大韩帝国士兵们。（资料来源：《开埠后汉城的近代化及面对的考验（1876—1910）》，2002。）

武器制作技术引进过程中的挫折，
对大韩帝国军备事业的支持与反对

随着武器工厂缩小到修理厂的规模，大韩帝国政府为了武装新改编的军队，不得不从外国大量引进最新式武器。实际上，自1901年以来，国防费用占了大韩帝国国家财政的近40%，其中大部分不得不用于购买新式武器。[63]1899年2月，通过世昌洋行，军部和德国署理领事分两次进口了

100 支步枪、300 支手枪、100 支军刀、1 万发步枪子弹和 4 万发手枪子弹。[64] 另外，1900 年 7 月还决定向法国政府购买 1 万支步枪和 300 万发子弹，并将从英国进口的各种大炮放在前宣惠厅①办公处保管。[65]

因此，在军队解散之时，大韩帝国军队具备了相当水平的武装。[66] 性能优于日军制式村田步枪的俄国莫辛 - 纳甘步枪（Mosin-Nagant）、英国的李 - 恩菲尔德步枪（Lee-Enfield）、德国的毛瑟步枪（Mauser）、美国的斯普林菲尔德步枪（Springfield）等成为大韩帝国军队的主要武器。重火器包括马克西姆重机枪（Maxim）、阿姆斯特朗炮（Armstrong）、克虏伯炮（Krupp）、施耐德速射炮（Schneider）等。与军队规模相比，大韩帝国拥有相当强大的武器。但是从武器名上就能看出，这些武器都是从日本、俄国、德国、法国、英国等多个国家进口的。因此，大韩帝国军队的武器有一个根本性问题，陆军参谋长白性基也深切体会到了这一点：

> 莫重军物，动必仰贸于外国，一则漏泄军机，一则贻羞世界，
> 而倘值失和绝约之时，则又将束手无策矣。[67]

他指出，大韩帝国的军队存在泄露军事机密的问题。而一旦购买武器的条约废除，也会影响武器及消耗品的供应。

而且还存在其他问题。由于武器是从多个国家进口的，所以其管理、使用方法和相关训练也多种多样，根本无法确保系统性。特别是在日本强制解散大韩帝国军队时，这个问题得到了明显的体现。当时，大韩帝国武官学校培养出了熟悉新武器使用方法的军官。因此，日本非常担心解散军队后具备强大火力的大韩帝国军会起义。但是，日本强制解散军队时，大韩帝国军事力量并没有成为太大的威胁，其原因就在于大韩帝国军武器量

---

① 朝鲜时代负责进贡的米、布、钱等出纳的部门，1894 年被废除。

小且种类多样。大韩帝国的武器进口不是根据军事、火力需要来决定，而是根据政治、外交法则引进的，就像国际武器博览会一样。虽然表面上看起来非常强大，但实际上大韩帝国军队没能有效地使用和管理这些武器。原本军事示范和训练方式应该根据各国武器的不同而变化，但由于各种国家的武器混杂在一起，所以很难进行系统的武器教育和训练。为了解决这一问题，各部队虽然制定了武装统一政策，但连这个政策推行得也不顺利。大韩帝国的武器装备没有构成统一的体系，这给武器的补给和管理带来了很大的混乱，成了大韩帝国军队的缺陷。更何况，在子弹等军需物品难以正常供应的情况下，在实战中这些武器难以发挥实际的作用。不仅如此，尽管大韩帝国军队进口了很多武器，但主要武器依然是传统武器。《武器在库表》[①]显示，大韩帝国军队的主要个人武器是鸟铳，共计104038支。[68]相反，西式武器仅拥有5000—7000支的俄制伯丹步枪，而且这种步枪在当时已经过时了。

结果，伴随着中国和日本的影响，以及对近代武器体系核心认识的不彻底、西方列强武器的市场化导致武器缺乏系统性、失去引进武器生产技术的机会等问题，大韩帝国引进近代武器体系的事业无法继续进行。直到1907年军队被解散，这些问题始终都没有得到解决。高宗时期培养近代军队及引进近代武器技术的努力最终以中途失败而告终。虽然投入了最多的财政资金，但不仅没能对加强国防力量做出任何贡献，而且在国家受到侵略的时候也没能发挥任何作用。开放港口后一直努力推进的武备自强政策最后无果而终。

---

① 1894—1907年记录京畿道、江原道、黄海道、忠清南北道、全罗南北道、庆尚南北道、平安南北道武器库存量的书册。

第 4 章

西方农业技术的引进和发展

开埠之后，为了实现富国强兵，朝鲜王朝将目光投向了西方文明，调查了对富国有所帮助的多个领域，这其中也包括西方的耕作方法。朝鲜政府希望通过引进西方耕作方法，像西方一样增加农业产量，通过提升朝鲜的基本产业——农业的生产能力，实现国家富裕，确保推进开化政策的动力并强化军备。

当然，朝鲜王朝介入国家主要产业——农业生产方式的事例，并不是开埠之后才出现的。自李朝建立以来，朝鲜王朝在改良耕作方法方面起到中心作用，实行了增加农业产量、扩大耕地面积的政策。另外，还在宫里开辟了小块水田并亲自耕种，通过亲耕这种方式向百姓展现王室对农业的关注。朝鲜王朝对农业的关注还体现在农书的出版和劝农组织的形成。自世宗颁布《农事直说》以来，政府陆续出版了多部符合朝鲜半岛土质和气候的农书。[1]受中央政府委派的地方官，在每个乡、里①都要组成劝农组织，以便指导和管理农法。

尽管朝鲜王朝和王室付出了很多努力，但主要谷物——大米的产量却

---

① 古代户籍管理的基层组织，五户为一邻，五邻为一里。

一直没能实现大幅增长。当时增加粮食产量的方法之一是移秧法，即插秧法。这种方法不但能增加产量，还能种二茬庄稼。而且能节省人力，利用这段时间还可以种植其他作物，例如麻、棉花、蚕等与纺织相关的经济作物。但是对于移秧法来说，灌溉和施肥非常重要，尤其灌溉是必须条件。但除了三南地区①以外，能在春季为插秧供给充分水源的地方很少。假如移秧期间遇上干旱天气，考虑到朝鲜的气候条件，政府会禁止农民插秧。尽管如此，到朝鲜王朝后期，使用插秧法的农民也越来越多。因为农民们很难抵挡产量增加、节约劳动力以及通过换茬种植经济作物的诱惑。因此，朝鲜王朝需要制定其他对策来应对这种情况。

在这种情况下，开埠为农业领域带来了新的转机。为了朝鲜半岛的主要产业——农业的发展，政府不断考察并尝试使用西方的耕作方法。但是开埠后，农业生产方式并没有出现明显的转变，粮食产量也没有得到显著的增长。对于这样的结果有人认为，日本帝国主义统治时期改良农法的运用和普及，才是实现朝鲜农业生产方式转换的有效契机。这无疑贬低了开埠以来朝鲜政府的努力。[2]日本的改良农法在1910年前后由日本移民和总督府引进，取代了朝鲜的传统农法，实现了农业产量的突破性增长。但不能忽视的是，朝鲜王朝也为了改良农法进行了多种尝试。本章将介绍朝鲜政府对近代农法的探索和引进过程。

传统重点产业——农业

奉行儒家思想的朝鲜，其中心产业必定是农业。"是故明君制民之产，必使仰足以事父母，俯足以畜妻子"②，自李朝以来，孟子的这句教诲可以说是朝鲜治国的重要方针。[3]世宗统治时期，曾因干旱和瘟疫导致百姓穷困，

---

① 忠清南北道、全罗南北道、庆尚南北道的统称。
② 出自《孟子·梁惠王 上》。

担心王位被推翻。可见农业是衡量国王治理国政的重要指标。因此，朝鲜的国王不仅重视提高农业生产效率，还重视解决农业问题。国王委托地方的守令①和观察使②组织官府主导的劝农团体，在农耕现场开展劝农活动。《经国大典·户典》中明文规定："在农桑、种植、畜牧上特别用心的农户，每年选定后由户曹上报、记录，并给予奖励。"因此，由各道的观察使负责地方农政，其下级行政单位府、郡、县则由守令负责。并且每个面③都有1—2名由守令直接任免的劝农官，帮助守令执行农业奖励业务。[4]

守令作为乡、里实际的劝农指导者，须得将劝农作为首要任务。守令要告知、指导和管理农事时机，以免百姓错过播种、割草、施肥、收获的时机。中央政府将劝农任务完成的好坏作为地方官人事考核的核心标准，以此来督促守令们。[5]

如果说地方官执行了具体的劝农工作，那么国王和中央政府则制定了地方官工作的方针。为了让指导农业的劝农组织活跃起来，政府每年都强调农业的重要性。每当农政发生重要事情时，都会下达与之相关的"纶音"④，[6]国王还亲自耕种。高丽时代的国王虽然也亲耕，但朝鲜时代的亲耕仪式里还包含了性理学理念，更经常、更有意识地进行该仪式，体现了国王对农业的重视。世宗亲自在王宫的后苑开垦耕地，[7]他的父王太宗赞同上疏中"亲耕是尊敬神明、重视农业的体现"的观点，命令观象监选出日期举行祭天仪式。[8]王宫里开垦的田地并不单纯是亲耕的场地，也是繁育种子或试验农业技术的场所。亲耕后的世宗发现："因为耕种十分用心，即使遇到干旱，水稻也长得很好。"并因此得出结论：天气并不是决定丰年和灾年的唯一标准。[9]

① 高丽和朝鲜王朝时期州、府、郡、县各地方官的统称。

② 朝鲜王朝时期派遣到各道负责地方统治的最高地方长官，也称监司等。

③ 郡的下级行政区域。

④ 朝鲜王朝时期国王向百姓传达训谕的文书。

另外，与农事相关的祈愿活动也主要由王室和官府来举行。祈愿百姓丰收和安宁的活动都由国王、臣僚和王世子主持，在春天和秋天还有冬至后第三个戌日或腊日举行。还举行了祭祀神农氏的先农祭，此外还举行了祈雨祭、祈晴祭甚至祈雪祭[①]等与农事相关的祭祀活动。由此可见，朝鲜政府对农耕一直保持深入的参与。

政府还编纂并颁布了作为劝农指南的农书，表达了对农业的重视。例如《农书辑要》(1415)、《农事直说》(1429)和与饲养马等家畜相关的《新编集成马医方》(1398)、《养蚕经验撮要》(1415)、《牛马羊猪染疫治疗方》(1541)、《马经抄集谚解》等的编纂和颁布。还将拥有先进农业技术的农户作为示范加以利用。政府对农业的重视对儒学者们也产生了影响，让他们开始撰写农业相关书籍。例如姜希颜(강희안, 1417—1464)的《养花小录》，姜希孟(강희맹, 1424—1483)的《衿阳杂录》，还有以中国《四时纂要》为母本编纂的《四时纂要抄》等。这种农书编纂活动一直持续到朝鲜王朝后期。

朝鲜王朝特别关注水田耕作。因为水田耕作比旱田产粮多，而且提供了实实在在的粮食。为了开发和改善农业，朝鲜王朝制定了几个政策。如开发水田，发展和普及水稻种植；将休耕法转变为连种法，并扩大其应用范围；将先进地区的农作物或农业技术普及到落后地区等。最重要的是，朝鲜王朝不断探索将种植其他作物转为种植水稻、将贫瘠的农田改善为适宜灌溉的水田和开辟新水田的方法和方案。[10]中央政府在咸镜道和平安道地区进行水稻耕作的普及示范。[11]尽管这些地区的气候和土质并不适合种植水稻，且农民们不熟悉水田耕作方法。但为了实现水稻种植，朝鲜王朝首先在官田里进行了示范耕作，并取得了成功。以此为契机，稻田种植扩大到了朝鲜北部地区。[12]另外，朝鲜还从中国江南地区和日本学习了水车

---

① 朝鲜有"到腊日下雪不到三次，下一年就会歉收"的传统说法，因此会举行祭祀祈求降雪。

的制作和使用方法，并尝试在全国推广普及。鼓励修建蓄水池和堤堰，[13]并设立制堰司，制定了与堤堰筑造及维护、维修相关的"堤堰事目""堤堰节目"等法规。[14]同时，为了改变休耕法，还制定了各种改善方案。要应用连种法，需要利用多种农业技术来增强地力。例如，秋深耕、烧土、客土①、施肥、交替种植增进地力的作物和消耗地力的作物等方法。施肥是改变休耕法的必要的条件。随着各种方法的发明和应用，朝鲜实现了由休耕法到连种法的转换。

朝鲜王朝初期，随着各种农业技术的开发，政府曾致力于提高生产力，但这种氛围并没有在朝鲜一直持续下去。当然，中央农政机构仍然存在，地方农政机构的系统组织也没有变化，地方官员的定期人事调整仍然以劝农任务完成的好坏为标准，[15]但国家层面改进的努力并没有持续。到了朝鲜中期，农政方面，只有户曹的底层成员增加了 2 倍左右。地方农政机构长官——观察使的任期从 1 年延长到了 2 年。

这种情况在朝鲜王朝后期发生了转变。随着插秧稻田的增加，政府出台了相关政策。朝鲜后期，虽然堤堰或蓄水池在全国范围内增多，但并不是哪里都可以插秧，望天田仍占大部分。但是插秧法能提升产量并节约劳动力，甚至可以种二茬作物，因此对农民的诱惑力很大。这种情况成为政府改变农业政策的契机，最明显的变化就是耕地制度的修改。朝鲜前期将土地的肥沃度作为判断耕地等级的标准，后期将标准改为农地面积的大小，将 1 结②作为统一的面积单位，作为交税的依据。[16]另外，还恢复了曾一度被废除的堤堰司，复原了蓄水池和水库，整顿了水利行政。另外，还尝试根据变化的耕作环境编纂农书。正祖曾颁布《劝农政求农书纶音》，[17]要求进行划时代的农法改良，共收到了农书等 69 部。[18]虽然因正祖离世这些农书没有得到整理、编纂，但以此为契机，包括前、现任官吏在内的

---

① 此处指"外地运来的泥土"。

② 结是为计算租税使用的农田面积单位，各个朝代 1 结的面积大小略有不同。

不少士大夫都开始编纂农书，形成了一种风尚。[19]

朝鲜王朝时代，所有官吏和百姓都为发展农业做出了不少努力。这种努力虽然只是践行儒学国家的基本立场，但更重要的是想通过这种努力增加粮食产量，从而稳定百姓生活、保障王室统治安定、强化政府财政基础等。[20]在百姓税收逐渐成为朝鲜王朝重要收入来源的朝鲜后期，这种想法尤为突出。

但经过60多年的"势道政治"①统治，朝鲜王朝的财政变得非常拮据。虽然大院君为了保障财政实施了改革政策，但由于重建景福宫，财政再次枯竭。在这种情况下宣布亲政的高宗认为，应该以国家的主要产业农业为基础来保障税收。他探索了增进农业生产量的对策，掌握了有关西方农业状况的信息，并将他们的农法视为提高朝鲜农业产量的方法。

开埠与西方农业技术的引入

政府机构的改组

高宗关于农业的基本认识在《劝农纶音》里得到充分的体现。[21]高宗阐述道："君以民为本，民以食为天。坚国百姓之道，惟有务农重农。"他还指出，虽然为了施行这一措施做出了不懈努力，但土地若贫瘠，百姓们很难维持生计。土地之所以贫瘠，高宗认为其原因是全国上下都不够勤劳。为了纠正这一情况，他要求地方上直接负责农耕事务的行政负责人，研究一切有助于农耕的事情。

> 咨尔方伯居留牧府郡县之臣，克殚乃心，谷率其职，凡可以
>
> 利农者，靡不究举，使之种粮资钱，毋怠毋遑，安业乐生，八域

---

① 通常指朝鲜王朝政治中的外戚专权形态。

穰穰，庸副予重民重农之至意。[22]

高宗督促地方官，要借给百姓种子、食粮和需要的费用，帮助他们顺利耕作。

但是高宗和开化官员们也知道，仅靠财政支持和勤劳并不能解决所有问题。在搜集了已经实现富国强兵的西方各国的农业相关信息后他们发现，即使过去农业落后的国家，通过努力也取得了农业发展的成果。例如，气候条件恶劣的俄国，虽然国土辽阔，但人口稀少，无法开垦荒地，农业落后。但他们特别设置了农务省，积极鼓励农业，取得了很大进步。俄国农业发展具体表现在农机制造局的增加、播种更换方法试验带来的产量增加和奶酪业的多样化等。[23]不仅是土壤贫瘠的俄国，在奥地利和法国、德国，农学校、农学研究所、农业试验场的数量也有所增加。以此为基础，这些发达国家把农业作为富强的根基。[24]朝鲜王朝也以西方各国的机构及制度为先例，试图通过发展农业来实现富国。作为其中的一环，在为推进开化政策而组建的政府机构里，专门设立了负责农业的部门。例如1882年11月成立的统理军国事务衙门里，设立了农桑司。为一直以来都很重视的农业而特意设立开化政策机构，体现了朝鲜王朝想用不同于传统的方法发展农业的意图。

农桑司成立后颁布了《农科规则》，为振兴农业着手做准备。该规则由旨在整顿农村社会纲纪的《统户规则》4条、以开垦耕地和改善水利为中心内容的《农务规则》5条和以鼓励种植桑树为内容的《养桑规则》5条构成。[25]《统户规则》是对地方传统劝农组织的改革。其主要内容是，每个村设1名"都执纲"和2—3名副执纲，负责村里的纲纪和劝农。再从各村中挑选出优秀的都执纲担任每个面的"上执纲"，让每个村庄里有名望的人担任"首乡"①

---

① 也称座首，朝鲜王朝时代地方自治机构乡厅的最高长官。

兼农科长。其特点是，辅佐守令管理农政的劝农官由 1—2 名增加到了 3—4 名，新设了首乡兼农科长职务。这一组织改编是考虑到，劝农需要与农民进行实际接触。[26]《统户规则》大幅加强了地方基层农政的作用和乡厅等地方自治组织与农政的联系，可以说是现实性的组织改革。另一个规则是设定农业方向的《农务规则》，主要着眼于增加耕地面积。其中心内容是开放可开垦的国有、公有土地，促进可开垦私有土地的开垦，开垦后禁止地主掠夺并设立相应处罚，开垦后免税 3 年，同时还规定了水利设施的维修、水利优惠的均等化等。还出台了增产鼓励政策，给予愿意出借农具、耕牛等那些人以奖励等。

这些规则是以 1884 年农商司的设立为契机制定的，为了保证它们施行到位，还需要制定相关的法令或施行令。首先，在政府主导的富国强兵的大方向下，为增加农业产量，需要制定具体的农政政策。为此，高宗颁布了农政相关的教旨，并以此为中心开始统合并调整当时分散的各种农业政策。教旨的主要内容是，成立与农桑、织造、畜牧和纸、茶相关的政府部门，并将相关知识教给百姓，达到增产兴业的目的。[27]此教旨包含了两个项目，其一是政府部门的设立，其二是民间公司，即农商公司的成立。特别是作为耕地开发公司的农商公司，其意义重大。农商公司的成立，吸引了民间资本，确保了水利灌溉设施。同时还试图通过普及水车等技术，推动农业的发展。[28]

为发展农业、改善农政，1894 年甲午改革之后也持续进行机构改编。农商司成了农商衙门的下属部门，1895 年被短暂划到工务衙门下，很快又被编入农商工部，但其业务领域一直是农政。不仅是政府机构发生了变革。以 1884 年教旨的颁布为契机，为了让农商公司得以成立，政府为其提供了制度上的条件，即 1894 年颁布的《官许农商公司章程》10 条。该章程中提到，"西方帝国开放门户竞富强……要自强首先要改革农政"，并宣布将迅速实现农政改革。为此，决定引进西方文明的利器，开展农业研究、农机具制造修理和土地开垦。[29]政府希望通过成立农商公司,实现农业机械化和耕地增肥,增加产量。公司成立的目的是代替传统的契①等农村组织,收拢资金,购入各种农机具,将其用于农业生产。

　　光武改革明确了农业振兴相关政策的推动力量。光武改革时期的开化政策大部分都是由皇帝直属的内藏院负责执行,因此农业部门也归属于内藏院(官内府里重要的机构之一)。其下设有种牧课、水轮课、庄园课、参政课等,主导大韩帝国主要的农业政策。水轮课负责开垦荒废的土地,使其可以用作耕地,还制定了《水轮课章程》。其中包括在荒废的土地上设置水车,为便于灌溉修建水利设施,扩大耕地面积等。官或官厅的公有土地也由水轮课进行开垦,水轮课得以扩大,改编为水轮院。这些政府部门的改组和相关法令的制定表明,为了实现富国,朝鲜王朝和当时的开化派们在农业方面倾注了相当多的力量。

西方农业技术的引进

　　(1)建立农业学校。

　　朝鲜王朝为了更有力地支持农业发展,不仅新设及改组了政府部门,还关注新农法的引进和开发,其关注重点是西方农学。西方农学与朝鲜传统农法大不相同,其与东方农法的最大区别是西方农学不再依赖经验。朝鲜农业由天、地、人,即适期务农、适地适作、人事协调的有机整体构成。而西方农学则解构并细分这一关系,进行分析性研究。[30]西方农学虽然也将农民长期的经验作为重要的条件或假设的基础,但并没有重视到能影响结果的程度。西方农学推崇实验农学,并且广泛应用。虽然没有覆盖到所有作物,但针对许多作物的生长和收成进行了实验性研究。西方农学大多以农学研究所或示范农场为中心,采用分析或解剖动植物个体的方式,在

---

① 朝鲜半岛民间传统合作组织,主要目的是经济上的互帮互助。

产量方面取得了卓越的成就。

为了将西方农学的研究结果应用到农业生产，需要构建与传统体系不同的组织结构，朝鲜王朝对此非常关注。根据朝鲜王朝收集的信息，农业学校是农法研究和传播的基础，也是与农业生产紧密联系的结点。可以看到世界各国都在推动农业学校的设立，学校数量日益增加。此外，西方农业学校研究的农产品不仅包括主要谷物，还包括园艺和葡萄等商业作物及果蔬。

如果对各国进行调查，大概有半数以上的国家都建立了农校。奥大利国（奥地利）的70所农校有2200名学生，170所夜间农校有学生5500名。佛国（法国）有43所农校，每所学校有学生30—40名，由政府提供全部伙食费，另外1年支付相当于朝鲜218两7分5厘钱的银币作为服装费。巴黎还有3所农学院和农学研究所。德国有150余所农学园艺学校和葡萄栽培等学校和60余所农蚕试植场。[31]

由此可见，朝鲜王朝认为，设立农业学校将有效构建以乡、里为单位的政府组织，同时对新农业的传播起到作用。农业学校相关信息不只通过《汉城旬报》来收集和传播。1881年，朝士视察团访问日本回国后，报告了培养农业技术专家的必要性。众所周知，制丝工厂、养蚕所为日本的明治维提供了重要的财政支持。考察团不仅调查了这些领域的研究机构，还视察了育种场、农业博览会等。另外，朝鲜收集的关于西方学校制度的信息中，也包括农业学校等实业学校的内容。这些有关农业学校和相关设施的信息，凸显了设立农业学校的必要性。为此，朝鲜王朝指派曾经去日本学习军事学、养蚕学和英语的徐载昌（서재창，1865—1884）推动农业学校的建立。[32]但是，由于甲申政变的失败，设立农业学校的计划未能实

现。因为徐载昌也是甲申政变开化势力中的一员，因此被处死。然而，设立农业学校的尝试并没有完全中断。1887 年，种牧局聘请了英国农学教师爵佛雷（R.Jaffray），要求他设立农业学校。这说明，朝鲜王朝并没有放弃设立农业相关学校的想法。[33] 该农业学校所有年级的学生都必须学习数学和实验，一等生学习家畜学和农业化学，二等生学习农机学和森林学，三等生学习果实学和普通农学，四等生学习基础农学和耕园学。通过学习，学生们有望掌握改良耕地、开垦家畜饲养用地的技术。但由于爵佛雷病死，学校也化为泡影，因而造成了 19 世纪 80 年代的朝鲜，除了 1883 年元山学舍和 1886 年育英公院教授过农业科目外，并没有设立正式的农业教育机构，也没有正式开展农业教育的局面。[34]

光武改革的施行，将设立农业学校停滞不前的氛围一扫而空。实业教育的重要性得到认可，作为其中一环的农业学校也再次被提起。特别是，1896 年在高宗资助下创办的《独立新闻》敦促政府每年拿出 10 万圆，在 3 年内建立工业学校和农业学校，并教授"果树栽培法、谷物种植法和石花菜栽培法"等农业技术。另外，还主张在各个学校设立附属的实验农场。[35]

在此背景下，1898 年再次出现成立农商学校等实业学校的相关动态，[36] 但是这些学校最终没能建立起来。特别是农业学校往往与其他工业学校或商业学校捆绑建立，学校规模变大，经费筹集并不容易，建校被推迟。直到 1904 年，农商工学校的官制才完备，在勋洞建立了学校，并聘请日本农学师开始授课，这已经是自英国农学教师去世而停办农业学校的 16 年后。大韩帝国将农商工学校分为农业、商业、工业 3 个系，学制定为 4 年。以农业系为例，由于日本教师用日语进行授课，听课并不容易。日语好的学生翻译了课程内容，没有听懂的下课后还借用教师的讲稿重新学习。重要的实习，是在东大门外岛约 80 公顷的附属农场（农事试验场）进行，每周二、五两天，以蔬菜园艺为中心。由于以体力劳动为主，每天给学生 20 分钱的实习费。

农业学校建校后，招生也不容易。要在学校学习，由日本人授课，以体力劳动为主，这几点阻碍了学生们报名。但随着时间的推移，学校运营稳定，情况好转，仅建校 2 年后报名人数就增加了。这是因为随着启蒙运动的开展，百姓学习和传播新农法的意愿也随之增强。但在 1906 年，统监府以加强实业教育的名义，将该农业学校从农商工学校分离出去，单独成立了农林学校，并于次年迁至水原。这是日本为了将朝鲜半岛改编为日本农业的延长线而故意采取的措施。[37]

（2）通过书籍介绍和引进西方农学。

爵佛雷死后，尽管农业学校的设立萎靡不振，但朝鲜王朝仍继续向国内介绍西方农学。主要是通过书籍介绍西方农学的优点和特点，并不断试图将其与农业接轨。值得关注的是，这些工作是由安宗洙（안종수，1859—1896）完成的。他跟随朝士视察团成员赵秉稷（조병직，1833—1901）去过日本，见到了日本新晋农学家津田仙，并搜集了包括他的实验农学书《农业三事》在内的农书。[38]《农业三事》中说的"三事"指植物的人工授粉、在农田中埋设气筒和偃谷（使其弯曲在枝下），这本书说明了这些工作的必要性。书中说，植物也需要受精才能结出果实，植物也和动物一样有呼吸作用，植物体内碳元素含量高才能生长。安宗洙收集的书中包括日本著名的农学家族佐藤家出版的《土性辨》《培养秘录》《十字号①粪培例》《六部耕种法》等 4 种，以及中国人胡秉枢撰写的《茶务佥载》（日语版）等。除了《农业三事》之外，其他农书都是依据经验编纂的，探讨的都是传统方式的农学。

安宗洙回国后，参考收集的农学书籍出版了《农政新编》。他在书的开头插入很多图画，有显微镜下的稻花和大麦花的形状，还有打谷机、播种

———————————

① 用"十天干"来分别命名十种不同性质土质的方法。

机、搅土机、栽种穿穴板、浅耕犁、轮粪孤轮车、轮粪车等多种农具和施肥相关工具，以及蚕业相关器具的画。这些画不仅包括水车，还包括 3 个粗细不同的排水筒、像注水台一样的灌溉及水利设施图画，这些都表明他对水利也颇感兴趣。

另外，他还将土壤的种类大致分为壤土①、埴土②、坟土、涂土③、垆土④、沙石 6 种，其中壤土和埴土、坟土分别分为 9 个等级，并说明了其各自的特点。他用泥土的味道来区分好坏。据他介绍，甜的泥土好，苦的普通，酸的不好，辣的、咸的最差。[39] 有趣的是，他用西方化学名对各等级的泥土中含有的成分进行了说明。他说，沙石（沙土）中"除了含有石灰石粒子的黏土之外，还含有钾、碱、镁、氧化铁、氧化锰、硫酸、磷酸、醋酸等物质，令植物恐惧，无法吸收"。[40] 为了查明是否含有这些成分，他使用了近代化学的分析方法。据说想要观察矿石的性状，只要利用显微镜或倒入盐酸液，发现有咕噜咕噜上升的气泡，就可以知道是石灰石。[41] 另外，书中还提供了对有机物、硅酸、氧化铝、石灰、镁、氧化铁、碱等物质在"使用肥料而变得肥沃的土地""没有施肥的土地""干旱的土地"中的含量对比的资料。[42] 此外，还介绍了其各自的性质，以此来衡量对作物的影响。他在这些说明中使用的用语"曹达"（苏打）还有"麻屈涅矢亚""格鲁儿"等，都是日式词汇。[43] 这也说明他的书受到了津田仙的很大影响。此外，为了确保泥土中空气的流通，他提出了在农田泥土中嵌入气筒或避免密植栽培的方法和偃谷等技术，这些方法在实际的农业生产中取得了不小的成效。

---

① 含有四分之一到三分之一黏土的土壤，适合耕作。
② 含有一半以上黏土的土壤，空气流通和排水性差。但如果和沙子均匀混合，就可以成为适合耕作的壤土。
③ 即黏土。
④ 含有 20% 以上腐殖质的肥沃土壤。

当然，《农政新篇》和当时收集的近代农业相关信息也并不全都是正确的，人工帮助大麦或稻花授粉就是典型的错误做法。因为在自然状态下，米麦类作物会进行自花授粉，并不需要人工授粉。当然，为了品种的改良，需要防止自花授粉，但书中并没有提到这一点。尽管存在这种错误，但作者强调说，为了天下之大本的农耕，应该使用西方农法。因此，朝鲜王朝及开化官员们才关注西方农学。在《农政新篇》的序言中，申箕善（신기선，1851—1909）评价道："（西方农法）不仅能巧妙地预防干旱，而且不论土地是肥沃还是贫瘠，都能增加产量，最大程度地发挥出人力的作用"。这体现了政府官员对西方农法的认识。[44]因此池锡永等开化论者主张，像这样介绍在干旱中也能获得大丰收的万能方法（即西方农学）的书，应该尽快印刷和发行。以这种背景下，虽然安宗洙与甲申政变有牵连，但该书仍然得以在1885年年初版印刷了400册，并向全国发行。另外，1905年再次以四卷本发行，甚至在1931年被日本帝国主义作为"产米增产策"的一环，被翻译成日文并普及。

安宗洙的《农政新篇》取得了巨大的成果，其中之一就是农学书籍的接连发行，例如郑秉夏（정병하，1849—1896）的《农政撮要》。《农政撮要》虽然不是介绍西方近代农法的书，但也关注了空气的顺畅流通对农作物的影响。另外，从池锡永的《重麦说》中也可以看到《农政新篇》的影响。该文参考了日本的农学书籍，说明空气由"碳气"还有氧气、氮气等多种气体组成，同时还阐明了植物的光合作用、动物的呼吸与空气的关系。

虽然不是农书，但《独立新闻》上也刊登过不少与西方农学相关的报道。《独立新闻》在提及西方农学和朝鲜农法的差异时，斩钉截铁地说："国家富裕与否，与农业有很大关系。朝鲜的土地好，产量却不高，是因为不知道耕种的正确方法，而最主要的原因是种子不好。"

想让国家富饶，首先应该搞好农业。朝鲜的土地特别好，气候也适宜，所以大部分重要的谷物和果实在东方都能长得不错。
但是，朝鲜农民在世界上最穷，其原因一是不知道种庄稼的方法，
二是种子不好。[45]

《独立新闻》还提出了改良农业的方法，即通过与其他国家的种子杂交
来改良种子。另外，还批评了朝鲜农业领域不想改正错误耕种法的顽固性，
并指出："西方每年都会纠正错误农法，寻求便利、有益的新方法，用和以
前完全不同的方式经营农业。"同时强调，为了改良农业生产，需要有接受
新事物的进取性思维。

即使是（开化的各国）种地的人，十年前种地的方法与今天也
大不相同。正因为每年都有新的想法新的发明，才出现了以前没有
的机器……在五百年前，西方农民和朝鲜农民用同样的方法耕种。
但后来他们逐渐有了新的办法，结果现在他们一个人能做五百年前
一百个人才能完成的工作，而且产量还增加了两百倍。[46]

据《独立新闻》报道，西方农学不断思考新的农法，发明农具以发展
农业，农业所需劳动力减少，而产量却增加了。这种农学相关报道也刊登
在了《皇城新闻》上，包括与农业学校相关的报道在内达到了 220 篇。这
反映了农学的重要性日渐受到全社会的重视。

在这种社会氛围中，到殖民统治前朝鲜一直不断地出版农书。李淙远
（이종원）用纯汉文写的《农谈》，是一本与防潮堤、堤堰筑造和导水法等
有关的水利书籍。在书中，他建议在筑造堤坝或防潮堤时，将石头堆成彩
虹形状，能使其更坚固。关于养鸡的《养鸡法撮要》（作者不详）和罗琬
（나완）的《农学入门》分别于 1898 年和 1908 年出版，中珹（나가시로，
日语罗马音：nagashiro）的《农方新编》由李觉钟（이각종）翻译后于

1908 年出版。

此外，鲜于㺩（선우예）还翻译出版了井上正贺的《养鸡新论》（1908），申圭植（신규식，1879—1922）编纂了《家庭养鸡新编》（1908），权辅相（권보상）编纂了《农业新论》（1908），张志渊（장지연，1864—1921）出版了《接木新法》（1909）和《蔬菜栽培全书》（1909），金镇初出版了《果树栽培法》（1909）等。[47]这些书籍以西方农学为中心，大部分涉及了作物、园艺、养鸡和畜牧，可以说是受到了当时成立的农业学校的影响。另一方面，通过普及西方农法，也体现出了他们守护衰落国家的意志和努力。

当然，在把劝农作为重要政府政策的朝鲜社会，出版农书可以说是继承了前任和现任官员编纂农书的传统。如果说与传统社会的差别，那就是大部分农书摆脱了官方出版的传统，由开化派人士个别出版。另一点则是韩文汉文混用。另外，开埠后出版的农书内容由传统农法转变为近代农法，特别是以实验为基础的农法。通过这一转变，构筑了接受西方农法的基础，认识土壤和空气的方式也呈现出向近代农学体系过渡的特征。另外值得一提的是，这些农书成了接受元素等近代化学新概念的重要窗口。

（3）运营示范农场——农业畜牧试验场的开设、运营及其成果。

与编纂农书不同，将西方农法应用在朝鲜是另一个层面的事。就像世宗在屯田示范耕种平安道和咸镜道的水稻一样，国家示范运营新作物或农法不仅是传统，也是国家承担失败的损耗、增进生产力和为民造福的表现。这个传统在高宗时代也原封不动地继承了下来，其例子就是农业畜牧试验场（以下简称试验场）。

试验场是在开化派的主张和高宗的支持下设立的，设立的重要背景是总管试验场的崔景锡（최경석）赴美考察。1883 年，崔景锡作为报聘使的一员被派往美国，考察了波士顿博览会和 J.W. 沃尔科特（J. W. Walcott）模范农场。他发现美国的农法和农业机械技术等都比朝鲜先进，因此希望

学习这些技术。^[48]他看到大部分农场都很大，并且依靠机器耕作。家畜不是作为农业劳动力，而是作为食物大规模饲养。畜牧和奶酪的生产规模都远远超出了朝鲜人的想象。另外，他还注意到了包括镰刀在内的西方农具，并详细观察了其使用过程。^[49]他对种植蔬菜等各种作物的温室、饲养多种家畜的牧场、储存家畜饲料用牧草的圆塔形筒仓也表现出了浓厚的兴趣。基于这次考察，他请求美国政府向朝鲜出口农具。^[50]而且他对皮棉和棉花籽表现出了兴趣，希望向美国购买棉花种子。^[51]美国农业的先进令当时同行的所有报聘使都感到震惊。此行的负责人闵泳翊还向美国务长官F.T. 弗雷林海森（F.T. Frelinghuysen）请求派遣技术人员，表现出了积极的态度。

崔景锡希望能将视察美国农场获得的经验用在朝鲜。包括他在内的报聘使一行归国后向高宗汇报了此次赴美考察的成果，并建议设立示范农场，以引进新的农业技术。对此高宗赐了汉城附近的大片土地作为示范农场用地。^[52]1884 年年初，崔景锡作为管理者开始经营示范农场。^[53]随着示范农场的设立，朝鲜王朝还进口了美国农用机械，如割稻机、脱粒机、插秧机、撒粪机、西洋秤、犁和铁耙等美国使用的 18 种新型农具。^[54]这些工具的使用大大减少了种植水稻时需投入的劳动力。

另外，他还摸索了引进畜牧业的方法，从美国加利福尼亚进口了奶牛（公母各一头）、家马（种马 1 头，母马 2 匹）、矮脚马（公马 2 匹，母马 1 匹）、家猪（8 只）等。试验场主要负责检验这些家畜品种的保存、适应性，并主要管理种子及种畜的民间分配。引进奶牛是为了改善家畜的饲养方法，并开拓可以制作黄油和奶酪的制酪业。除了新品种的家畜外，还引进了牛的饲料作物。此外，还进口了大约 300 多种作物种子。除棉花、酸浆果、烟草外，还有卷心菜、芹菜、羽衣甘蓝、芜菁等商用蔬菜种子，稻种 13 种、麦种 2 种、豆类 39 种等农作物种子，以及葡萄、桃子、栗子等果类种子。^[55]崔景锡在试验场对这些种子进行试种、栽培，并取得了成功，生产出的蔬菜出售给了驻汉城的外国公馆。第二年还同时向305个郡县发放了344种蔬菜的种子和栽培方法。[56]虽然不是所有郡县都进行了栽培，但这一举措对商业作物栽培及新品种的扩散做出了不少贡献。[57]

由于崔景锡的突然死亡，该试验场于1886年春天停止了运营。比起政治问题，崔景锡一直以来更关心农业，热心经营试验场。因此，他的死亡不得不说是农业振兴方面的巨大损失。他死后，试验场移交到农务司，名称也改为农牧局，由内务部农务司管理。尽管机构进行了改组，但该试验场的运营仍很难恢复。

朝鲜王朝在运营试验农场的同时，还试图聘请能传授西方农业技术的技术人员。但由于美国对此态度消极，朝鲜王朝只能采取其他方案，即聘用在朝鲜的英国技师爵佛雷。1887年9月1日，政府与他签订了聘任合同。正如前面提到的，政府计划通过爵佛雷，建立2年制农务学堂即农业学校，培养农业技术人员。爵佛雷除了朝鲜王朝的要求之外，还积极推进农具等的进口，热情地开展起了事业。但是在工作开始后仅10个月，1888年7月，爵佛雷也病逝了。他死后，朝鲜王朝对经营实验农场的热情受到不小的打击，农业学校的设立也不了了之。此后，试验农场只生产少许外国蔬菜和粮食，勉强维持着命脉。

与停滞不前的农场不同，经营牧场的种牧科于1898年聘请了法国技师M. 肖特（M. Schott，在韩国又名"苏特"），为韩国农业技术的发展创造了复苏的转机，并取得了成果。在新村设立示范牧场的同时，种牧科还新设了典牲科（1902年），开始集中管理奶牛和猪等。虽然因没能支付给肖特工资等而发生了外交问题，[58]但是这个项目场饲养了20多头产奶量多的奶牛，还养了不少猪和绵羊。[59]但1902年发生的牛瘟和猪瘟导致饲养的家畜全部死亡。[60]该事件导致1902年8月肖特被解聘，但仍然保留了政府机构，留下了种牧事业延续的可能。1907年该部门在农商工部劝业模范场开业典礼上被解散。种牧科的事业虽然经历了不少挫折，但农业畜牧试验场自设立以来维持了 24 年，代表了朝鲜王朝对畜牧业和制酪业的期望。

提高农业生产力的探索

（1）介绍新的施肥方法。

为提高农业生产效率而提出的方法之一就是改变施肥法。17—18 世纪以后，农法发生了很多变化。特别是水田耕作，秧田要经过翻土、客土和施肥、平整作业。水田耕作中施肥是非常重要的一环。秧田要在 5 月上旬左右开始准备，将粪便和灰混合，或将干草和豆荚混合后撒在田里。第一次浇水时施 1 次肥料，水稻长到 2 尺多时再次施肥。施肥不仅能增加产量，而且因为多次施肥，即使不休耕或轮作，也能恢复地力。另外，冬天也可以不闲置土地，产量得以增加。肥料主要是人粪尿、堆肥、灰、青草或干草等自己制作的农家肥。

传统的肥料主要利用粪便和灰以及农村易得的草或收获后留下的副产品制作而成，肥料的效用也基本是靠经验来了解。但是开放港口前后，西方的农业相关信息流入朝鲜并传播，出现了利用近代科学将肥料分类并整理施肥效用的方法。特别是《农政新篇》中关于施肥问题，用不小的篇幅介绍了各种肥料的制作方法和效用。在书中，安宗洙对肥料进行了分类，分为活物类 12 种、草木类 12 种、矿石类 12 种，并以原料为中心说明了制作的方法。活物类包括人粪尿、马粪尿、鸡粪和蚕虫粪等。另外，野兽的肉、鱼和贝壳的肉、各种干肉、人和野兽的毛、贝类的壳或动物的骨头等也被分类为活性肥料。其次，还介绍了各种谷物的壳、草木灰、酒糟等草木肥料。甚至还介绍了利用铜矿或银矿里产生的矿物制作的 12 种矿物肥料。

此外，他还介绍了用肥料使土地肥沃的方法。特别是把肥料埋在地里的埋肥，"这是一种使用软膨术的办法。在又黏又硬的土地上挖一个 4 尺深、长宽适度的坑，在里面填上一尺多深的鲜草、干草、垃圾、腐烂的席子、菰草、稻草、各种叶子繁茂的细枝和没有叶子的树枝等，在上面铺5—6寸（挖出的）泥土。然后在坑里再填上5—6寸厚的草肥和5—6寸的碎土。坑的深度不要超过5尺"。这样施肥的效果就是"使植物的根部肥大"。[61] 非常特别的一点是，书中在介绍施肥方法时还提到了杀虫的方法。他建议使用9种杀虫方法治理"过于贫弱的（辛字号）土地"。他介绍了多种杀虫方法，大部分是以生石灰、夏至前摘下晒干的苦楝树的叶和花、白芥末籽做的油饼团、苦参粉等作为主要的杀虫剂。让农民用吹大角和大笛的方法抓毛毛虫的说法也是别具一格。①[62]

《农政新篇》中说道，将制作好的肥料撒在田里后，与空气接触，效果会加倍。但是肥在土里很难接触到空气，因此建议在农田里埋入空气筒。用瓦片或竹子制成筒，在侧面打孔，在地下三四寸深处间隔一定距离埋成一列，这样空气就会在土壤中流通，土壤会变得松软。在土地里埋设此空气筒，产量能增加3倍左右。

虽然利用近代化学的方法对耕地的情况进行了分类，并根据作物的种类细分了使用方法，但《农政新篇》中提到的肥料制造法是以传统的五行观念为基础的，这一点非常值得关注。

> 利用五行相生相克的道理，用十字号方法来调配肥料。贫瘠的土地用甲、乙命名，潮湿的土地用丙、丁命名………阳气冲天的土地用壬和癸命名。观察阴阳的虚实、水土的刚柔，多则减，少则补，以此达到中和。[63]

《农政新篇》虽然仍然以阴阳五行的传统观念为基础说明施肥的作用，但它摒弃了以人粪或牛马粪便为主的传统肥料，制作符合土地性质的多种肥

---

① 昆虫纲鳞翅目的一些毛虫对声音有或多或少的反应，包括纵向肌肉收缩。对特定频率的声音反应更甚。

料，是一个重要的尝试。另外，书中还介绍了能提高产量的杀虫方法。但书中介绍的制作肥料、提高地力的方法很难马上应用到实际的农业生产中。即使真的杀虫效果好，也并不是所有的农户家里都有苦楝树或白芥末籽。更何况，用从没用过的动物油、肉、鱼油等制作肥料，心理上也有抵触感。这种抵触不仅仅只是因为朝鲜农夫比较顽固，日本的情况也是如此。作为救荒作物的蚕豆对提高地力有很大帮助的主张，在 1881 年的"全国农谈会"上就已经被提出了。但到蚕豆真正成为换茬的主要作物，仍然经过了不短的时间。[64] 为了推广新农法，不仅需要积累经验，还需要成功事例。

《农政新篇》中介绍的农法，实际上并没有立即应用到农业生产中。尽管如此，书中提出使用西方农法，来提高占朝鲜农业主要部分的水稻的收成，这恰好符合了朝鲜王朝的意图。

（2）探索水稻增产方法。

在收集到的西方农法中，最重要的是与水稻种植有关的，并且有不少种子改良的方法。安宗洙也非常重视这一点。他采用新方法对种子进行了分类，并研究了土壤的属性。然后根据土壤属性划分品种，并据此细分了选种、检种、浸种、播种、插秧、锄草、排水、除霜、杀虫、割稻和打谷、人工授粉等过程。他主张在选择水稻品种时，应该进一步考虑气候和周围环境。例如，他将种子分为适合黏土、阴凉地、溪水旁土地的品种，适合寒冷、霜冻和降雪较早土地的品种，适合肥沃、可两季耕种土地的品种，适合新开垦的土地或山地的品种等。[65] 又将这些稻以形态特征为标准归类到日本稻分类中。相当于日本出云稻的水稻具有茎秆壮、稻粒大、稻壳厚、稻芒长等特点；可分类为日向稻的品种有茎秆细、稻粒小、稻壳薄、稻芒短等特点。[66] 像这样，用日本种子所具有的特性来分类朝鲜传统种子，便于在耕作时分辨。

另外，播种方式也以日本为例进行了说明。安宗洙认为，虽然根据地区不同，插秧时间会有早晚之分，但大部分都在 4 月中旬到 6 月上旬之间进行。这时秧苗高度以六七寸为标准，风大的稻田最好移栽比这短的秧苗，而水深的地方应该插更长的秧苗。移植的秧苗数最好是水多则少插，地势高则多插。泥泞的水田有时无法进行插秧，因此他建议在这种情况下，应采用朝鲜人比较生疏的堕苗法。[67] 另外，他还根据农田的位置划分了高地和低地，并提出了一两茬耕种的可能性。他认为越低的地带水越多，水稻收获后到移秧之前，无法二茬耕种。他的判断依据是低洼地区的水田湿气大，旱田农作物很难生长。

当然，西方农法的水稻栽培技术也像施肥或杀虫剂的制造及使用方法一样，在安宗洙提出后未能立即使用。因为即使选了适合土地、气候和自然条件的水稻，也不可能立即增产。另外，他的新农法用了不少日本式陌生用语来点缀，想要农民理解和执行，需要有人来解释和指导。而且，既需要明确指出通过改良农法可以获得的利益，还要确保生产出来的农产品的销路。确保这些各种条件，需要同时有时间、经费和行政上的支持，这应该是由政府来做的事。认识到这一点的朝鲜王朝，试图运营示范农场和设立农业学校。但正如前面提到的，这些事业进展得并不顺利。

（3）经济作物的普及和农业重组。

即便朝鲜王朝大加鼓励，但耕地和水利灌溉设施并没有出现飞跃性的增加，只有30%左右的水田能达到稳产。即便如此，插秧的农户自朝鲜后期以来仍增加了不少。这是因为插秧的方式大大减少了除草时投入的劳动力。[68] 另外还有一个优点，就是冬天和春天的时候，闲置的水田可以变成旱田，种植其他商业作物。[69]

这些闲置水田或旱田里种植的作物是能够卖钱的经济作物。当然，最核心的农作物还是主粮——水稻。杂谷也是干旱时不可或缺的作物。到了19世纪左右，棉花、烟草、苎麻等能在市场上交易的作物得到迅速推广。特别是蔬菜作物，以城市附近地区为中心被广泛栽培。恩斯特·欧泊特（Ernst Opert）在他的游记（1880）中提到，开埠前朝鲜能生产大多数的蔬菜和水果，并且品质很好。[70] 另外，日本的加藤氏在《韩国农业论》

中提到了朝鲜的蔬菜栽培情况。据他介绍，汉城近郊种植蔬菜最多，汉城以北出产的白菜很好。大蒜和韭菜等虽然产量少，但栽培广泛。[71]前面提到的在农业畜牧试验场里试验栽培的 300 多种作物，很可能成为新的经济作物。

另外，朝鲜农民开始专门栽培桃子、苹果、梨等果树。特别是苹果，由外来种子代替传统种子的同时，还出现了专门的栽培农场——果园。苹果栽培在《农政新篇》中的"沙果栽培法"一章中也曾提及。1900 年在蘽（dào）岛建成的农商工学校的附属园艺模范场引进了改良的果树品种，并进行了试种，该模范场成了苹果栽培基地。[72]另外，在元山还栽培了新品种的苹果，咸镜道观察使也于 1905 年从日本进口了 6000 株苹果树苗种植。该地区苹果栽培之所以活跃，是因为在这里活动的加拿大传教士从沙果园收获苹果，并于 1902 年将这些苹果出口到了俄国和日本。[73]但这并不代表朝鲜以前没有栽培过苹果。徐有榘（서유구，1764—1845）在《林园十六志》中的"倪圭志"中已经将朝鲜明确标注为著名的苹果特产地。而且还说咸兴、元山地区将会引进新品种，专门进行果树栽培，预言了朝鲜农业的新变化。

经济作物的增加意味着形成了消费这些作物的市场和流通体系，这是因为最大的消费地区——城市正在形成。特别是汉城，已经成长为人口达到 20 万的大城市。仁川、元山、釜山等开埠口岸也从周边吸收人口，成为重要的消费地区。消费地区的扩大成为农民接受和运用西方农业信息的契机。农民们为了栽培销路好的农作物，节约劳动力、增加生产效率，开始主动消化介绍来的农法，这表明民间比政府更早开始探索农业的新方向。

在这种情况下，日本帝国主义的侵占使朝鲜农业由自主变化向另一个方向变质。粮食和棉花的产量虽出现了很大的增长，但这主要是因为在确保灌溉充足和化肥施肥的前提下引进日本改良品种的结果。这也是日本为了将朝鲜并入本国皮棉原料市场和持续保持低粮价政策而采取的措施。[74]

因此，虽然旱田转换为稻田的情况和棉花栽培土地有所增加，但自发选择作物的余地却急剧缩小。[75] 随着日本作物的普及和扩散，改良种子的普及成为改良农法、成功增加产量的核心。但种植改良种子需要大量投放化肥、保证灌溉充足，因此对于想要确保稳定收入、避免短期损失的朝鲜农民来说，并不受欢迎。在农民可以自由选择种子的时代，也很难接受这种农法。[76] 更进一步说，以日本改良农法为代表的近代农法是与传统农法完全不同的生产体系。肥料、灌溉设施、新品种、农业机械等，都与自给自足的传统农业完全不同。[77] 近代农法中所有的生产要素，农民几乎都无法自行生产。因此，假如不具备生产、供应的基础设施，或者在没有进行种子试验栽培的情况下就转换成近代农法，需要承担很多负担。

即使在开埠后，农业仍然承担着大部分的财政和百姓生活。因此朝鲜政府引进近代农法，为提高生产力倾注了各种努力，这些都反映在了当时的农业上。尽管如此，在没有确保生产基础的情况下，强行要求种植改良种子或转换农法是不容易的。特别是农业，不仅生产过程长，而且最终责任将转嫁给生产者，因此朝鲜王朝只能缓慢推进政策。农业，被认为是朝鲜富国强兵的基础。为提高农业生产力，自开埠以来朝鲜王朝和民间都做出了很多努力。但日本帝国主义的强占打破了这一进程，使得朝鲜仅构筑了接受近代农法的基础就被迫中断了。

第 5 章
交通体制的改革：以铁路和电车为中心

即便在传统社会，交通对国家经营来说也十分重要。特别是中央集权国家，通往都城的道路都由国家来维护和运营。朝鲜王朝也不例外，从建国初期开始就由驿站负责对高丽时代的交通线路进行了维修和维护。驿站为因公务出行的官员提供马匹等交通工具和住所，维护通往首都汉阳（后称汉城）的道路，并在"壬辰倭乱"后起到如摆拨①等通信体系据点的作用。但到朝鲜后期，因财政等问题，驿站成了各种不正之风的温床，逐渐丧失了道路维护等重要功能，积累了很多问题，成了亟须改革的对象。

高宗和官员们注意到道路交通对富国强兵的作用。为了整顿道路，他们试图改革驿站。当时的改革不仅仅是铲除与驿站不正之风有关的几名负责人，而是废除此制度，用其他体系来代替。新的体系模仿了以铁路、轮船和电车为代表的近代西方制度。为此朝鲜详细地收集了信息，并探索引进方案。因为铁路是全国规模的体系，所以朝鲜王朝不仅要分析铁路建设的利弊，还要准备财政资金，当然还得应对列强对铁路修筑权的争夺。

如果说铁路是连通广大地区的交通工具，那么电车则具有服务局部地

---

① 朝鲜王朝后期，为加急运送公文设置的驿站。

区的特点。从这个意义上来说，我们应该赋予大韩帝国时期在汉城开展的电车事业不同的意义和价值。引进电车是汉城整顿事业的一环，也是为了支援大韩帝国紧急制定的增产兴业计划。与铁路相比，电车架设费用少，规模也不大。因此大韩帝国政府引进了电车，并取得了具体的成果。

但是铁路却不同。除京仁线以外，其他铁路都在日俄战争期间完成的，明显是日本为侵略朝鲜建造的通道，是日本以掠夺资源为目的而设计的。大韩帝国虽然努力阻止，但未能成功。纵横全国的铁路被架设并启动，但并不是为了朝鲜的开发和发展。

本章将通过高宗统治时期近代交通体系的引进过程，对比朝鲜王朝对铁路和电车的态度，并考察朝鲜对二者的评价、期待和认识。通过这些方面我们可以看出，与其他国家相比，朝鲜认识近代交通体系的方式不同，实现的过程不同，对社会的影响也不相同。

传统交通体制的改革和铁路的引入[1]

改革传统交通体制的探索

朝鲜王朝以驿站制为中心运营陆路交通制度。以汉城为中心，设置在西路、北路、南路大道上的驿站，将中央官署的指示发送给地方官衙，并将地方官衙的报告传达给中央政府，是交通和通信体系的核心。驿站制度从新罗时代（668—901）开始就有了雏形，从高丽时代（918—1392）成为正式的国家制度。到了朝鲜王朝时代，从建国初开始着手重建驿站，并在《经国大典·兵典》上制定了相关法规，明确规定驿站由国家管理。[2]壬辰倭乱之后，驿站的业务又添加了摆拨。驿站是连接中央政府与主要地方城市的交通体系的据点。各地方驿站管理着连接驿站的道路和运输工具，为官员去地方赴任、出差提供需要的马匹和食宿，还负责运输公物和岁贡。

此外，通往中国的西北地区驿站还负责接待中国使臣或向使臣提供需要的物品。但随着时间的推移，驿站制度出现了很多问题。最大的问题就出现在驿站运营的财政基础——驿田上。与其他农田相比，驿田的佃租低很多，因此驿田的租种权成为各方争夺的利益，并由此引发了很多不正之风。另外，大部分驿站都肆意妄为地将驿站土地私有化。其结果就是驿站的财源枯竭，难以正常运营。连国有的驿马也被牵涉到不正之风中。观察使或郡守随便挪用驿马，无论是购买驿马，还是购买马饲料，都有各种腐败和不正之风。驿站的这些问题和弊端在暗行御史的报告和上疏中都曾被指出。到了高宗时期，其弊端更加严重，几乎每年都有人上疏要求纠正驿站体制，在改革讨论中无一例外地被提及。[3]

开埠后，朝鲜王朝认为仅靠改善驿站制度不可能根除其弊端，需要用其他体制来代替这一制度。最终，他们从西方文明中找到了新的交通制度。朝鲜王朝为了收集相关信息，向引进近代文明并取得急速发展的日本和近代文明的原产地美国分别派遣了使节团。被派遣的使臣们详细询问了建立近代交通体系所需的投资费用和费用确保方案、施工时间、使用者、运营主体等实际的具体情况，朝鲜王朝以他们收集的信息为基础对引进事宜进行了讨论。初期负责收集信息的外交使团是修信使。开埠后，朝鲜王朝向日本共派遣了三次修信使，第一次是 1876 年 4 月派遣的金绮秀（김기수，1832—？）。[4]他记录了很多在日本体验到的与火车有关的信息。他首先惊叹于火车的速度，[5]此外还记录整理了观察到的所有事项。例如火车的外形、连接车厢的方法、车门和车厢的配置、座位配置和布置等室内装饰情况，以及双轨铁路等。他记录了向火车车轮传递动力的方法；从铁路轨道的外形与火车车轮的关系中找到了火车不会脱轨的原因；对铁路架设的样子也表现出了兴趣。他还向高宗报告了日本铁路的情况。[6]在听取了金绮秀的报告后，高宗希望更详细地了解日本对铁路等近代技术的运营情况。当时金弘集从日本带回来郑观应撰写的《易言》，其中提供了很多有用的信

息。郑观应认为铁路的长处在于快速大量的运输能力。[7]他认为利用铁路，可以快速向遭受自然灾害的地区运送救济品，不仅有助于救济百姓，还可以节省运输费用，为商业振兴做出贡献，政府也能通过运营铁路来增加收入。他还就兵力机动问题强调了铁路的重要性，认为利用铁路可以迅速应对战乱，巩固国防。当时反对铺设铁路的人主张："如果敌国想要侵略我们，就能（利用铁路）迅速进入朝鲜，那我们将无法及时防备。"对此他认为，只要政府掌握铁路运营的主导权，不在国境附近铺设铁路，就不会成为大问题。引进铁路需要解决的最大难题是架设费用。对此他主张让不同的主体参与各设施建设，以解决引进费用。他还提议，由私营企业出资铺设铁路，由官府经营，但对铺设铁路的私营企业不收取运输费。

高宗下令将《易言》分发给政府官员和全国的士大夫。向往开化的儒学者们向高宗上疏，建议以这本书为指引，迅速引进电信、铁路等西方利器，为富国强兵打下基础。另外，该书还向被派遣到外国探访西方文明的使节们提供了基本信息。

派遣到日本的朝士视察团也为引进铁路展开了具体的探访活动。姜文馨（강문형）负责考察朝鲜管理、运营近代交通制度的可行性。他细致地调查了铁道局，并以此为基础撰写了详细的报告书。[8]除姜文馨以外，还有很多朝使对电信和铁路表现出兴趣，并对引进铁路提出了见解。李鑨永（이헌영，1837—1907）对火车的速度发出感叹："……火车一下子就能走百余里路，人力怎么可能办到呢？"闵种默（민종묵，1835—1916）、朴定阳（박정양，1841—1904）、赵准永（조준영，1833—1886）也认同李鑨永的想法，[9]认为铁路能够快速连接广阔的地区，非常方便。政府和民间都能使用，对国家发展能做出很大贡献。[10]赵准永特别关注运营铁路事业时产生的经济效益，对引进铁路表达了肯定态度。他说："修建铁路并不仅仅是为了方便、快捷地运输，税收也能一年比一年增加，利润也不少。"[10]

并不是所有朝使都对铺设铁路持肯定态度。闵种默将铁路铺设费用和运营收益作比较，认为反而得不偿失，因此对引进持否定态度。对于铁路的铺设费用和一年的收入，他指出"仅修 300 里路就花费了一千一百多万圆"。[11] 朴定阳也对引进铁路所需的投资规模表示为难，他指出铁路运营收入"每年达 80 多万圆，但每年修缮铁路等费用也需要约 50 万圆"。并说如果想用每年盈余的 30 万圆收入充当铁路架设费用，大约 30 年后才能收回成本。他还指出，每年运营铁路产生的净收入也只不过勉强支付为铺设铁路募集的 1100 万圆国债的利息而已。他引用一位日本人的话，"……怀疑（像这样）广泛铺设铁路是否是好的富国之策"，明确表示对这样铺设铁路持否定态度。[12] 姜文馨在引进铁路问题上，也基本上与闵种默和朴定阳持相同立场。[13]

朝鲜王朝政府不只考察了日本，1883 年还向美国派遣了遣美使节团。他们在美国乘坐横穿大陆的列车，很快就从旧金山市到达了华盛顿特区。[14] 在这段长途旅行的途中，还参观了博览会和农场。

引进铁路工程技术和开展铁路建设的探索

朝鲜王朝以使臣们的见解为基础，展开了有关铁路的讨论，其结果就是铁路铺设被延期了。这是因为当时朝鲜王朝财政状况恶劣，很难筹措到需要的经费。朝鲜王朝为铺设铁路，曾向清朝和日本尝试过借款。朝鲜分别派遣了 P.G. 冯·默伦多夫（P.G.von Möllendorff，又名"穆麟德""穆麟多夫"）和金玉均（김옥균，1851—1894）到中国和日本交涉借款事宜。但中国和日本两国对朝鲜王朝引进近代技术相关的政策都不怎么支持。[15]

当然，推迟铁路铺设并不仅仅是因为资金问题。铁路是以大规模的商品流通和形成、发展国内市场为目的建设的基础设施。[16] 但是，当朝鲜调查本国生产出的商品是否多到需要投资巨额资金来铺设铁路，以及是否形成了可以消化这些商品的大规模市场时，其结果是否定的。另外，当调查货物吞吐量是否达到需要大规模运输的程度时，结果也不是肯定的。当时，朝鲜收取谷物作为税金，因此需要搬运的税粮确实不少，也有运送税粮的体制。大部分税粮都集中到江河口，再由包括京江商人在内的税粮运送商团运输。这一运输体制有许多缺陷和弊端，需要改革。在运输过程中，商队会假称粮食受潮，以制造虚假损耗等方式耍诡计，由此造成的损失不小。为了防止这一损失，应该考虑改用陆路交通工具——铁路。但考虑到税粮运输是季节性的，是否需要为此进行大规模投资是必须考虑的问题。当时朝鲜的产业状况无法保证不停运营铁路应具备的恒时物流量。因此，朝鲜政府认为，比起初期投资费用庞大的铁路运营，定期运行蒸汽船的方案更好。最终通过引进蒸汽船和允许外国商船沿岸航行等方式解决了税粮运输中的损失。[17]他们认为，无论铁路的优点多么大，多么希望引进铁路，大规模的运输体系也不符合 19 世纪 80 年代朝鲜的情况。

在此期间英国和日本的公司开始抢占朝鲜半岛的铁路修筑权。在这种情况下，朝鲜王朝有必要确定对铁路铺设问题的立场。穆麟德对当时的情形做了记录和整理，"铁路问题在我 1882 年滞留朝鲜之后已经出现了。在铁路修筑权问题上饱受困扰的政府无论如何也得做出决定了。申请的公司中一部分是英国所属公司，一部分是日本所属公司。由于朝鲜王朝拿不出资金……暂时得以保留。"[18]朝鲜王朝决定将铁路建设延期到财政充裕时为止，拒绝了日本和英国等的修筑权要求。[19]

铁路因需要筹集巨额建设经费和难以确保货流量等困难，再加上使节团的否定评价，而未能成为近代文明引进事业的主项。但是，高宗并没有完全放弃铺设铁路的想法。1889 年，铁路问题被重新提上议程。美国代理公使李夏荣（이하영，1858—1929）回国后在宫中展示了铁路模型，1893年曾任驻美代理公使的李采渊在与美国国务卿的面谈中要求美国援助建设铁路，并指出高宗认为朝鲜应该自主建设铁路。[20]最重要的是，为拒绝

1900 年前后剧增的列强提出的铁路修筑权要求，制定了多种方案。例如设立皇室直属的西北铁路局，或者将修筑权交给朝鲜人等。这也可以说是 19世纪 80 年代初期就形成的铁路设想产生的影响。

朝鲜王朝虽然推迟了对铁路的引进，但是为了改革传统交通制度，积极向民间宣传包括铁路在内的近代文明。全国发行的《汉城旬报》起到了传播火车信息的作用。[21]《汉城旬报》刊登的铁路相关报道或以铁路本身为主题，或在"富国说"等主张开化的报道中，作为实现富国强兵的重要手段对其进行了介绍。《汉城旬报》主张，人类的文明是从为交换产品而开辟道路开始的，而富强的源头就是铁路。[22]铁路不仅仅是富国强兵的利器，在文化交流中也起着重要作用。"人通过交流才能增进互相的了解，友谊因此（铁路）变得深厚""增加人类的智慧，减少人类的愚昧"等，铁路是实现文明开化的重要手段。[23]最重要的是，修建铁路是富国强兵的基础。即使是西方国家，如果没有铁路和电信，就无法与其他国家争夺强大地位。[24]

铁路作为近代陆路运输手段之一，是发达国家在近代化过程中，支持产业发展的重要社会间接资本。铁路建设需要大规模的资本投资，而朝鲜当时还是一个在尚未实现产业化的农耕国家，朝鲜王朝只能对建设铁路持消极态度。考虑到货流量，铁路并不是迫切需要的运输手段。就连为了运输税粮而引进的蒸汽船，也因需要运送的货物不多而无法经常运行。[25]但朝鲜半岛的铁路建设事业成为包括日本以及包括俄国在内的西方列强们关心的问题。围绕朝鲜铁路修建权的争夺战异常激烈，朝鲜王朝为了保住修建权付出很多努力。

围绕朝鲜半岛铁路建设，列强展开角逐

对于朝鲜半岛周围的各国来说，朝鲜半岛的铁路在政治、经济、军事方面都是非常重要的设施。日本将朝鲜半岛视为侵略大陆的桥头堡，试图铺设连接中国东北地区的铁路。而中国为阻止日本侵略，也希望获得朝鲜半岛的铁路修筑权。俄国希望将西伯利亚铁路延伸至朝鲜半岛南端，获得不冻港。英国为了阻止俄国南进，也企图获得朝鲜半岛铁路修筑权。朝鲜半岛的铁路修筑权因朝鲜半岛地缘政治的特殊性，成为包括亚洲在内的西方列强关注的焦点。

在获取朝鲜的铁路修筑权方面，行动最快的国家是日本。正如前面提到的，尽管1882年日本提出占有铁路修筑权的要求被朝鲜王朝拒绝，但日本在1892年（高宗二十九年）伪装成所谓的狩猎旅行，秘密进行了汉城-釜山间铁路线的勘察及测量。[26] 日本对朝鲜半岛铁路的想法实际上与朝鲜的产业和流通网的构成相去甚远。他们把朝鲜半岛铁路的意义放在军事方面，不仅考虑了与中国的连接，还考虑到了与印度尼西亚的连接。[27] 对于日本来说，与中国的联系是最紧迫的。对于考虑在朝鲜半岛和中国进行军事活动的日本来说，"用船运输军队和军需物资在海权问题上存在困难，因此确保从釜山到汉城的陆上交通路线比什么都重要"。[28]

但是，日本在测量工作后并没能马上开始铁路建设，这得益于朝鲜政府的努力。1894年中日甲午战争前，日本军事占领景福宫后同朝鲜缔结了《朝日同盟条约》，甲午战争之后又强行签订了《朝日暂定共同条款》。为了不签订具有实际效力的《细目协定》，朝鲜王朝做出了巨大的努力。该《细目协定》中与铁路相关的最大问题是保障今后50年内日本在朝鲜的铁路修筑权。根据该条款，朝鲜很难半永久性地开展铁路事业。为阻止《细目协定》的签署，朝鲜王朝一方面强调，为了铁路用地而侵占农地有可能引发农民起义；另一方面政府官员故意消极怠工。针对这种态度，当时任日本公使的井上馨向本国政府指责朝鲜官员"有不明理、多疑、厚脸皮三种性格"，吐露了协商进展的困难，并诉苦说很难与朝鲜官员签订协议。[29] 此外，负责此事的朝鲜官员在与日本的协商中，如果遇到不利情况，就会辞职。朝鲜王朝想用这种方法拼命阻止条款的签订。此外，朝鲜政府还改编了1894年在工务衙门设置的铁路局，公布了铁路规则等，进行了铁路修筑的准备工作，奠定了自主铺设的基础。

高宗通过"俄馆播迁"、还官、成立大韩帝国等措施，再次得到了改变铁路建设状况的机会。在日本和西方列强势力在朝鲜半岛实现平衡的情况下，高宗表示，为了建立大韩帝国并维护自主权，将中断各种利权转让。当然，这一意志没能贯彻始终。因为在俄罗斯公使馆避难时，已经将汉城—仁川之间京仁铁路的修筑权转让给了美国人詹姆斯·R.莫斯（James R. Mores），将汉城和义州之间京义铁路的修筑权转让给了法国的法孚公司（Fives Lille）。莫斯为了获得京仁铁路的修筑权，早在1891年就以朝鲜王朝为对象开展了工作。[30]根据莫斯与朝鲜王朝签订的京仁铁路修筑相关条约，他必须在条约签署后1年内开工；排除战争等特殊情况外，必须在开工之日起3年内竣工。莫斯与朝鲜王朝签订条约的核心内容是，竣工15年后，大韩帝国政府可以收购此铁路，但如果不能收购，专利权将再延长10年。获得京仁铁路修筑权的莫斯为了开工，开始筹集资金。但是由于日本的阻挠，没有成功。[31]因此，1897年3月开始动工修建京仁铁路的莫斯受到了严重的财政压力，日本趁机展开了多方面的收购工作。[32]最终，莫斯于1898年将京仁铁路的修筑权以180万圆的价格出售给了日本京仁铁路收购组。[33]因为最初的施工者是莫斯，所以京仁线的修筑工程按照莫斯的设计进行。

西大门站（左侧）和西大门站通车典礼（右侧）。京仁线由美国人莫斯开始建设，由日本完工，其起点和终点站就是西大门站。随着1905年京釜线通车，西大门站也成了京釜线的起点和终点站。此站于1919年被关闭。（资料来源：《开埠后汉城的近代化和磨难（1876—1910）》，2002。）

得到了京仁铁路修筑权的日本还企图夺取京釜铁路修筑权。1898年，伊藤博文（1841—1909）访问汉城，强烈要求日本在朝鲜铁路修建上享有优先权，结果大韩帝国政府一直守护的京釜线修筑权在签署《京釜铁路合同》后被迫移交给了日本。该条约标榜大韩帝国和日本共同修筑并共享此铁路。铁路用地由大韩帝国政府提供，修筑工程由日本负责，以两国共有此铁路为基础。另外大韩帝国政府声明，在铁路竣工15年后如果朝鲜希望全部拥有此铁路，可以以公平的价格进行收购，以此表明了收回铁路的决心。日本成立了日本铁道组筹集资本，同时于1901年在永登浦和釜山的草梁分别开始施工。但是在1903年日俄战争的阴云加重后，日本无视《京釜铁路合同》中允许大韩帝国参与的条款，单独进行了施工。[34]

京义线的修筑略有不同。法孚公司方面虽然获得了京义线的修筑权，但是并没有开工。获得修筑权时，根据法孚公司与朝鲜王朝签订的条约，如果3年内不能开始施工，将把修筑权返还给朝鲜王朝。此条约的意图是促进铁路的快速铺设，如果工程不按约定进行，修筑权将重新归朝鲜王朝所有，力求最大限度地确保大韩帝国的自主权。事实上，法孚公司对工程本身不感兴趣，只想像莫斯一样出售修筑权。但最有可能的购买者俄国在全力修筑西伯利亚铁路，不仅没有购买能力，还与中国清政府签订了在辽东半岛建设不冻港的条约。因此俄罗斯希望与朝鲜半岛的铁路连接点在元山，而非京义线的终点——义州。[35]当然，日本也对京义线非常关注。但是由于法孚公司提出的交易金额过大，日本不得不放弃。在交易遇到困难后，法孚公司要求延长京义铁路的开工时间。但大韩帝国政府强烈抗议法孚公司出售京义铁路的修筑权，拒绝了这一要求，收回了修筑权。

收回京义铁路修筑权后，大韩帝国政府尝试寻找民间企业来铺设京义铁路。民间人士朴琪淙（박기종，1839—1907）和政府官员李夏荣（이하영）共同成立的大韩铁路运输公司被选中，约定不得向外国人出售京义线的修筑权。但是该公司也因为难以募集工程费而不得不返还修筑权，最终

政府决定亲自修建京义线。为此，政府于 1900 年成立了西北铁路局（由内藏院管辖），并从法国聘请了铁路建设技术人员。西北铁路局在执行线路勘查的同时，以节约费用和自主建设铁路为理由，将轨道设定为窄轨。窄轨不仅与日本人掌握的京仁铁路和京釜铁路不接轨，还表明了不与俄国的宽轨线路接轨的决心。另外为了确定路线，还开展了测量工作，并设计了路线。[36] 1902 年汉城至开城间的铁路开始施工的时候，还举行了开工仪式。该开工仪式对外表明了大韩帝国政府靠自己的力量自主建设京义线的决心。工程于夏季休工，于秋季恢复施工。当时西北铁路局与日本签订了购买铁轨的合同。[37]

西北铁路局的京义线修筑工程进行得并不顺利，最大的问题是资金不足。估算的总工程费为 250 万圆，但别说这些费用，就连筹集 1902 年开始施工需要的 30 万圆资金也并非易事。1902 年共修建了 2.7 公里的铁路后，工程被迫中断。随着该工程的中断，俄国和日本围绕修筑权展开了激烈的竞争。由于西伯利亚铁路使用政策的变化，俄国希望将不冻港设在京义线上。而日本企图侵占中国，也打算将京义线作为其桥头堡。俄国向大韩帝国政府提出正式请求，并承诺向拥有西北铁路修筑权的大韩铁路公司提供贷款，希望以这样方式达成愿望。[38] 但大韩帝国对此的反应依然冷淡。大韩帝国政府再次表明了坚决依靠自己的力量建设京义线的决心。

尽管如此，根据 1904 年 2 月日俄战争前签署的《韩日议定书》，日军在 3 月开始强行铺设京义线，同时还夺走了京义线的修筑权。日本将京义线作为军用铁路，在短短 13 个月内就铺设了 528 公里的铁路，并于 1906 年 4 月完工，开始运行龙山和新义州之间的火车。[39] 已经由日本铁道组进行修筑的京釜线也在 1904 年迅速完工。日俄战争后，日本无视朝鲜政府提出的返还京义铁路的要求，强占了京义铁路，并开始铁路双线化工程。[40]

引进铁路工程技术过程中的曲折

《京釜铁路合同条约》标榜该铁路由大韩帝国政府和日本政府共同修筑和拥有。大韩帝国政府希望通过提供京釜线用地和参与修筑过程，免费得到军需物资运输、兵力移动、邮件运递等国家统治所需的交通工具。另外还明确规定，铁路建设工人九成以上需雇用朝鲜人，明确由本国国民担任建设的主体，试图获取工程技术。另外，还规定外国人不能滞留车站，试图切断铁路被用作侵略工具的可能性。与大韩帝国政府签订合同的京釜铁道株式会社起初貌似遵守了这些条款，但后来这些规定都被无视了。而且随着该公司的所有权被日本政府接管，这些条款也被废弃。

虽然实际成果不理想，但政府的行动对民间产生了很大的影响。首先，京釜铁路铺设工程开始后，民间政府官员和民间人士合资成立了铁路公司，如兴业会社、大韩京釜铁道役夫会社、京城土木会社、京城北济特许会社、釜山土木合资会社、京釜铁道庆尚会社和韩日合资的韩日工业组等约10家公司。这些公司主要提供包括铁路工程所需的树木和石头在内的铁路材料和劳务者。[41]这些公司中也有承包一定区间工程的。例如，从1901年到1903年年末，由日本民间组合修筑京釜线时，京城北济特许会社和釜山土木合资会社等公司参与了从永登浦到振威和从草梁到密阳的工程。另外，韩日工业组也亲自进行施工，提高了业绩。[42]当时找来的工人施工水平似乎很好。日本领事报告说，当时雇用的朝鲜劳工的熟练程度让来宾们大吃一惊。他说工人们就像儿童玩游戏一样，毫不疲倦地愉快工作，并评价他们"是在其他国家很难找到的优秀工人"。[43]

另外，为了培养铁路修建所需的技术人才，政府还建立了铁路学校。这些学校培养出了掌握西式土木工程技术的技术人才，私立铁道学校聘请"大韩国内铁道用达会社"的社长担任校长，为毕业生就业开辟道路。1901年还聘请日本工学士大江三次郎，开展铁路工业教育。[44]为了鼓舞学生的

士气，还给成绩优秀的学生颁了奖。[45]乐英学校新设了铁路专业，培养机师。兴化学校量地科也培养了学生。而且，国内铁道运输会社建立了培训学校，并刊登了招收学员的广告，还进行了入学考试。[46]最重要的是，毕业于日本铁道学校的李喆荣（이철영）回国的消息传开后，大家都期待在引进铁路技术方面实现新的发展。[47]

特别是在铁路建设中起重要作用的测量技术，早在 1898 年政府就开始培养专门人才。大韩帝国为了推进土地测量工作，在政府内设置了量地衙门，并聘请美国人雷蒙德·E.克鲁门（Raymond E. Krumen）培养测量技术人员。根据量地衙门的要求，选拔算术和外语能力强的人进行为期一年的以实习为主的教育，成绩优秀的人即使正在实习期，也能被任用为技术助理，参加实地工作。[48]虽然量地衙门的测量技术人员培训事业因土地测量工作进行不顺利而中断，但测量领域是引进新的近代文明、改革统治根基的基础，因此量地衙门与私立兴化学校签订了合同，委托其培训技术人员。兴化学校于1900 年通过考试选拔了 80 名学生进行为期 7 个月的速成培训，并将测量相关科目放进中学课程。该校的数学及测量教师由曾任日本官费留学生的南舜熙（남순희）担任。[49]像这样，在 1900 年前后成立了一大批与铁路和测量有关的教育机构及公司。

但是，这种良好氛围在日俄战争爆发之际开始发生变化，朝鲜王朝被排除在工程建设之外。这与日本的土木建筑业状况密切相关。对日本土木建筑业来说，朝鲜的铁路修筑工程算是一个突破口。自 19 世纪 90 年代末以来，日本的土木建筑业进入停滞期，并试图从大韩帝国的铁路建设工程中寻找恢复的机会。[50]但是这样的期待从工程一开始就无法得到满足。因为，在大韩帝国的强烈要求下，"土木公司雇佣的劳动者 9 成以上必须是朝鲜人"的 6 项条款阻止了日本的介入。日本在降低这一比率的同时，还试图通过积极推进与朝鲜土木工程公司合作的方法解决这一问题。他们利用的是大韩帝国的土木工程公司近代土木工程技术尚不成熟、资本不足的弱点。这样成立的公司有韩日工业组、釜山土木合资会社等。另外，日本土建公司借大韩帝国土建公司的名义，以转包的形式介入了京釜铁路工程。这些公司虽然主要负责隧道工程等，但在工程进行过程中也引发了不少争议。杀害朝鲜劳工或强行进行高难度工程等事情时有发生。每当因为这样的事情出现问题，日本公司就让朝鲜人出面来平息劳工的不满。随着时间的推移，日方越来越无视《京釜铁路合同》，甚至频繁发生日本人先拿走铁路收益金或不雇用朝鲜人等事情，施工现场逐渐被日本人掌握。[51]

到日俄战争之前，朝鲜半岛的铁路修筑权基本都被日本握在手中，铁路建设工程也被日本的土建公司垄断，朝鲜的技术人力和土木公司无法再参与该工程。[52]从日俄战争开始以后，日本就公然从工程中排除了朝鲜人。在京义线的复线建设工程中，朝鲜的土建公司及劳务公司再也没有参与到工程中，取而代之的是曾经因建设不景气而陷入困境的日本土木工程公司进军朝鲜并独占鳌头。这个复线工程成了日本新的土木工程方法的试验场。例如，由鹿岛组负责的增若隧道采用了凿岩机的新工艺进行施工。盛阳社和间组分别负责的清川江桥梁工程和鸭绿江铁桥工程在日本土木工程史上首次引进了沉箱（潜函施工法）①。特别是省岘隧道，不仅工程规模大，而且为了辅助工程还设置了之字路线等，引进了新的工艺，在日本土木工程领域铁路建设史上开辟了新纪元。省岘隧道的鸟瞰图还被献给了明治天皇。[53]在这样的土木工程中，引进新工法后带来的巨大人员伤亡原封不动地转嫁给了朝鲜工人及俄国和中国俘虏。在以牺牲人命为代价获得的新工艺的基础上，日本土木工程业实现了飞跃性的技术发展，像鹿岛组这样的公司成长为世界首屈一指的土建公司。[54]

但是，掌握施工现场和试验新施工方法只不过是日本强占朝鲜半岛铁路

---

① 岩土工程中一种有盖无底的箱式结构，多用于修建码头、防波堤、桥墩和水坝。日语里叫作"潜涵"。

的附带利益。日本强占朝鲜半岛铁路，从根本上是为了与中国东北地区建立联系，这如实地反映在了铁路设计上。铁路规格大致可分为宽轨、标准、窄轨三种。宽轨为 5 英尺（约 1.524 米），是俄国西伯利亚铁路采用的规格；标准轨为 4.85 英尺（约 1.48 米），是英国架设的中国京奉铁路所选择的规格；窄轨是日本国内的铁路规格，窄到 3.6 英尺（约 1.1 米）。位于朝鲜半岛的京仁铁路，起先根据 1896 年 7 月颁布的《国内铁路规则》，定为标准轨。铁路规格设计得相同，意味着能够与其他接壤的国家通过铁路连接。如果规格不一致，铁路就无法连接，铁路无法连接，乘客必须下车换乘火车，运输货物等全部卸载后再装。不仅过程复杂，还要配备宽阔的空间和换乘体系。当然，国家间的协商是必须的。19 世纪 80 年代初，郑观应在介绍铁路的意义和价值时提及的铁路修筑反对者指出的军事忧虑和不安，都与铁路规格有关。

因为京仁线选择了以标准轨的规格进行施工，所以人们可能理所当然地认为要修建标准轨铁路。但是，这并不是一个简单的决定。即便在大韩帝国主导设计京义线时，也得考虑到俄国和中国东北地区，将其定为窄轨。可见，这是一个需要同时考虑多方的问题。日本的情况也是如此。因为在朝鲜半岛铁路的修筑目的上，日本军部和资本家的立场也不同。军部只把兵力移动和军需物资运输作为铁路的价值，但资本家集团将朝鲜半岛京釜线的意义设定为与大陆的连接。这种立场的差异可以归结为，是廉价快速地修筑窄轨，还是投入更多费用和更长的工期修筑标准轨的问题。由于资金不足，日本国内铺设了窄轨铁路，但朝鲜半岛铁路最重要的用途是与中国东北地区相连，因此定为了标准轨。俄国曾一度把朝鲜半岛作为西伯利亚铁路的支线，因此向大韩帝国政府施加压力，要求将京仁铁路定为宽轨，并修改了大韩帝国的《国内铁路规则》。但是日本没有忽略这样的动向，与美国联合强烈反对，再次将其变更为标准轨，并在《京釜铁路合同》中做了明确规定。[55]

在京釜线建设工程中使用是 75 磅（约 37 千克）的轨道。起初想使用日本产钢铁，但由于品质不好，所以使用了美国卡内基钢铁公司的产品。[56]倾斜度（1米的高度与每100米斜坡之比）标准是1/100，但出于资金上的考虑，也认可1/80。连接采用了中央连接器，制动采用了空气制动器（air brake）。[57]由于铁路全部按照标准轨的要求铺设，因此车辆也要按照标准，客车、货车全部采用大而长的车厢，每辆货车能装26吨货物。朝鲜首次引进的火车是投入京仁线的美国布鲁克斯公司制造的"大亨"机车（Mogul）①，即蒸汽机车。该机车牵引了分为3个等级的客车和货车。

大韩帝国运行的第一列蒸汽火车。（资料来源:《开埠后汉城的近代化和磨难（1876—1910）》，2002。）

　　日本的意图并不仅仅包含在铁路的设计上，在路线的设定上也如实地反映了出来。虽然京义线的部分路线——开京—汉城线因时间不足而沿用了大韩帝国的设计，但朝鲜半岛的铁路线设计与朝鲜半岛的国土开发和地区间均衡发展完全没有关系。路线设定的最大目的是确保短时间内能与中

---

① 该车型两个前轮在一个轴上，6个动力和耦合驱动车轮在3个轴上，根据铁路蒸汽机车的轮式分类法"华氏轮式"，该车型又叫"2-6-0"式。

国连接，建设投资费用最低的基干线。京釜线和京义线是纵贯朝鲜半岛的轴心。另外，在强占朝鲜之后，日本帝国主义通过构筑汉城—元山、大田—木浦之间的"京元线""湖南①线"，确保了从木浦到元山的纵贯线。[58] 这种路线的设计使全罗南北道丰富的粮食和棉花得以原封不动地经过木浦到达日本，构筑了连接日本的流通渠道。

更进一步说，铁路线的设定直接与日本的殖民政策相关联，彻底利用了大韩帝国政府提供铁路用地的决定。[59] 他们将铁路用地设定得超出必要范围，并设计成与现有商业、行政要地无关的地区，将新崛起的商业地区土地低价出售给从日本移居过来的日本人。由于这样的政策，现有商圈和由行政形成的传统中心地区解体，重新建立了以日本人为中心的商圈。[60]

反映日本侵略意图的京釜线从 1905 年 1 月 1 日开始运行。列车分为南行和北行，往返于西大门和草梁之间。北行于上午和下午从草梁出发，运行到大田或大邱，第二天抵达西大门。南行从汉城出发，运行到大田、大邱，第二天到达草梁，北行和南行都需要 30 个小时左右。快车每天运行一次，用时 10 个小时左右。从 1908 年 4 月 1 日开始，釜山—新义州之间每天运行一次往返快车，用时大约 26 个小时。

大韩帝国时期在朝鲜半岛架设的京仁线于 1899 年 9 月 18 日完成了鹭梁津—济物浦之间 33 公里的铁路建设，并开始运行。随着 1900 年 6 月汉江大桥的竣工，铁路也于 11 月通至南大门。京釜线于 1905 年 1 月 1 日开始运行，京义线于同年 4 月 28 日开通了汉城龙山—新义州之间的军用铁路。1906 年清川江和载宁江大桥竣工后，京义线全线开通。这些铁路并不是为了满足大韩帝国产业和行政上的需要，而是成了日本侵略朝鲜半岛大陆的桥头堡。

---

① 全罗南北道的统称。

局部交通体系——电车的引进和汉城的变化

汉城铺设和运营电车

汉城市内引进电车采取的是与铁路不同的方式。日本以侵略大陆和掠夺朝鲜财富为目的，设计了广域交通体系——铁路的路线。大韩帝国政府虽然努力守护铁路修筑权，但结果并不尽如人意。与此不同的是，汉城的电车相对来说是按照大韩帝国政府的意愿运营的。当然，电车事业权也由日俄战争前参与架设工程的美国人掌握，但路线设计上如实反映了大韩帝国的意愿，这点与铁路形成了鲜明的对比。

汉城架设电车是在 1899 年。在大韩帝国架设可以称为国际上最新型交通工具的电车，在当时来说是划时代的事情。汉城首先架设了从西大门开始经过钟路、东大门到清凉里的路线后，又架设了从南大门到钟路的路线和连接京仁线、京义线起点的路线。即便是在西方也不多见的电车，竟然在朝鲜见到了，这对西方人来说既不能相信，也不想相信。也许正因为如此，在朝鲜活动的很多西方人认为，是亨利·科尔布兰（Henry Collbran）向高宗皇帝建议引进了电车。他们相信，是寄住在美国驻韩总领事艾伦家的美国人科尔布兰听到高宗每次前往明成皇后王陵时需要花费超过 10 万圆的消息后，以节约费用为由，向高宗提出了架设电车的建议。[61] 甚至还认为科尔布兰说过"通过成立汉城电气公司（或韩美电气公司）和架设电车，向东方传播了文明的交通工具。"[62] 西方人和日本人认为朝鲜人不可能自发地引进前沿文明，所以这些说法可能迎合了他们的想法，但事实并非如此。当时，美国驻韩总领事霍拉斯·牛顿·艾伦（Horace Newton Allen，又名"安连"，1858—1932）向美国国务卿报告称，"……皇帝长期以来一直期待看到他的首都开通电车，尤其希望能在往返洪陵时拥有便利的交通工具。关于电车的构想完全是由他发起的。……"[63]另外，科尔布兰建议架设电车的时间点也值得关注。往返洪陵所需的大部分费用都用在了拆除钟路上的临时建筑以拓宽道路，并在回官后重建这些建筑物上。[64]但是当时的道路状况已经得到了很大改善，不需要拆除及重建。这是 1896 年实行城市改造的结果，这种变化在伊莎贝拉·伯德·毕晓普（Isabella Bird Bishop，1832—1904）描写 1897 年年初电车架设之前城市面貌的文章中写得很清楚。[65]实际上早在 8 年前的 1891 年，高宗就提出了在汉城架设电车的计划。1891 年，高宗向美国临时代理公使艾伦咨询了电车架设和运营的情况，艾伦公使还向汤姆森休斯敦电气公司（Thomson Huston Electric Co.）和布勒什电气公司（Brush Electric Co.）咨询了合作意向。[66]但该计划遭到当时掌控朝鲜王朝的中国清朝袁世凯的反对，未能顺利进行。1899 年，该计划终于得以实现。1898 年，高宗通过光武改革加强皇权仅一年后，就在大韩帝国的都城汉城成立了主导和经营电气事业的电气公司，推进电车的架设工程。得益于高宗皇帝的财政和行政支援，该公司于次年完成了电车架设工程。

汉城电气公司以一站式方案（turnkey）的方式①向科尔布兰－博斯特威克商社（Collbran Bostwick）委托了电车的架设和发电站建设。根据施工过程中产生的债权约定，电车架设完成后的运营和经营由该商社控制。但是，大韩帝国政府未能通过对承包公司及经营权委任公司的会计监查来阻止经营上垄断，结果导致本国没能得到电气事业的自主管理权。甚至科尔布兰等人还以负债和经营上出现了亏损为由，企图掌握该电气公司，并将其变成美国为法人的韩美电气公司。尽管大韩帝国政府坚决拒绝和阻止，但随着日俄战争的战云密布，为了得到美国的保护，政府不得不接受美国人科尔布兰等人的要求。由此，汉城电气公司最终变成了韩美电气公司，大韩帝国政府完全丧失了在汉城的电气事业主导权。虽然电

---

① 从电车线路设计到试运行全权负责的方式。

气公司的经营经历了许多坎坷，但从 1899 年汉城民间开始使用电，对百姓的生活产生了不小的影响。

热闹的城市大街。街道上方交织着电车线和电线，电线杆上还挂着地址在仁川的某店铺的招牌。（资料来源：《1901 年捷克人弗拉兹的汉城旅行：捷克旅行家的汉城故事》，首尔历史博物馆调查科、捷克共和国驻韩国大使馆共同编著，2011。）

电车路线设计和增产兴业

　　大韩帝国在汉城架设的电车有非常实际的目的，就是支持以"增产兴业"为核心的光武改革。另外，还为了保护和支持汉城被日本商圈蚕食的朝鲜商圈。朝鲜后期汉城的店铺主要分布在龙山、麻浦、蓬莱洞、钟路和东大门。棉布商在现在的钟路 4 街和 5 街，果蔬商位于东大门，海产和皮革商位于南大门，纸店位于蓬莱洞，粮食和纺织品商位于龙山，谷物和盐商位于麻浦。全国的商品被京江客商①从纛岛运到麻浦地区，再被转卖给市廛商人们。位于钟路的市场商人们形成了直接向汉城消费者销售，或销售给零售商及商贩，商贩再最终销售给消费者的流通结构。[67]

开埠后，外国商人侵入汉城市内，扰乱了这一结构。例如，日本商人从全罗道大量购买棉布，在汉城市以低价销售。这侵犯了六矣廛②拥有传统垄断买卖权的棉布商人的权利，使当时汉城的棉布商们遭受了巨大损失。但是，政府无法禁止外国商人的这一行为。因为根据朝日通商章程，朝鲜王朝无权禁止日本商人进行商业活动。这种情况不仅仅局限于棉布商，其他垄断产品也遭受了巨大损失。因为向垄断权发起挑战的并不只是日本商人，清朝商人也严重地扰乱了朝鲜的传统流通结构。清朝和日本对朝鲜商圈的掠夺越来越严重，到了 1890 年，汉城都城内就有 80 多户中国商人和 80—90 户日本商人。由于他们对朝鲜商圈的侵占，六矣廛商人的特权开始解体。最终在 1895 年乙未改革时，正式废除了传统的贸易垄断权。[68]这对传统商业特权的危害虽然不严重，但是由于外国商人对朝鲜商圈的侵略而被迫废除，这意味着朝鲜商圈的萎缩。

因此，大韩帝国政府不得不采取保护朝鲜商圈的政策，架设电车就是其中的一环。负责此业务的汉城电气公司以朝鲜商圈为中心设计了路线。电车路线经过龙山—南大门，贯通了传统的商业街——钟路。以该路线为中心，汉城的商业圈再次活跃起来。

汉城电气公司最先架设的钟路线从西大门经过钟路、东大门，连接到清凉里，经过汉城的核心商圈。"龙山线"从朝鲜初期开始就以水上交通枢

① 朝鲜王朝时期利用汉江水运从事粮食等生意的商贩。

② 朝鲜王朝时期汉城钟路的六大商店。

纽龙山为起点。特别是龙山渡口，自 1884 年根据列强的要求开埠以来，这里既是汉城的门户，也是新的交易中心。为此汉城电气公司以货物运输为主要目的，设计了龙山线。[69] 汉城电气公司在延长该线路的同时，还安装了货车专用装卸设备。1900 年 7 月开通了从南大门经蓬莱洞和义州路到西大门外的线路。此路线是开城线的终点，与京仁线的终点西大门站相连，运送乘客和货物，使商品运输更加顺畅。[70] 新建的宣惠仓也是设计路线时重点考虑对象。钟路线的延伸点——南大门站靠近以前宣惠厅仓库的位置。1896 年因修整道路从钟路拆除了很多商铺，这里就是为这些被拆除商铺的商人们修建的市场，已经发展成了汉城的中央市场，还进行零售和批发。另外，为了使其能够更好地发展，将它与通往南大门的电车线路相连，使交通更加便利，从而强化了商业圈。电车线路连接了传统的钟路和汉江河口商圈，南大门市场得以发展成为汉城重要的商业区。南大门市场是首个城市常设市场和中央市场，可以说是大韩帝国整顿都城和振兴工商业的意志和结果的体现。1907 年由韩美电气公司完成的麻浦线，经由西大门 / 蓬莱洞连接到钟路。[71] 这条路线比从龙山经南大门到钟路的路线承运了更多商品。与此路线相连的京仁铁路京城车站、东大门和麻浦的电车终点站，强化了麻浦—西大门—钟路—东大门这一轴线。[72] 这条电车线路使日本商人难以扩张南大门—津岭商圈，从而保护了以传统商业区为中心的汉城市内的流通结构，使大韩帝国的代表商业区得以重新崛起。以电车为中心的交通网取得了如此好的成效，为政府振兴工商业做出了贡献。

通过电车学习近代社会[73]

随着铁路和电车的运行，大韩帝国百姓开始学习并适应近代交通体系。适应以大量运输为前提的近代交通工具的过程并不容易，在此过程中发生的摩擦和误会也不少。特别是在人口密度较高的汉城运行的电车，带来了不少问题，其中最大的问题就是电车引发的交通事故。到 1904 年为止，汉城的电车经常发生交通事故。仅在 1903 年，就发生了 9 起电车事故，造成 5 人死亡。[74] 对于当时的人们来说，交通工具造成的伤害至多不过是从马上掉下来、被马踢、因为驴子太倔导致行李掉落的程度。人乘坐的交通工具撞死人，在当时必定是悲惨和令人困惑的事情。电车才开通不久，就发生了撞死孩童的事故。[75] 日本人司机肇事逃逸了，愤怒的孩子父亲拿着斧头冲上去砸坏了电车。周围群众也强烈抗议，砸毁并焚烧了两辆电车。得知此事故的西方人评价道："如果出现受伤者，愚昧的群众就会捣乱闹事，破坏电车，妨碍交通。"[76] 美国代理公使 W.F. 桑兹（W.F. Sands）表示，"电车事故在美国大城市每天发生，在埃及这样的地方，铁路运行第一周内造成 50 多人死伤。"而与此相比，"汉城仅发生一起事故，这反而证明了科尔布兰等人运营电车的情况更好。"他还要求政府查出并严惩损坏电车的犯人。[77] 但其实这种交通事故即使在西方也被认为是可怕的事件。在先进技术的展示场——1881 年巴黎万国博览会上，发生过老人被电车撞死的事件。第二天就关闭了电车线路、清理了电车，直到 10 年后才再次提出架设电车，可见该事件的影响多么严重。[78]

在朝鲜，电车事故也令百姓感到恐惧。因为这是第一次发生致人死亡的交通事故，甚至事故后不采取任何补偿措施，非常不负责任。同时社会上不满的声音也很多。1899 年由于旱情严重，政府曾举行祈雨祭。有谣言称这次干旱是由电车、发电机和电线引起的，"因为东大门发电站切断了龙腰""电线导致不下雨""电车的轰鸣声把雨赶跑了"或者"电线使神灵生气，破坏了万物的自然秩序"等。[79] 这些谣言进一步激化了因电车事故引发的愤怒情绪，并煽动了摧毁所有问题的根源——东大门发电站的行为。为以防万一，电气公司在发电站四周布设了 600 伏的电网。[80]

由于这种骚乱，当时的美国杂志报道说，朝鲜人将电车看作"恶魔之车"。[81] 但是，这些报道并没有意识到，以该事故为爆发点，朝鲜社会不同阶层同时对电车表达了反感。首先电车运行使人力车夫遭受巨大的经济损失，引发了他们的对立情绪，因此他们有组织地妨碍电车的运行。此外，巫师们对新文明也十分反感。1900年以来由于百姓接种牛痘，天花患者大幅减少，使巫师们失去了重要的顾客群。他们的失落感以攻击新文明的方式表现出来。另外，反日情绪也起了作用。1895年乙未事变后，对日本的情感就已经恶化，日本司机不负责任的逃跑行为使得反日情绪爆发，这是民族感情投射在电车上的表现。另外，百姓对当时经济及政治状况的不满也反映在了此次电车事故上。根据当时《帝国新闻》的报道，干旱和物价上涨导致百姓生活困难，但政府对这些情况漠不关心；政府不分昼夜地开发项目，官员办事不公道；这些累积的不满情绪都通过本次事件宣泄出来。[82] 百姓的愤怒大多是针对政府对民生的漠视，而这一愤怒则指向了政府不顾民生开展的事业。由于这些因素，作为近代文明引进事业代表的电车成了靶子。电车被破坏，并不仅仅因为它是"恶魔之车"。虽然发生了这样的事件，但电车并没有长时间停运。反而是电车给汉城的传统商圈注入了活力，延迟了日本人的商业圈扩张，对革新汉城府的面貌起到了主导作用。因为这些正面的印象，电车成了受欢迎的交通工具。[83]

　　成为重要的交通工具后，电车也将近代社会的生活方式带到了汉城。电车虽然没有主导传统社会阶层的解体，但加速了这一进程。人们普遍认识到，决定一个人能否乘坐交通工具的是费用问题，而不再是身份问题。只要交了车费，即使身份低，也可以乘坐上等车厢；如果没交车费，再高贵的身份也不能乘坐电车或火车。另外，电车还为瓦解男女的传统界限做出了贡献。总是呆在深宅后院、出行的时候要从头到脚包裹得严严实实或者只能从墙头偷窥街上风景的妇女们开始走上大街，借助电车扩大了活动范围。因为电车只分上等、下等车厢，所以出现了男女乘坐同一车厢甚至挨着坐的情况。[84] 随着这种事情在电车上经常发生，传统的"男女七岁不同席"的社会禁忌开始瓦解。

正在上车的乘客。电车的运行使得朝鲜的贵族不得不经历身份制度的瓦解。因为电车只靠支付能力来区分乘客。（资料来源：《开埠后汉城的近代化和磨难（1876—1910）》，2002。）

电车上的乘客。由于电车上是男女同乘，曾经支配朝鲜的"男女回避"的重要观念开始消除。乘坐电车的是一位用披风遮住头和身体的上层女性。（资料来源：《开埠后汉城的近代化和磨难（1876—1910）》，2002。）

另外，电车的通行给汉城人带来了新的娱乐。电车本身就是一个娱乐项目，开通当时的轶事清楚地说明了这一点。电车选在朝鲜传统公休日四月初八开通，那天出来游玩的人很多，街上非常拥挤，其中很多人都是为了观看电车而来的。由于人潮拥挤，电车被迫停了很多次，从钟路开到东大门竟然花了 1 个小时。[85] 此外，体现电车人气的轶事也不少。听说从江原道来参观汉城博览会的矿工们把整条线路来回坐了 5 次，电车刚开通时有人乘坐了 27 次。[86] 有人为了乘坐电车而歇业，有人不下车连续几次往返西大门—清凉里，有人特意从很远的地方来坐电车，甚至传闻说有人为了乘坐电车而耗尽家产。[87] 这些事件表明，比起作为一种方便的大众交通工具，朝鲜人更倾向于将电车看作一种神奇有趣的娱乐工具，这在电车架设之初就是意料之中的事情。另外，随着时间的流逝，汉城的百姓们开始乘坐电车到汉城野外游玩。夏天晚上坐上开往洪陵的电车，唱着歌享受郊游的事情也越来越多。[88] 有了电之后，曾经专属于上流阶层的娱乐和游玩开始普及到普通百姓身上，汉城成为名副其实的大韩帝国文化据点。

电车还为汉城的生活带来了规律性。近代日常生活中最鲜明的面貌之一，就是由时刻表带来的规律性。当然，传统社会并不是完全没有规律的时刻。但是，除了政府机关以外，适用的空间并不多。根据时刻表运行的电车和火车扩大了这种规律性的普及。为了乘坐电车或火车，平常需要学习规律运行的时间表。这个"规律"的时间表不依据传统的不定时法①，而是一律按照一天分为 24 小时的西方时间体系进行。[89] 成为全国热门话题的电车与人力车和自行车相比，价格并不贵。电车确保了汉城百姓的出行自由，出行的范围也扩大了。变宽的不仅仅是空间。虽然火车也是如此，但从 1899 年开始运行的电车尤其显著地体现了在时间上没有身份的贵贱。

---

① 古代大部分民族都将昼夜分开计时。夏季昼长夜短，冬季昼短夜长，因此白天一小时与夜晚一小时的时长并不一样。与之相反的是平均时法。以中国为代表的东方也使用不定时法，但不分季节，仅在夜晚使用更点法。

电车不会因为乘客是贵族就等着他。为了乘坐电车，必须按时到达电车所在的地方，等待电车到来。无论是贵族、官员、穷人或富人，这是适用于所有人的规则。当然，在电车运行初期，想乘坐的人在电车线路附近挥手，就会停下载人，但这种方式并没有持续太长时间。1899 年 8 月中旬，美国司机和技术人员来韩并恢复电车运行后，电气公司在钟路等重要位置新设了售票处和车站，制定了相应的运行制度。因此，想要乘坐电车的人必须按时在电车站等候。电车运行制度使当时的人们认识到，有的规则是所有人都要平等遵守的。[90] 通过电车，汉城百姓们在生活中可以直接感受到1894 年甲午改革后被革除的身份制度的变化。

在电车站等车的百姓。要乘坐电车，需要先在售票所买票，然后按照运行时刻表在这里等车。（资料来源：《1901 年捷克人弗拉兹的汉城旅行：捷克旅行家的汉城故事》，首尔历史博物馆调查科、捷克共和国驻韩国大使馆共同编著，2011 年。）

在适应近代交通体系的过程中，朝鲜人也习惯了按照固定的时间表行动，并将其运用于日常生活。但是，与日常使用的规律性的时刻表相关的失误带来的弊端也不少。值得注意的是，这不是汉城百姓造成的失误，而主要是由于运营者不履行时间约定引发的事故。事故主要在深夜或清晨本来不应该电车行驶的时间发生。外国传教士以此事件为借口，嘲弄了朝鲜人愚昧落后的睡眠习惯，但其本质是近代时刻表的规律性融入朝鲜日常生活的结果。在晚上发生的此类事故，表面上看是由于朝鲜人将电车轨道当作木枕枕着睡觉的新风潮引起的。从平壤来到汉城的霍尔医生记录了1899年电车运行第一天时发生的故事，并描述了事件的始末。

> 那天正是电车首次开行的日子。一大早，特别浓的雾笼罩在电车周围，乘务员很难看到前方。电车从枕着轨道沉睡的众人头上驶过去了。一瞬间，他们的脖子都被切断了。过了一会儿，太阳升起，雾气消散，露出了凄惨的景象，引发了巨大的骚乱。狂怒的群众殴打了运气不好的乘务员，甚至掀翻电车并放火焚烧。[91]

但是此记录似乎是由霍尔医生"重组"的。因为至少在电车首次运行当天没有发生过类似的事故。电车首次开通的日期是农历四月初八，朝鲜刚进入 5 月中旬（5 月 13 日），并没有热到要在外面睡觉，凌晨时分反而凉飕飕的。从这一点来看，很有可能是霍尔医生将电车斩头事件与其他事件混为了一谈。

但是这样的事件并不是完全没有过的，类似事件发生于 1901 年 8 月。又硬又凉爽的电车轨道对盘着发髻的男人们来说是不错的枕头。住在电车线路周围的人都知道电车行驶的时间，会在末班车经过后才拿着凉席聚集到铁路周围睡觉。但是当天电车检查延迟了，末班车出发得晚。为了挽回延迟的时间，电车在黑暗中急速行驶。由于是深夜，司机担心吵醒周围居民，没有敲响警铃，因此枕着轨道入睡的两个人没来得及避开。对此，艾伦认为"受到伤害的一方应该受到指责"，但该事件外国司机应该承担全部责任。因为他不仅没有遵守行车时间，而且超速驾驶；即使知道天气热时会有人把铁轨当枕头枕着睡觉，仍然没敲警铃。[92]

汉城百姓们再次对不负责任的电车表达了愤怒。最后，美国人司机们出动镇压了该事件。这些司机当初还是为了平息 1899 年电车运行初期的暴动从美国来的。[93] 第二天，电气公司将"轨道是私有财产，不允许任何人睡在轨道上"的警告贴在了电线杆上。但是汉城百姓们并不接受这一处理结果。电气公司只得承诺夜间电车必须按照日程运行，如果运行延迟，到第二天早晨为止都停止运行，这才让这一事件告一段落。这一事件被当时的西方人广泛讨论。但他们不该因为将轨道当枕头的事情很少见，就嘲笑朝鲜人拥有奇怪、落后的睡眠习惯。发生这样的事故，是因为朝鲜人习惯了近代时间体系。电车总是按时刻运行，末班车也总在固定时间开走，掌握了这一规律的人就可以枕着轨道舒服地睡觉了。

都城的内外边界——城墙主导了传统时间体系的解体。汉城有 8 个门可以进出，除了一直关着的肃靖门外，其他的都是根据钟阁的罢漏钟①（33 次）和宵禁钟（28 次）的钟声开关门。虽然每个季节敲钟的时间都不一样，但一般都是在寅时（凌晨 3 点到 5 点）开门，在酉时（晚上 7 点到 9 点）关门。[94] 城门关闭后，无论是谁，甚至连济众院医生艾伦都无法进出城门。[95] 但是随着电车的铺设，电车轨道经过城门，因此城门失去了意义，禁止通行也变得有名无实。电气公司从 1900 年 4 月 9 日开始，在不下雨和下雪的情况下，延长运行时间到晚上 10 点，[96] 男性在夜间都可以进出城，[97] 这意味着男人们晚上也可以在大街上放步而行。这不仅意味着活动时间的延长，还意味着时间利用的方式发生了划时代的变化。电车设有车

---

① 五更三点敲的钟，表示宵禁结束。

站，有规律地按照停车和发车时间运行。遵守这种规律性意味着汉城百姓接受了新的生活方式，即按照近代的时间体制——时间表生活。

如前所述，为代替驿站引进的近代交通体系改变了朝鲜社会。另外，根据覆盖区域的大小，新的交通体系的社会功能也不同。这种差异不是源于其属性，而是由掌握新技术项目主导权的主体来决定的。越是投入大量资金的基础产业，技术的交融和变化在项目主导权中所占的比重就越大。朝鲜近代交通技术的引进过程如实地展现了这一点。

第6章

通信制度的改革

　　1876年朝鲜开放港口后，仅过7—8年就引进的电信技术，成为新的国家通信制度的轴心。[1]朝鲜引入电信是在人类将电用在沟通方式上①的70—80年后，并且不是通过实物，而是通过中国翻译的汉译科学技术相关书籍引入的。虽然是通过这种间接的方式最先了解到电信，但朝鲜的执政者们已经认识到用电的通信方式与传统的通信方式是完全不同层次的技术。他们认识到，这种新技术能够使信息的沟通速度达到传统通信方法根本无法比拟的程度。但是，即使是在西方，这种划时代的通信方式首次被研发出来的时候，使用的机器和方式也因为繁杂和不稳定性而未能得到广泛的使用。为了解决这一问题，电信方式不断地进行改进，机器也不断地改良，并总结出了新的电学理论。在此过程中，出现了将所有文字转换为点和线的电信符号来发送信息的通信方式。[2]塞缪尔·F. B. 莫尔斯（Samuel F.B. Morse，1791—1872）发明的这种方式，利用了一种采用电磁铁的简单电信设备和切断电流而制成的点与线的符号，从而实现了电信的广泛使用和发展。这种信号方式的开发和成功，使电信的相关消息传到了远东的朝鲜。

---

① 这里指18世纪末至19世纪初欧洲一系列电报机的早期发明。

朝鲜王朝引进了这种电信技术，试图改革原有的根深蒂固的通信制度。高宗时期的政府认为，电信技术是一种能够替代传统的军事及行政情报网——驿站和烽火的近代技术，并开始着手引进工作。[3]这项工作还包括收集信息。开放港口后，被派遣到外国的使臣除了自己肩负的本职任务外，还必须收集电信的相关信息。[4]以他们收集的情报为基础，朝鲜王朝积极探索引进电信技术的可能性，在确认了电信能够迅速传达信息，管理运营也不烦琐之后，朝鲜王朝决定引进，并向中国和日本派遣留学生学习电信技术。

像其他大部分西欧文明的引进事业一样，朝鲜王朝推进的电信事业也未能顺利开展。因为试图在朝鲜扩大影响力的中国清政府和日本的干涉和压迫也介入了通信制度的改革。这两个国家争相试图掌握朝鲜电信事业的主导权。因为对这两个国家来说，朝鲜的电线线路就是接收到朝鲜的信息后能够迅速制定对策的军事情报通信网。实际上，这两个国家都曾掌握过朝鲜电信事业的主导权，根源是1884年的甲申政变和1894年的甲午战争。本章将以日本和中国清政府对朝鲜电信事业的态度和大韩帝国政府开展电信事业的过程为中心展开探讨，希望借此梳理朝鲜王朝在接受西方文化等方面的态度。

电信事业的开始与发展

全国电力通信网的构建与使用

朝鲜是中央集权国家，为了管理和控制地方政府，交通和通信网显得非常重要，因此从建国初期就开始整顿驿站和烽火。电信作为一种替代传统的近代技术，开始受到关注并得以引进，最终比其他近代技术引进事业进行得更为迅速。朝鲜最初架设的电报线是1883年釜山和长崎之间的海底电线，陆路电线是1885年架设的西路电线（仁川—汉城—平壤—义州）。

此后，1887 年架设了南路电线（汉城—全州—大邱—釜山），1888 年架设了北路电线（汉城—原州）。海底电线由丹麦大北部电信株式会社在日本的仲裁下得以架设运营，西路电线由中国架设运营，其余两条由朝鲜王朝自己构建运营。虽然电信事业进展很快，但由于朝鲜的电信事业权本身就由清政府掌握，朝鲜王朝在电信事业方面的自主行动空间非常小。[5] 因此，在这个时期，作为政府的行政和军事情报传达体系，其实并不能运营电信。全国的电信线路上只设置了 10 个左右的电报社。全权掌握朝鲜电信事业的清朝除了向本国传递情报的"西路电报线"以外，对其他业务并无兴趣，因此不允许朝鲜电信网扩大，只允许最低限度地运营西路电线和其他不得已铺设的电信线路。

这种情况发生变化是在甲午战争前后。1894 年，日本在准备发动甲午战争时，强迫朝鲜王朝签订军事条约，并侵占了电报线。战争结束后，日本拒绝返还电报线，朝鲜王朝对此坚持不懈地与日本进行交涉，并强烈要求返还。日本为了占有朝鲜电信权，展开了一系列顽固的举措。甲午战争时期，日本与朝鲜王朝缔结的朝日同盟，在战争结束后失去了效力。因此日本希望用新的条约，对朝鲜王朝继续行使强大的影响力并掌握已有的事业权。为此，日本制定的《日韩条约》（暂定）在第 6 条中明确规定了电信事业权。[6] 该条款的核心内容是日本拥有永久管理军用电报线的权力。1895 年 2 月，日本正式提出该条约。日本以提供 500 万日元贷款为条件，对拒绝签署该条约的朝鲜王朝进行了笼络诱引。这个条约对朝鲜王朝来说，无异于交出国权，因此连依靠日本获得执政权的朴泳孝（박영효，1861—1939 年）、金弘集等亲日官僚也不能容忍，尤其无法接受日本垄断铁路和电信的条款。当时负责该条约的日本公使井上馨向日本政府报告了当时朝鲜王朝对此事的态度。

朝鲜王朝内主张国权和国利的人很多，我提出的铁路、电信

条约提案未能与他们达成一致。若要与他们签订这个条约，就不得不使用强制手段。[7]

他的报告中还提到，如果不采取"相当的威慑力"，"铁路、电信条约将很难如愿签订"。[8]1895 年 4 月末，日本政府内部正在商议对策时，发生了历史上著名的沙俄、德、法参与的"三国干涉还辽"。朝鲜王朝以此为契机，开始强烈主张收回通过军事协定被强占的通信及交通相关的各种事业权。[9]特别是政府全力推进电信网的收回工作。朝鲜王朝在"俄馆播迁"后不到一个月，就强烈要求日本返还西路电线和北路电线。[10]在各种努力下，朝鲜王朝成功收回了西路电线，但日本拒绝归还西路电线中最重要的一段——汉城—开城的电线区域，依旧试图控制西路电线，对此朝鲜政府提出了强烈的抗议。[11]当一直致力于敦促返还电报线的朝鲜政府在成功收回电报线后，立即着手电信业务，开始修复被毁损、切断的西路电线。[12]通过这一措施，朝鲜王朝在 4 个月后收回开城—汉城区间和北路电线后，最终得以正常开展西路电线事业，并连接了通往中国的国际电报线，从而得以进行国际情报交流。[13]另外，在 1897 年 5 月协议到期后拒绝与日本人顾问官续约，从而使朝鲜王朝的电信事业完全摆脱了日本的监视。[14]

日本除了不得不把电信网还给朝鲜王朝，还面临着"俄馆播迁"这一意想不到的政治局面。因此，日本与俄国展开协商，以求获得在朝鲜的电信事业既得权。日本最终与俄国签订了《汉城备忘录》，并以此为基础，于 1896 年 6 月由两国的外相签署了《罗曼诺夫－山崎拓议定书》。[15]该《议定书》第 3 条规定，俄国承认日本在朝鲜的电信事业权限。俄国承认了日本的电信既得权，即"日本政府为了方便与韩国的通信，继续管理目前手中的电报线路"。作为报偿，俄国从日本得到了"从汉城到他们国境的电报线路架设权"的保障。[16]这一谈判是在排除朝鲜王朝的情况下完全秘密进行的。而且，以这一协商结果为基础，日本拒绝了大韩帝国政府一直以来提出的拆除军用京釜电信线路的强烈要求，反而毫不犹豫地派宪兵，以保护军用电报线为目的，处决了抗日义兵。[17]

虽然未能阻止日本非法运营军用电报线，但朝鲜王朝终于收回了被日本强占的电信网。为此，朝鲜王朝于 1895 年为废除传统的驿站和烽火制度等做出了不懈的努力。因为中央政府管理和统治地方的工具已经消失，所以国家通信网的构筑迫在眉睫。虽然政府表示将迅速建立邮政制度，并以此替代传统方式。但由于制度不完善，而且也不能用邮政处理紧急业务，这也成为集中进行电信网的回收和维修的背景。特别是为了应对在国境或海岸随时可能发生的外来侵略和在全国各地发生的民乱，都亟须建立能够快速传达信息的体系。

电信网运营的正常化与扩展

大韩帝国政府为了迅速开展连接行政中心和通商口岸的电信网架设及电报社新设工程，不遗余力地进行财政及人力投资。[18]因此，在全国电信事业重新开展不到一年的 1897 年，作为骨干线路的南路电线的一部分和北路电线以及西路电线已经完全恢复。负责连接该网络电报业务的电报社也得以恢复或新建。现有的电报社如汉城、仁川、开城、平壤、义州、元山等都已于 1896 年恢复运营。而且 1897 年在三和（现在的镇南浦）、务安这样的通商口岸新设了电报社并立刻开始营业。而且，昌原、城津、庆兴、沃沟（现称木浦）等通商口岸也陆续成立了电报社。到 1900 年，负责电信业务的电报社达到了 20 多个。[19]

汉城元山的北路电线在 1900 年年末扩展到了钟城。此番扩展连接了咸兴、北青、城津，这些地区不仅是主要通商口岸，还是咸镜道行政核心区域，也是可以与俄国连接的朝鲜半岛最北端地区。自此，干线和支线基本建成，到 1903 年，电信网将朝鲜纵横相连，连接主要行政中心、港口城市，形成名副其实的国家行政通信网。电报线路支线扩展事业在 1900 年设立通信院以后加速进行。连接全州和大邱、釜山—昌原—晋州、平壤—三和等重要行政地区和通商口岸的电报线得以架设，并且为提高电信业务的效率，还在南路电报路线的重要地区新设了循环连接的电报线。[20] 大韩帝国政府在进行电报线路工程的过程中，新设了管理和运营该工程的电报社，调整原有电报社的级别等，对电报社机构进行了整顿。因此在 1903 年，在平壤、仁川等地共设立了 15 家一等电报社，在开城、公州、锦城等地设立了 17 家二等电报社，在汉城设有 3 家分社，并且成立总部。加上设在汉城的 3 个分社，共有 38 个电报社，向东 1020 里（1 里 ≈ 0.5 千米），往西 1520 里，向南 2200 里，往北 1605 里，总共运营管理 6355 里路程的电信线路。

根据 1904 年通信院的工作规划，需新增设 18 个电报社。通信院原计划在钟城、皇胤、天安、鲁城、星州、密阳、稷山、峨山、全义、燕山、镇山、锦山、岭东、金山、漆谷、清道等地扩建电信网，并新设电报社。这些地区大部分是为建设湖南地区的电线支干线而连接的。通信院计划通过这一措施，在粮仓地区确保行政通信网，保障政府加强对该地区的控制力。

1904 年，大韩帝国政府的电信线路总长度为 6400 里、电报社不到 40个。该项目实行已经有 20 多年的时间，可以看出其规模的发展非常缓慢。陆路电信架设长度与其他国家，特别是与电信技术发达国，根本无法相提并论。另外，仅从电报社的数量来看，1899 年德国和美国就已经超过了 20000 家，比韩国面积稍大的英国也运营了 10000 家左右，就连进口电信技术的日本也设立了 760 家，这都是当时的大韩帝国无法比拟的。[21] 但是，若仔细观察这 20 年的电信事业过程，就会产生不同的看法。纵观这 20年中，由大韩帝国政府全权负责并独自运营电信事业实际只有 6—7 年的时间，并且在此期间日本也在不断地妨碍干扰。由于日本的干扰，大韩帝国政府不允许私人增设电报社，也无法与外国自由地连接电信线路，而这在电信技术生产国都是被允许的。尽管如此，大韩帝国政府为了代替军事及行政信息通信网，通过扩建电信线路，增设电报社，持续扩大了电信事业，也取得了仅次于其他西方帝国电信事业发展的成果。

济物浦的风景。电报线改变了朝鲜半岛的风光，也改变了日常生活。

通信院的成立、经营与管理规范的调整

　　1900 年电信线路重建和电报社新设工作顺利进行后，要求成立独立部门进行管理。1894 年，作为朝鲜王朝部门整合整理工作的一环，邮电总局

成立并归属到公务衙门下属部门。但在部门压缩的情况下，电信运营和管理未能正常进行。甚至随着1895年公务衙门与农商衙门的合并，电信管理部门更加萎缩，人员减少到不仅不能管理电报线，就连维修工作也无法进行。随着电信线路被收回，电信线路的重建工作顺利进行，1899年年末电信局又迅速成长为拥有20多个地方电报社、50—60名下属官员的大部门。也就是说，业务增加到了农商工部下属的一个部门无法承担的水平。在这种增长趋势下，1900年3月，电信管理部门从总管通信网的前身农商工部中独立出来，创立了"院级"独立部门——通信院。当然，通信院不仅全权负责邮电，还全权负责船舶相关业务，算是自1894年因日本的干涉沦落为一个部门以来，终于恢复了1893年邮电总局的地位。[22]

总揽新的通信制度，成功构建近代通信网的通信院。（资料来源：《开埠后汉城的近代化及面对的考验（1876—1910）》，2002。）

随着改编为皇帝直属管理部门，通信院不仅仅是单纯提高了其在政府内的地位，通信院总办的职位和权限也得以上升。通信院总办的级别任命升为敕任官1级，新设职级为3级以下的辅佐总办的会办，并且完全删除了可以兼任农商工部协判的条款，保障了其独立性。[23]通信院的组织和职务制度的扩大和独立性的确保也意味着功能和业务的重新组合。通过此举，内部组织和管辖地方电报社的整顿工作得以实现，朝鲜电信体系有望实现另一个飞跃。

大韩帝国政府将不少资金投入到了电信事业。从 1901 年到 1904 年，总管电信事业的通信院的项目费在整个大韩帝国政府的预算中占 4.4%、4.9%、4.3%、4.5%。从规模上看，排在军部、内部、度支部（即财务部）、皇室之后的第 5 位，甚至是学部和外部预算的总和。[24] 编制如此大规模的通信院预算，是因为高宗希望通过构筑电信网来建立近代行政通信网。但这并不意味着通信院的资金状况很好。当时财政状况非常恶劣，连政府官员的工资都无法支付，不能将皇室的财源全部投资到电信事业上，因此财政支援不尽人意。[25] 皇室拥有的红参和人参专卖收入抵不上电信安装所需的资金，即使在专卖收入规模急剧膨胀的 1901 年以后，资金情况也没有好转。[26] 因此，通信院必须自行筹集费用，而当时采用的方法就是买卖官职。通信院新录用的主事明显增多。通过买官卖职筹集资金建设电信网是国家统治层面的需要，是大韩帝国为增产兴业提供的实质性支援，也体现了高宗从 19 世纪 80 年代开始就决定构建近代电信网的意志。在高宗的大力关注和带动下，电信和邮政事业成为大韩帝国近代文化产物引进事业中规模最大、运营最好的事业。

得益于大韩帝国的电信事业支援政策，电报社的收入每月都在增加。[27] 其中，通信院设立后的第二年（即 1901 年），地方电报社的年末收益都比年初增加了大致两到三倍。虽然各地方电报社的收入增减有所不同，但 1901 年大部分地方电报社的收入每月都比前一个月增长约 5%。到 12 月份，就已经比 1 月份增加了 60% 左右。这种增长势头自电信事业重启以来一直持续，甚至在 1904 年日俄战争的爆发导致电报局被擅自占领，电信业务移交到日本军队的过程中也持续增长。这表明，在战时等非常时期，这是更加有效的沟通手段。进入 1902 年后，大韩帝国通信事业的阵容有了更大的发展。1902 年大韩帝国的电信网达到 6000 余里，运营该网的电报社达到 30 个，雇佣的人员包括电传夫、工头在内达到 480 名。另外，通过大韩帝国的电信网，仅 1902 年就收发了约 20 万封国内电报和约 1000 封外国电报，加上电信转播费，共获得了 12 万圆的收益。这一年电信网管理和电报事业运营的常规支出为 126000 圆，因此损失程度只有 6000 圆左右。[28] 随着电信事业重启以来规模的扩大，电信事业的业绩也逐渐好转，损失也逐年减少。因此，有必要从通信事业本身的收益里支出新项目费用，而不是依靠政府预算。为此，其中的一个方案就是上调电信费用。20 年间，只有汉文的电信费用上涨了约 100%，朝鲜文和西文的电信费几乎没有上涨。[29] 之所以没有提高电信费，是因为日本京釜军用电线试图以低费用吸引用户。尽管如此，通信院在 1903 年还是上调了费用。电信资费上涨的效果很快显现。1903 年电信费用上调的那一年，电信业务收入总额超过支出总额，在电信业务史上首次实现了盈利。

大韩帝国电信事业的收入增加在当时是非常重要的事情。因为从 1903 年的通信院预算来看，支出共 139882 圆，电报收入达到 171580 圆，电报事业相当于创造了 30000 圆的净利润。[30] 当然，虽然净利润规模没有达到此前为架设电信网和新设电报社而花费的全部投资额的水平，但作为大韩帝国政府，在正式重启电信事业后仅用了 7 年就创造了净利润，因此不能不说是一件令人鼓舞的事情。大韩帝国的电信事业现在不仅单纯地发挥行政通信网的作用，而且作为提供经济利益的近代事业，大韩帝国政府已经开始实现了目标。

电信专业人才团队的形成

通信院成立后，为了培养运营电信网的人力资源和确保优秀的人才，决定重新整顿汉城电报总司所属的电报学堂。作为总司的附属机关，电报学堂运营所需的几乎所有教师和财政都要由总司提供。但是与学堂相关的所有权限都由通信院掌握，并管理教育水平。被称为电报学堂首任校长的汉城总司技师韩种翊（한종익）从 1899 年开始负责运营该学校，虽然设定了《电务学生规则》（以下简称《规则》）的具体内容，但实际上他作为电

报学堂校长的权限并不大。[31] 他的所有权限都是受到限制的，最终决定必须得到通信院总办的批准。

汉城电报总局。通信院在汉城电报总局下设电报学堂，培养电信专业人才。1905 年左右，形成了超过 100 人的电信技师集团。(资料来源:《开埠后汉城的近代化及面对的考验（1876—1910)》，2002。)

电报学堂受到总公司和通信院的双重控制源于通信院的基本人才培养格局。通信院也明白在地方电报社扩增的情况下，不可能从中央派遣所有电报社的职员。但是基于地方电报社的技术水平，通信院认为若由地方培养学徒则无法谋求整体电信技术的发展，所以首先整顿了电报学堂。由于没有必要非得将学堂从总司分离出来，这就形成了对电报学堂的双重控制。

通信院之所以重新制定并颁布《规则》，目的在于限制地方电报社的电报学徒选拔和培养，在一定时期内将电信技术人员培养统一归属到中央，用以提高学徒的技术水平。为此，通信院首先改革了学生选拔方式。在

《规则》颁布之前，只要通过地方电报社社长的推荐和通信院的批准被选为学徒，就可以在相关电报社接受电报技术培训。但是这种方式选拔出来的学生却存在几个问题。首先，地方电报社社长或职员的推荐选拔标准非常模糊。[32]其次，通信院对推荐学生的审核批准过程也不严格。地方电报社选拔上来的学徒大部分都获得了通信院的批准，这是地方电报社确保人力的办法，也因为中央政府未能为他们及时补充人员，所以中央政府没有理由反对地方电报社社长的推荐。另外，当时通信院没有明确制定出地方电报学徒能力的审核标准，只能通过学徒人数进行控制。因此，通信院在颁布《规则》之前，未能完全控制全国地方电报社实施的学徒培养。但是《规则》的颁布可以实现对地方的管控，也可以控制地方学徒的推荐选拔，也能确保电报学堂的垄断地位。像这样，通信院以颁布《规则》为契机，将对地方学徒的选拔和培养的管控统归到中央，是因为中央和地方电报社的教育资源有差距。通信院在颁布《规则》之后指出"各分司没有老师，所以不能教（学生）"，开始强力制止地方电报社的学徒选拔和培养。[33]通信院还重新调整了汉城总司电报学堂的学徒选拔标准，标准的依据就是新颁布的《规则》。《规则》明确规定了选拔学员的年龄和选拔方式。申请入学电报学堂的年龄是15—30岁，要求身体健康，并且必须通过3次考试。考试合格者必须能够保障自己的身份、行为和学业，并有担保人，才能被允许入学。

学徒们学习的内容大部分是近代西方科学。电务学，即电学、化学、数学等组成的电信技术学徒们的科目，与以往的东方的定性、综合、有机的知识体系不同，是以定量的、分析性的、所有自然变化都由物质及其运动引起的机械自然观为基础。学徒们必须在学堂中学习到这些以前几乎没有机会接触并且结构非常不同的西方知识。而且，还要掌握细致精密的近代机器结构和组装方法。虽然这项工作并不容易，但电务学徒在电报学堂完成了培训课程，并参加了官员考试。这种方式构成的电信技术官员，在当时是少有的学习西方科学的专门团体。另外，政府还曾在巴黎博览会上展示朝鲜电信技术人员制造的电信接收器，为近代通信网为核心的电信事业而感到自豪。[34]

电信给百姓生活带来的变化

电信网的扩散和电报社的增设，既是实现大韩帝国政府确保军事网和行政通信网目标的过程，也衍生出了其他附带效果，即为民间人士更方便地使用近代通信手段——电信做出了贡献。[35]随着电信网的维护和电报社的增加，民间人士开始认识到，电报社不是具有"官厅"权威的地方，而是可以轻易接近的"邻居"，也开始出入电报社。电报社刚开设时，许多人出于好奇经常出入这里，还帮助办杂事、跑腿，与电报社职员们变得亲近，这种交情促成了民间人士参与学徒选拔。但大部分都把电报社当作新奇有趣的地方，随便出入。[36]民间人士接近电报社虽然引发了信息泄露的负面结果，但也产生了让百姓更多地利用电信的积极结果。[37]

尽管如此，为了电信事业的持续开展和发展，还是需要形成通信内容保密的认识。电报文与以前的书信不同，以内容的保密性为特征。传统时代的私信是在士大夫之间流通的，因为用汉文书写，可以一定程度上保障私密性，而交给集市商贩或跑腿的百姓之间的私信，能够传达就可以，因此内容的泄露并不构成问题。但是，近代通信的电信却不同。百姓在电信体系适应过程中衍生出的信息泄露问题，是需要在推进电信事业特别警惕的事情之一。特别是，电信网是政府命令及报告的通道，电信内容是对外保密性质的军事及行政情报，因此，通信院仅凭"电报事项犯罪人处罚条例"无法防止情报泄露，必须制定确保保密性的对策。在通信院制定的对策中，首先是禁止民间人士出入电报室（设置电信设备，负责电信业务的办公室）。民间人士要想进入电报室，必须得到电报社社长或主管的许可。如果违反这一规定擅自闯入，将被视为"乱闯"而受到处罚。另外，对随意拆开或损毁并非寄给自己的电报的人，也将处以笞刑或罚款。泄露情报的相关处罚并不仅局限于民间人士。如果电报社职员泄露电报内容，将受到比民间人士更重的处罚。[38] 民间人士或者职员之间的信息泄漏是与电信相关的刑罚中最重的，因为只有民间人士自由出入电报社，电报收入才会增加，何况他们一旦进入电报社，进入电报室并不难，从当时的电报社建筑结构来看，很难保障电报室的秘密。另外，即便电报社社长利用职权将他们赶出或判断为闯入，也很难要求刑罚处理。因此，考虑到这种情况，通信院决定向电报社的所有职员追究未能阻止外部人员进入电报室的责任，并向各电报社下达了以严惩他们为前提的新原则。[39] 现在已经形成了民间信息也要保密的认知，保障个人私生活这一传统社会中从未经历过的概念开始扎根。

民间利用电报的情况也有所增加。虽然电信费不便宜，但比出门报信简单，也比派人便宜得多，并且速度也很快。现在民间也可以传达紧急消息，甚至可以抱怨消息传得晚。

> 大邱郡书室尹成贤（윤성현）因病情危急，于当月14日晚10时发电报给在量地衙门学院的儿子尹泰范（윤태범），电报社16日上午10时才发出电报。尹泰范得知后立即出发，但途中听到了噩耗，未能见到父亲最后一面。因此，对相关电报公司管理的玩忽职守感到愤怒。[40]

在传统社会，很难看到这种因消息传达晚了一天而提出不满并要求改正的事情。在电报社负责业务的人都是经过国家考试的官员，电报社也是负责政府业务的政府机关。尽管如此，当人们都得知电报社是收费为民提供服务的地方以后，就开始指责和批评他们的失误。像这样，随着民间的使用，逐渐形成了政府机构可以将民间服务作为重要业务的认识。

当然，为了将这一近代通信手段落实到民间，需要经历不少磨难。一到放风筝的季节，就要防止电线缠上风筝线，还要防止电线被切断偷走。[41]甚至还发生了因听到电线可以传送消息便切断电线试图贴在耳朵上的事情，因此必须开展安全教育。[42]为防止此类事件发生，电报社的职员们也开始负责启蒙和指导工作。另外，还要劝阻兵卒们把电报社当作休息处的行径，[43]而且还要处理那些在发送电报后仍"不相信"并要求退钱的人的争执。[44]虽然电报社职员要负责的事情很多，但是通过这些事，朝鲜的百姓们了解了电信，逐渐熟悉了近代技术。

在民间，电信技术的作用并不仅仅是使百姓体验近代技术。随着电信网的扩张和运营的稳定，大韩帝国的报社将电信视为非常有用的工具。自19 世纪 50 年代末发明了 1 分钟可以发送 400 个以上电文符的自动发报机后，西方社会对长篇电信的收发工作变得容易，其影响波及报社。报社将速度时效作为重要课题，朝鲜虽然为时已晚，但开始加入这一潮流。[45]国内报社也为了接收海外消息，与外国通讯社签订了电报收发的协议。最先签订合同的报社是最早创刊的《独立新闻》。《独立新闻》于 1897 年 3月 6 日在"外国通讯"栏目中表示，"将与英国电报局签订协议，每天在报纸上都能看到有关世界政治的信息"，告知大众可以通过报纸了解国际情况。此后，与国际通讯社签订合同，刊登国际消息成为国内报纸的重要工作。1898 年 8 月创刊的《帝国新闻》，于 1899 年 5 月从位于伦敦的通讯社接收新闻。对此《帝国新闻》声称，通过与海外通讯社的合作，可以直接接收世界各地的消息，迅速了解国际社会的动向，而且可以先采取有力措施，防止危险事情发生。《帝国新闻》和同年创刊的《皇城新闻》虽然晚了一年，但在 1900 年与路透社签订了电信接收协议。[46]《皇城新闻》表示："为了解决因无法直接报道外国消息而出现差池"的事情，与路透社签订了协议，可以每天在报纸上刊登海外消息。当时，报社为了从国际通讯社获得电报消息，每月支付 100 圆左右。考虑到当时报社的财政情况，这笔费用是不小的花销。但各报社均表示，不会因与海外通讯社签订合约而上调报纸费用。但是该合约成为压迫报社经营的因素。《皇城新闻》表示"因物价几乎翻倍，因此不得不提高报纸价格"，并将一个月的订阅费上调 2 分钱。[47]

《皇城新闻》和《帝国新闻》与海外通信公司签约后，不仅报道外国消息的速度加快，内容也更加丰富。1900 年 1 月以前，《皇城新闻》的外媒报道主要是美国和菲律宾的条约内容、世界铁路的架设情况等无须紧急报道的新闻，[48] 报道的相关国家主要是日本、沙俄、中国等邻近国家。另外，报道的内容都是从事件发生起延迟了半个月以上的报道，而且基本上是转载日本新闻报道。[49] 并且，没有外国消息报道的日子也很多。但是，自从与英国路透社签订合约后，报社编辑组可以直接联系外国媒体，因此选择报道内容的范围扩大，并很快反映在报纸上。随着电信网的稳定运营，接收外国媒体报道的大韩帝国也成为直接向世界传达消息的新闻发送国之一。1903 年 12 月，美国联合通讯社决定在韩国设立通讯员，并刊登了通讯员将经由日本到达的消息。[50] 在朝鲜，外国通信公司的通信员可以主持并直接采访事件并传送，这种事情只有在电信网稳定运营时才能实现。

金鹤羽（김학우，1862—1894）

19 世纪 80 年代金鹤羽对朝鲜电信的架设和运营发挥了重要作用。值得一提的是，他创制了韩文电信电码，在 100 多年的韩国电信史上留下了巨大的功绩。金鹤羽 1862 年出生于咸镜道庆兴，祖籍金海，字子皋，土班① 出身。幼年父亲早逝，在母亲身边长大的他受到了叔叔金麟昇（김인승）的很大影响。金麟昇是前任庆兴部官员，是一位擅长古典和诗文的学

———————

① 土班，世代在某地固定生活的贵族。

者。他在发生严重干旱的 1871—1872 年，移居到了位于俄属"尼古拉斯"地区一个有 300 多户朝鲜人的村庄。这个地方离符拉迪沃斯托克有 50 里左右。当时金鹤羽也跟着一起迁居。据推测，当时他的年龄是 8—9 岁。金麟昇在这里建立了学校，开始教化同胞子弟。

金麟昇于 1875 年 5 月访问日本，成为外务省的"御雇职员"，1876 年随同负责与朝鲜签订守护条约的日本特命全权代理大臣一起回到了朝鲜。但在签订该条约后，由于日本人表现出无视朝鲜人的态度，于是他留下两份陈情书，于同年 4—5 月返回尼古拉斯。金鹤羽在金麟昇回国不久的 9 月，以 15 岁的年龄去了日本。这趟日本之行可能是由金麟昇牵线的，金鹤羽在去日本之前曾在中国吉林省停留过，推测是在这个时候学了汉语。1876 年9 月至 1878 年 4 月的 18 个月时间里，金鹤羽在日本私立机构担任了无薪语言教师。虽然不知道他教了什么语言，但当时他学会了日语。他不仅会说汉语，还精通日语，因此作为朝鲜王朝的官员，可以往返于日本和中国之间执行公务。

金鹤羽回到符拉迪沃斯托克后不久，就见到了张博（장박，1849—1921）。出身于咸镜道庆兴的张博曾说在符拉迪沃斯托克旅行途中遇到了金鹤羽，并留下了深刻的印象。他在 1880 年再次前往符拉迪沃斯托克时找到金鹤羽，并向政府报告说，是在他的帮助下，顺利完成了政府赋予的边境事务工作。虽然他的工作只是国境问题，但在报告结果的过程中，高宗知道了金鹤羽的存在。

虽然参与了政府事务，但张博当时并不是政府的官员。张博被提拔为中央政府的官员是之后的事情。包括他在内，金鹤羽等居住在西北地区或沿海州的朝鲜人要想成为官员，必须先对政府官员的聘用制度进行改革。1882 年镇压壬午兵变后，根据高宗任用人才的诏书，这项工作得以完成。高宗颁布了诏书，即使出身为西北人、松都人①、庶出、医译②、书吏③、军伍等，只要有才能便可录用。咸镜道出身的张博和移居到沙俄的金鹤羽等人虽然有能力，但没能成为官员，这是特意为他们而制定的政策。根据这份诏书，他们很快就来到了汉城。但是由于朝廷中的反对声音而没能马上被录用。由此可见，进入中央政府并非易事。直到第二年1883年9月，张博才被任命为博文局主事，金鹤羽直到更晚的1884年3月才被任命为机械局委员。

金鹤羽工作的机械局是掌管武器工厂的政府部门。但是他另有负责的业务，就是引进电信技术的业务。他上任后，向高宗建议架设连接济物浦和汉城的电报线。此建议被想要引进包括电信在内的近代通信体系的高宗所接受，高宗派遣他到日本电信局学习相关技术。当时，他完成了韩文莫尔斯电码，为应对朝鲜的电信架设，同时还制定了建立电报学堂、正式培养电信技术人员的计划。但是他的仁川—汉城电报线架设计划和电报学堂设立计划因甲申政变而告吹。

金鹤羽为架设和运营电报线而制作了韩文莫尔斯电码，但由于清朝电报总局的朝鲜支部华电局掌握了朝鲜首设的西路电线的事业主导权，韩文莫尔斯电码未能得以使用。韩文莫尔斯电码于1888年在南路电线中得到使用，这意味着朝鲜王朝可以在一定程度上主导南路电线。

金鹤羽制作的韩文莫尔斯符号是直接利用了韩文的创制原理。朝文音节由辅音和元音组成，单词由一个音节以上而组成，他原封不动地利用了这一特点。在朝文的辅音和元音上设置了点和线，即长1∶3比例的电信号，各个莫尔斯符号如下"表"所示。一个音节的莫尔斯电码在构成各音节的初声、中声、终声上按顺序排列了信号。在初、中、终声的辅音或元音之间留有1个点的间隔，使初、中、终声不混合。另外，构成单词的音

---

① 朝鲜王朝时代贵族阶层对西北（平安道）人和松都人有地域偏见。

② 医译是医官和译官的统称，在朝鲜王朝时代的官职地位较低。

③ 书吏是朝鲜王朝时代负责记录和管理文书的下级的小吏。

节和音节之间设有 7 个点的间隔，可以区分音节。例如，"경셩"（京城），即"ㄱㅕㅇㅅㅓㅇ"的莫尔斯电码是"·－··（·）···（·）－·－（·······）－－·（·）－（·）－··"，包括逗号、句号在内的标点遵循英文的莫尔斯电码。

1884 年 10 月发生的甲申政变，导致 1885 年 1 月末回国的金鹤羽的电信架设计划告吹。在此情况下，他仍向 7 名学生教授电信技术，为确保朝鲜政府电信事业自主权而做出了极大的努力。此外，同年 7 月，为了监督与清朝的义州联合进行的西路电线的架设工程现场，还与清朝技术人员一起沿着西路电线移动，掌握了现场技术。

但是从一开始就介入朝鲜的电信事业并掌握技术的金鹤羽，在 1887 年未能参与朝鲜半岛上第一个由朝鲜技术团队设计架设的南路电线工程。那是因为 1886 年发生的第二次韩俄密约事件 [①]。二次韩俄密约事件称，朝鲜的官员们为了拉拢俄国势力、试图排除清朝的干涉而策划了阴谋，这些官员中也包括金鹤羽。金鹤羽已经因反对中国和日本干涉朝鲜电信权的发言，受到了袁世凯的关注。在这种情况下，在俄国长大的他无法摆脱这一事件的影响。因此，他不仅没能参与南路电线架设工程，甚至还曾考虑逃往俄国沿海州。

虽然金鹤羽没能参与南路电线架设或运营，以及朝鲜电报总局的创立，但他制作的朝文摩斯电码在南路电线运营中起到了重要作用。朝鲜电报总局于 1888 年颁布了包括金鹤羽朝文电报电码在内的《电报章程》。现在，朝鲜人不是根据华电局使用的电码，即将汉文改为 3—4 个阿拉伯数字，并将其重新改为莫尔斯电码的复杂方式，而是仅通过将想要传达的话输入朝文的方式就可以使用电报。《电报章程》不仅是表明从南路电线开始正式使用朝文电报电码的重要文件，也是 1895 年朝鲜王朝掌握所有电报线、自主开展电信事业时制定的《国内电报规则》的典范。虽然金鹤

[①] 又称"韩俄密约事件"。19 世纪 80 年代朝鲜王朝和沙俄签定秘密条约，以防"甲申政变"后卷入中日纷争。

羽被捕并差点流亡，但后来查清了第二次韩俄密约事件是英国驻朝鲜总领事捏造的。金鹤羽于1887年再次被任命为转运署郎厅，次年1888年被录用为练武公院事务。在转运署，他为了购买236吨级的"海龙"号被派往日本，还负责修理"海龙"号。1894年4月，在甲午战争后设立的军国机务处17名议员中，只有32岁的他在金弘集内阁中成为"法务衙门协办"。最终他因以人事委托为由，因侮辱大院君李昰应事件被大院君和他的孙子李埈镕（이준용）的手下杀害。

他在被暗杀之前留下的业绩并不仅仅是朝鲜电信的引进和韩文莫尔斯电码的发明。他于1885年被派往中国上海，为朝鲜机器厂制造枪筒，购买铜帽机器，还有枪的雷管等零件，推动了武器近代化。1886年，他作为转运署主事也发挥了重要作用。1883年设立的转运署为了扩大业务，摆脱只管理外国轮船在朝鲜半岛沿岸运行的局面，金鹤羽积极引进轮船运输货物，从德国和日本购买了船舶。因此，他在被暗杀之前，作为推进朝鲜近代化政策的重要实务者，不仅忠实地履行了任务，还与引进近代电信的历史同行。

日本对通信权的侵夺与大韩帝国电信事业的瓦解

随着大韩帝国主导电信事业，发生了以前无法想象的变化。根据大韩帝国政府的需求和判断，可以设立支线和新设电报社，因此在行政重要区域或通商口岸，肯定会新设电报社。电报社的大量增加，使得普通百姓对电报的利用也变得容易。之前，电信网是外部势力侵略的通道，但如今，电信网既是行政通信网，又是沟通的通道。电信网用途的变更，让所有官民都认识到了电信的重要作用。另外，电信技术人员通过电报学堂得到系统的培训，这成为近代科学技术学习的路径之一。在政府的支援下，全国的电信使用都有所增加，也扩大了大韩帝国政府的财政收入。

大韩帝国政府电信事业的成功对日本来说却是个负担。日俄战争结束后，日本制定计划，要抢夺大韩帝国政府苦心修复和扩展的电信网，并付诸实施，瓦解了大韩帝国的电信事业。1904 年发动日俄战争的日本在元老会议和内阁会议上决定了《对韩方针和对韩设施纲领》，完成了统治朝鲜半岛的基本框架。作为其中一环，制定了掌握大韩帝国通信设施的计划。[51]该项目中明确规定了掌握电信权的必要性，称"我方必须掌握（大韩帝国的）交通和通信机关的要部，从政治、军事、经济上的诸点来看，是非常紧要的事情"。[52]虽然看似 1904 年才制定了夺取电信权的政策，但日本试图掌握朝鲜电信权的动向，从试图掌握朝鲜半岛开始时就存在了。日本从19 世纪 80 年代初开始具体施行了抢占电信权的工作，虽然在朝鲜半岛施行影响力及程度存在强弱变化，但为了获取电信权，持续对朝鲜王朝施加压力。在历经超过 20 年的压迫后，朝鲜的电信权问题最终在 1905 年以签署《韩日通信协定》收尾。协定中规定，由大韩帝国政府委托日本帝国政府管理邮政通信及电话事业，日本帝国政府与本邦通信事业联合经营，打造两国共同的工作组织。[53]

《韩日通信协定》的准备工作在日俄战争之前正式开始。日本认为，为了在日俄战争中取得胜利，能否抢占朝鲜电信事业权是重要的关键，因此将朝鲜电信网列为即使动用强制手段也必须要获得的设施。对此，俄国也持有同样的想法。因此，日俄战争爆发后，日本和俄国同时开始暴力抢占朝鲜的电信网。俄国强行占领了义州、宁边、安州、城津等朝鲜西北地区的电报社和电信网。但是大部分的朝鲜通信网都被比俄国更早采取行动的日本所掌握。日本在向俄国宣战之前，已经强占了釜山和昌原等地区的电报社，通过抢断或延迟俄国舰队的电报文，在日俄战争中先发制人。[54]战争爆发后，日本要求大韩帝国政府"日军向北行军，所以不要在沿路地区发电报，也不要向电报社发送指令，以确保我们在发送公信、私信时毫无障碍地进行通信"。[55]另外，还制定了在现有电信线以外的重要路径上架设新电线的计划，即"平壤、汉城之间公私电信非常频繁，现在架设的电话线和电信机器容易受损，所以强制要求将来新建军用、战时用电信线，同时开始在朝鲜独自架设所需的电信线"。[56]不仅如此，日本还把军用电信线架设到了与战争没有太大关系的地区。日本从汉城泥岘到光化门通信院前新架设了电信线，在康津、载宁、凤山等地也新设了电线线路。[57]另外，在南部地区镇海—昌原之间新架设了电线，像汉城—平壤区间一样，在很难新架设的远距离区域，将已有的电话线改为电报专用，中断了汉城—开城—平壤之间的电话业务。[58]

在日俄战争中获胜的日本对大韩帝国政府强烈要求返还电报线的诉求置之不理，反而在1904年2月日俄战争开战不久，日本在稳固胜势后，为了完全掌握朝鲜电信事业权，开始着手准备相关工作。正如前面所提到的，日本虽然不断警惕和阻碍大韩帝国的电信事业，但仍然认识到大韩帝国正在自主开展电信事业，不断成长壮大。大韩帝国电信事业的成功意味着用近代通信体系代替传统通信方式的事业获得了成功，也象征着中央政府构建了控制、管理地方行政的基础。因此，为了将朝鲜殖民地化，日本急需中断大韩帝国的电信事业，切断地方和中央政府的连接网。日俄战争期间，日本占领了大韩帝国的大部分电信网，并任意新设了很多线路等，得到了一部分细枝末节的权利。但日本知道以这种程度很难逼迫大韩帝国放弃电信事业全权，因此向大韩帝国政府提出了更根本性的方案，并强迫其接受。这就是《韩日通信协定》。《韩日通信协定》可以看作是1904年2月强制签订《韩日议定书》以后，日本逐一抢占大韩帝国实际权利的侵略政策中的一环，日本也由此实现了1883年以来设定的掌握朝鲜电信事业权的目标。

《韩日通信协定》的基本框架就是前面提到的《对韩方针及对韩设施纲领》（以下简称《纲领》）。1904年5月提出的该纲领以大韩帝国的外交权接收、驻外公使馆撤离、军队解散、财政和交通机关及通信机关接收为中心，分别以附加详细方针"细目"的形式构成。[59]详细条目中的第5项是"掌握通信机关"，在此项内容中，提出了日本要确保掌握电信网的理由。也就是说,"韩国固有的通信机构处于极不完整的状态,收支情况也存在每年 30 万圆左右的亏损",所以"如若继续放任不管,只会增加财政上的困难,不能为一般民众提供便利"。[60] 但是,正如前面日本所提到的财政损失一样,如果回想起 1903 年电信事业的收益结构得到改善并获得营业利润的情况,就可以明白这只是日本的借口而已。这在 1904 年日本公使馆撰写的《韩国财政一斑》报告书中也有所体现。该报告评价大韩帝国电信事业的收入说:"(官报、邮政、电信收入、国有物品等杂项收入中)尤为显著的是电信收入,光武六年(1902)为 800 圆,但光武七年为 95000 圆,今年已经达到了 16 万圆。"另外,如果大韩帝国的电信事业以这样的速度发展下去,将"不可避免地与日本相关机构发生冲突,在一个国家内独立存在两个以上的同类机构,在经济上、事务上等都会给双方带来不便和不利",因此应该迅速制定完全接管大韩帝国电信事业的方案。[61] 基于这种情况的分析,日本将大韩帝国的电信事业编入日本通信事业作为优先事项。由于担心无法实现这一目标,因此制定了"在战争继续状态中选择重要线路,架设我们的军用电线,在京城永久维持日韩电话的机械性通联"等对策。[62]

1905 年 2 月,在与俄国战争中完全取得胜势的日本为了掌握大韩帝国的通信权,开始强迫大韩帝国政府签署《韩日通信协定》(以下简称《通信协定》)。该《通信协定》的核心内容是整顿韩国通信机构,由日本政府委托管理。此外,还包括将开设通信事业部的土地和建筑物在内的所有财产移交给日本政府,无偿使用通信事业扩张和发展所需的土地和建筑物的权利,以及通信设备相关的免税特权等。[63] 另外,根据日本提出的《通信协定》,大韩帝国政府不能再就通信事业与其他国家进行交涉,即在《通信协定》中,大韩帝国政府完全没有制定、决定或执行通信相关事业计划的自主权。

《通信协定》中的内容,与将大韩帝国通信权完全交给日本没有什么区

别，因此遭到高宗和政府官员们的强烈反对。早在1904年，在所谓的"荒地开拓权"交涉过程中，日本就遭到了官民之间的激烈抵抗。因此，他们预测电信事业权转让的协商只可能处境更困难，朝鲜肯定不会那么容易接受。也就是说，日本也认为"通信机构委托工作是日韩交涉中的困难，也是一大难题"。因此，必定无法通过正常的方式签订协定。《通信协定》要求大韩帝国中央政府放弃与地方行政之间的沟通渠道——电信网，暂且不提电信事业带来的收益，这就是要求朝鲜王朝放弃整个地方行政权，因此高宗根本不答应该协议。参政大臣赵秉式（조병식，1823—1907）拒绝召开议政府会议，不仅拒绝讨论该议案，还以辞职明确表示了反对意见。通信院总办也强烈反对与日本签订《通信协定》。在这种情形下，催发了高宗向俄国皇帝发送密函的"密函事件"。该事件使高宗的地位被大幅削弱，日本以此为借口向高宗施加了压力。[64] 无奈之下高宗接受了赵秉式的辞呈，任命闵泳焕（민영환，1861—1905）为继任者，不得不听从日本召开议政府会议的要求。当时正是提出《通信协定》两个月后的4月1日，在参政大臣缺席的情况下，议政府通过了《通信协定》。[65]

在《通信协定》签署过程中发生的抗议和抵抗，在移交过程中又重现出来。大韩帝国政府官员采取"千方百计回避交谈，不答应交接"，而日本分析认为其原因是他们希望日本和俄国的战争战况会发生变化。[66] 但是与大韩帝国官员们的期待相反，俄国的波罗的海舰队没能在预定的时间到达东海，最终败给了日本。在这种战况下，日本开始着手强制收购通信院的业务。对此，包括电报社在内的通信设施的实务职员们对交接工作进行了抵抗。日本为了削弱电报社职员的抵抗并平息抗议，同时采取了保证继续雇佣全部电报社职员等一系列怀柔措施。由于日俄战争，大部分地方电报社都由日本陆军掌管，因此不需要进行大量工作，但包括朝鲜电报社在内的通信设施的交接工作却耗费了一个多月。[67]

1905年6月27日关闭并接收京城电报社后，日本结束了大韩帝国的电信事业。电信事业是大韩帝国引进新西方的近代技术，重建国家通信网意志的产物，也是成功引进和运营的事业。在 1904 年被日本强制占领之前，大韩帝国的电信网是中央政府与地方行政间沟通的枢纽，是开始扎根于普通百姓生活的近代设施。尽管如此，在对这样的成功感到危机感的日本的强压下，被迫签订《韩日通信协定》，此后大韩帝国的电信事业完全被日本强占。[68]

日本通过《韩日通信协定》完全掌握了电信事业主导权，将朝鲜电信网作为向新移居朝鲜半岛的日本居民传达消息的渠道。为把朝鲜半岛变为殖民地，还将其作为与日本中央政府之间的通信网和进军中国东北地区的前哨基地。尽管日本政府赋予了朝鲜半岛的电信线路以重要意义，但日本政府并没有为此扩充新的电信线路，而是采用了提高现有电信线路效率的技术，只引进了解决信息收发过程中出现错误的相关技术。通过这样的政策，大韩帝国政府和百姓被日本电信事业完全排斥在外，朝鲜半岛的电信体系成为日本扩张的工具。

第 7 章

近代科学的引入与传统自然观的解体

朝鲜开放港口以后，以政府为主体、以西洋科学技术引进为前提的改革政策对社会造成了广泛影响。其中最大的影响是，看待天地自然的传统思维体系受到了冲击。传统上，天地属于地理学范畴，然后细分为天文地理、自然地理和邦制地理。[1]其中天文地理、自然地理仍然是当今地球科学的主要研究领域。因此近代地理学的接受和理解，必然会对传统自然观念观和世界观产生不小的影响。

伴随着西方近代学术思想的引入，传统社会中被称为"天空"的空间被分为宇宙和大气层两部分，真正实现了"开天辟地"。在现在被分为大气层和宇宙的"上空"，在传统社会中被视为一个整体，因此研究天象的天文与测候属于同一领域。在传统社会中，天文和气候不仅是一种自然现象，还能反映人类社会及大地的情况。更进一步说，在上空发生的变化，是对人类社会变化及未来的暗示。通过解释这种暗示，君主开始警戒生活和政变，并进行赦免罪犯、抚慰百姓等活动。即传统社会中，天文被看作人间事的反映，能赋予帝王的王权以正当性。因此天文学是只赋予君王的义务和权力，是"帝王的学问"。因此担任天文监测的官员都是经过政府严格考试选拔出来的人才，只有他们才能修习天文学。传统天文地理学认为大地以中国为中心，有上下秩序之分，天与地相呼应，这是一种贯彻中华观的思维体系。而与此相对的近代天文地理学则是完全客观的思想体系，"天"无法反映"地"的情况，天空与大地的有机关系已经解体。

伴随着西方近代天文学与地球论的引入，帝王的学问及它被赋予的权限、包含国际关系的上下秩序的传统自然观开始瓦解。和开埠前几个学者从中国的书里看到的宇宙相比，通过西方的介绍了解到的宇宙无比广阔。宇宙中有行星和卫星围绕着太阳转动，并且用望远镜还能观测到小行星。牛顿的万有引力让天体移动的计算变得简单，人们曾经认为的方正的大地变成了球形，地球表面不仅有汪洋大海和多种多样的国家，还是无数生命体栖息的世界，"天圆地方"不复存在。传统自然观的解体还带来了很多其他方面的变化。星星的移动随着近代天文学的引入被赋予了新的解释，气象现象也需要新的解释体系。"大地是圆的"这一观点——即地球论逐渐被人们所接受，新的理解方式亟待出炉。本章将考察随着相互联系紧密的天文、测候及地理领域，伴随西方知识的引入而发生变化的过程。

西洋近代天文学的引入与传统天文学的解体

东方传统天文学认为，宇宙由气体组成，且"天圆地方"。[2]传统时代的人们认为，浩瀚宇宙中的众星以阴阳五行为基础形成并运行，在此概念基础上观察行星运动并对它们的位置进行计算。传统的东方天文学分为两部分：观察宇宙行星状态和位置变化的天文和计算行星位置变化的历法，并设置了不同的官员负责各自领域。在朝鲜时代就设有"观象监"来专门负责天文、地理、历法、占卜、气候测量、刻漏等。各个部门都有专门的官员负责，官员专门从杂科①中选拔出来，各司其职，分管不同的天文事

---

① 杂科，朝鲜王朝时期为选拔专业人才进行的一种科举考试。

务。其中历法与天文被重新诠释，并与政治相关联。

政府以天文资料为依据制作的日历，把民间的生活生计与天象紧密地联系起来，这种"观象授时"，即"世王观天象，以告知百姓时间"的做法，被认为是上天赐予君王"君临天下"的独特权利，因此成为传统社会统治者需要执行的重要的任务之一，进而得以历代延续下来。[3] 百姓依照日历进行播种、收割、采收、贮藏药材、查运势、搬家、嫁娶、祭祀等，君王正是通过日历实现了对百姓的统治。当然农业并非是需要争分夺秒的产业，但"时机"仍然是决定一年生计的关键，因此"观象授时"在百姓心中无比重要，人们以此将君王视为自己的衣食父母并且绝对服从。自中国董仲舒（公元前179—前104年）提出的"天人合一"思想在天文学中逐渐被改进并被接受，[4] 天文学已经成为一门重要的东方传统科学。李约瑟（J. Needham，1900—1995）指出，中国天文学是"对宇宙统一性和宇宙伦理的认识，并由宋代哲学家发展成为一个伟大的有机体概念。"[5] 中国，尤其是儒学者，将天与自然视为一体，而皇帝被视为天与自然联结的媒介，被赋予了绝对的权威。

朝鲜同样作为儒学国家，也形成了这样的体系并关注天体的变化。[6] 朝鲜的天文学家们观测并记录了太阳、月亮还有行星的运行规律，并以这些资料为基础，预测异常天象，比如日食或月食、新星[1]、彗星等。天文观测本身并不重要，重要的是把天文观测结果进行分析解释，并把它与人类社会相结合并赋予其意义，[7] 天灾与人类政治性行为的相互关联性得到了重视。天灾是上天给统治人间的君主的警告，把国家命运与天文直接联系了起来。[8] 虽然从"三国时代"[2] 就开始了对天文轨迹的观测，但到了以朱子学思想建国的朝鲜王朝时代赋予了其更强更鲜明的意义阐释。[9] 因此从世宗时代便开始独立在汉城进行日月五星的观测及动向预测，并以此为基

---

[1] 黯淡的恒星光度突然超大幅度增亮再逐渐黯淡下来的现象。

[2] 指的是公元前57—前668年，中国辽东和朝鲜半岛的3个国家高句丽、百济、新罗。史称"三国时代"。但是"三国时代"一词存在争议，高句丽历史上应该归属中国。

础开始尝试独自发行历书。[10]除此之外，朝鲜王朝还整顿了天文相关的制度，日食、月食还有月亮及五行星①的位置不同寻常时都记载为天灾之变。比如月亮遮住五行星（五纬），又或者月亮接近五行星的现象就记载为"月五星凌犯""月掩犯五纬""五纬奄犯"[11]"五纬合聚"等。他们利用各种仪器进行观测，[12]发现这种现象便立即向君王奏报。[13]还有白天看到星星的"星昼见"以及出现彗星等不寻常的现象时也同样上奏。除此之外，还以二十八宿为中心，记录了无数繁星的移动情况。这些现象都被看作是与君主的安康、疾病、叛乱、外侵等与国家安危直接相关的事件的警告，尤其对象征君主的太阳被遮掩的日食现象格外敏感。朝鲜时代专门负责天文学的官员们每晚都观察夜空变化，天亮便向君王汇报，并每月汇总一次特殊事项。这些活动都成为对外宣传君王对上天的异常现象具有先知能力的重要基础。整个朝鲜时代都没有废除观象监，一直运营，这意味着他们一直坚持着上天赋予了君王权利这一统治的根本思想。

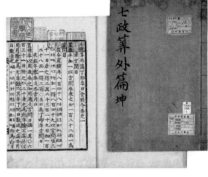

《七政算内篇》（左）和《七政算外篇》（右）。世宗时代，在汉城观测日月五行星并预测移动轨迹。以此为基础，为自主发行历书而编撰了这两本书。（资料来源：奎章阁韩国学研究院。）

传统的天文学在17—18世纪也经历了变化。朝鲜在丙子之役以后成

---

① 中国古代观测到的水星、金星、火星、木星、土星的统称，又称"五纬""五星"。当时分别叫作辰星、太白、荧惑、岁星、镇星。

为清朝的藩属国，历书便是清政府赠予藩属国的恩惠之一，它意味着"皇帝观天，昭时四海"。在丙子之役中战败的朝鲜只能接受清朝皇帝赐予的时间——历书，但根据汉城纬度位置制作并有着独立发行历书传统的朝鲜并不满意清朝制作的历书，更为重要的是历书不一致的问题。朝鲜观象厅发行的历书与中国清朝发行的历书大小月不一致，闰月也有差异，从太阳运行的计算开始可以看到差异。但是朝鲜不能无视清朝给予的历书——时宪历，反而感受到了危机。因为中国清朝给的历书更能清楚准确地反映天体的运行和时间的变化，这意味着清朝人对于天体更了解。朝鲜为了消除这种差距，努力学习清朝的历书计算法，也一度成为政府层面的主要探索课题。清朝的历法——时宪历实际是继承了明朝历法修订的成果。在明朝末期，徐光启主持编修新历法，结合西方天文知识编纂出《崇祯历书》。清朝建立后，参与编修《崇祯历书》的德国人汤若望删改历书后，呈进给顺治皇帝，顺治将其更名为《西洋新法历书》。并且根据其中数据编制历书，叫作时宪历。[14, 15]

朝鲜王朝意识到了传统历法对天体位置的计算有偏差，并为了消除偏差努力学习时宪历的计算方法，[16]但是朝鲜王朝优秀的历学家和算术家们要想完美理解时宪历，并准确计算五行星的位置并不容易，这需要很多的时间与努力。时宪历是把一天分为 96 个刻度的体系，而朝鲜历法的基础——大统历则是分为 100 个刻度。另外，大统历每个节气的间隔为固定的 15 天，但时宪历是不固定的 14—16 天。[17]并且根据时宪历，有时一个月会有 3 个节气。为了理解这些差异并且熟悉时宪历的计算方法，亟须去清朝进行学习。但当时的清朝禁止个人学习历法知识，也没有允许朝鲜的使臣与钦天监的西洋传教士们接触，因此朝鲜对时宪历计算法的研究进行地非常缓慢。从承认清朝为宗主国、接受清朝的历法，即正朔开始（1639）到朝鲜颁布时宪历（1652）中间经过了 10 多年的岁月，但这也并没有达到用时宪历的计算方法完美替代传统计算天体运行方法的水平，[18]

仅仅掌握大小月、闰月、节气的配布及其他周期的太阳与月亮变化及其他周期的大体的计算，要想完全掌握精密计算太阳月亮及五行星运行的计算方法则需要更长的时间。况且这期间清政府还数次改编了历法的计算方法，因此朝鲜能正式运营时宪历体系经过了 60 年的时间。直到 1708 年，朝鲜王朝才发行了依据时宪历计算方法、能预测七政[①]运行的七政历。[19]

《大清乾隆五十年岁次乙巳时宪书》。（资料来源：《胸怀世界知识》，首尔大学奎章阁韩国学研究院，2015。）

朝鲜王朝之所以努力致力于历法改革，其主要目的在于时宪历计算方法的接受与传播。对他们来说，时宪历所表现的宇宙观内涵并不重要，反而是以那些热衷清朝书籍的朝鲜实学者们为中心展开了关于宇宙观相关的探讨。[20]但是他们的兴趣不过出于对新知识的好奇，并未达到改变传统知识体系的程度，相关探讨也并未全面展开，仅限于谈论。即使是因发表了诸多关于天文观与宇宙观的声明而闻名的洪大容（홍대용，1731—1783），实际上他想要构筑的新的"气象哲学"，也不过是把基督教传教士宣扬的地转学或者地球学等宇宙构造进行重新阐释的程度而已。[21]当然，在他所提及的宇宙相关的问题中，也能找到一些突破性的创新观点。例如他主张的"地球的一周虽然不过 9 万里，但无论转得多快，一天也不过转一圈，星星跟它的距离不止几千万亿里，就算一天转一圈，旋转的速度要比闪电和炮弹还要快"[②]。基于此，他推断出孔子主张的上天以地球为中心旋转的"天运

---

① 七政，古天文术语，指日、月、金星、木星、水星、火星、土星。

② 原文为"惟九万里之一周。彼星辰之去地，况星辰之外，又有星辰。空界无尽，星亦无尽，语其一周，远已无量。一日之间，想其行疾，震电炮丸。此巧之所不能计，至弁之所不能说。"

说"不合理，这一言论在当时可以看作是学者当中最有突破的言论。而比起西方天文学，他更加关注将17—18世纪的外来文明与传统相融合。像这样为了引入时宪历，在政府的支持下使得关于西方天文学的讨论在实学者中流行开来，但要想引起整个朝鲜社会的变化还不是那么容易，[22]并且基督教传教士传入中国的宇宙观点影响较深，他们认为地球依然是宇宙的中心，太阳和月亮的移动要用数百个异心圆和周转圆进行计算的复杂的天象。

在朝鲜港口全面开放之后，主张从异常天象寻找启示的传统天文学占据了主流。1882年的流星突现被当成了上天的警告，以此为契机，关于人才录用、财政政策以及法律法规等揭露时代弊端的文书大量出现。

> 彗星在凌晨出现，太白星在晴时出现，这是上天在给我们警
> 戒，陛下务必要检视德行，这是转祸为祥的基础，请务必孜孜不
> 倦，躬行求之。[23]

尽管如此，近代天文学所传下来的关于天灾异常与传统的解释相比还是有变化的。开放港口以后传来的西方天文学与时宪历时代的天文学有很大不同，新传入的天文学作为科学革命的产物，主张太阳是宇宙的中心，地球与其他行星围绕其进行不等速的椭圆运动。这是完全不同的天文学，政府着重从中国收集了关于新天文学的书籍，并通过《汉城旬报》在整个朝鲜传播开来，与17—18世纪留学者自己购买书籍的时期不同，在19世纪末，留学者们通过政府支持广泛接触到了艾萨克·牛顿（Isaac Newton，1643—1727）时代以后的天文学。

近代天文学的扩散传播离不开先进开化的官僚，即便他们并不能完全理解万有引力。虽然提出太阳是宇宙的中心，但他们对进一步阐述这一观点的数学计算方法并不熟悉，要理解"两个不相连物体之间适用的力"的

万有引力的含义不是那么容易的，但是他们通过《汉城旬报》和《汉城周报》，努力传播自身所学的西方天文学知识。《汉城旬报》和《汉城周报》记载了很多关于天文学的报道。《汉城旬报》和《汉城周报》记载的关于天文学的报道共有 51 篇，(《汉城旬报》28 篇，《汉城周报》23 篇，这其中气象学的报道有 13 篇。不仅数量多，将其翻译为朝鲜文，引进相应汉字词汇这一点也非常值得关注。

　　《汉城旬报》中登载的报道是从中国发行的《地球图解》①《谈天》和《格致启蒙》第三卷"天文"等汉语科学书中转载来的。《谈天》中讲述了太阳系行星的大小与特征、描述与地球距离的行星论、介绍美国华盛顿特区的天文望远镜的性能、大小及操作方法的"测天远镜"（宇宙望远镜）等文章，还记载了《谈天》的作者弗雷德里克·威廉·赫歇尔（Frederick William Herschel，1738—1822）通过天文望远镜发现了第六行星②。另外，《谈天》中像太阳这样的恒星的等级和行星之间的差异、移动的"恒星动论"等的文章内容也被原封不动地转载到了 1884 年 5 月和 6 月的《汉城旬报》。[24] 虽然《汉城周报》中间缺载很多期，使得读者不能完美地掌握全部的情况，但我们也可以猜测到这其中记载了很多与天文学相关的报道。

　　通过《汉城旬报》，行星论等全新的天象观点开始在全国范围内得到传播。以地球为中心，五行星围绕地球运转的传统理论开始发生变化。宇宙天体分为恒星和行星，围绕太阳运转的行星都有自己的轨道，地球也是这众多行星中的一个。行星中"离太阳最近的是水星，其次是金星，然后是地球、火星、木星、土星、段星③"，此外还有小行星。外行星中，火星以后有威士打（Vesta）小星、厘士（Ceres）小星、拉士（Pallas）小星、

---

① 此书在中国名为《地球国说》，和后文提到的剩下两本均为西方传教士与中国人等将西方科学经典引进的中译本。

② 此处的"第六行星"为不包含地球在内的五大行星之后的天王星。

③ 此处"段星"很有可能指天王星。

珠那（Juno）小星等。这些星体只是宇宙中的一小部分，太阳系因众多星群而也显得较为复杂，《汉城旬报》中还介绍了太阳系各行星的大小及公转轨道半径的比例。地球在太阳系中虽然比火星和水星大，但与其他行星比起来十分渺小，离太阳的距离很近。[25]在关于行星围绕太阳公转的相关内容中，有例如"凌晨时，金星一类的行星比太阳出现的早，成为晨星，过几个月又会比太阳出现得晚，成为昏星，虽然有两个名字，实际是同一个星星"的介绍，[26]这种现象用传统天文学来解释是非常困难的。天文学在《汉城周报》上得到了范围更广、更详细的介绍。《汉城周报》中原封不动地转载了当时收集的汉译西方科学书中英国人罗斯古（Roscoe）撰写的《格致启蒙》第三卷"天文"，[27]还登载了由此翻译的天文报道。第22期的"天文学"和第23期的"流星是运转的"就是其中之一。[28]在这些报道中，天上的星星分为恒星、流星行星、彗星、卫星，其中介绍了星星的大小以及与太阳的距离、运动等，有一篇还介绍了流星的大小。相关报道还解释了地球的自转与公转，人们之所以不会感觉到地球在运动，与"人在船上不能感受到船在前进"是一样的道理。[29]近代天文学虽然只记载了一些基础内容，但这是韩文所记载的历史最早的天文学报道，具有重要的时代价值。

在《汉城旬报》中介绍并在全国得到传播的近代天体世界在荷马·B.赫尔伯特（Homer B. Hulbert，1863—1949）的《士民必知》中也有所呈现。赫尔伯特用韩语撰写《士民必知》，向人们展示了与传统宇宙不同的上天，他在《士民必知》第一章中围绕着地球介绍了太阳系，他所阐述的宇宙非常辽阔，有众多繁星，"天空明朗的地方有无数的星群，每个星群都有一颗大的星星率领着一群小星星"，是一个非常巨大的空间。[30]《士民必知》被育英公院①作为教科书使用，具有着重大的意义。它意味着新的天

---

① 育英公院，19世纪末朝鲜王朝的一所公办教育机构，是朝鲜历史上早期的新式学校之一。

文学知识成为教育体制内的一部分。到了1895年，学部在建构近代教育体系时也采用了《士民必知》，这说明全新的"近代天空，地球以太阳为中心公转，其他行星也进行公转"的事实在朝鲜作为正式的宇宙观被采用。在19世纪90年代作为教科书使用的包括宇宙的书还有吴宖默（오횡묵）在1887年撰写的《舆载撮要》。这本书作为地理书籍，虽然关于近代天文学的内容较少，但书中首次出现了地球圜日图、地球圜日成岁序图以及地球全图等，展现出了全新并且更容易理解的天文知识。[31] 除这本书以外，郑永泽（정영택）翻译的《天文学》（1908）以及美国传教士威廉·M.贝尔德（William M. Baird，也作"裴伟良"，1862—1931）翻译的《天文略解》（1908）等都作为中学的教科书被使用。自此，近代天文学传播的全新宇宙观的时代正式到来。

天文学中的"天"是完全不同的世界，太阳与星星、五行星的变化只不过是在各自位置上机械性的移动而已，并且近代天文学关心的不是日食和月食为何发生，当然预测这种现象何时会发生也是课题之一，但比起这些，用望远镜发现新的宇宙以及用牛顿的力学如何解释天体现象成为更重要的课题。[32] 近代西方天文学的引入将传统天文学中的天体分为了两部分，从近代天文学正式在朝鲜理性社会站稳脚跟开始，天文学的研究对象——"天空"与"气象"把天空进行了区分，被分出来的第二部分即另一个领域的气象学开始被解释为洋流与水的循环。[33]

西方近代天文学中天体运动的中心不再是地球，人类生存的地球成为以太阳为中心的一个行星，是浩瀚宇宙中非常渺小的存在。但是在朝鲜传统社会中，宇宙中地球的位置并非重点研究的问题，关于星体的运动的规律与体系才是焦点，"天"是君王接收指示的通道，而如果"天"只是规则性运动的话，就不可能进行旨意传达，因此自近代天文学开始传播以来，曾经作为君主任务的"观象授时"所需的天文活动从此变得不再重要。

近代时间制度的引入，传统时刻制度的衰落

观象意识的变化意味着时间制度的变革，由于历法本就是以天体的变化为基础，因此授时制度的变化不可避免。伴随着港口开放、天文领域的变革与新的国际关系的形成使得时间观念也相应发生改变。传统社会中"时间"所代表的神圣的君王权威开始发生改变，那时天象变化不仅与君王权力相联系，时间的延续还被当作权利扩张的媒介。因为代表上天运行的时间是用历书来体现的，而历书主宰并掌管着百姓的时间，统治着百姓的日常生活。

日历中不仅记载了掌握春分开始的时间等太阳的移动，还记载了月亮的位相变化。日历的制作与百姓生计密切相关，君王便通过日历守护百姓生计并确保其正常运营，这在这个儒学意识渗透下的、将君王当作衣食父母的国家中是非常重要的统治行为。[34] 尽管这种行为也许只是象征性的，但百姓能从其中感受到君王的保护而心理上得到安慰。君王能将百姓最敬畏的天象变化告知百姓，让百姓能够放心从事农业。不仅如此，君王还为百姓提供了应对异常天象的对策，例如日食出现就举行"救蚀礼"，干旱举行"祈雨祭"，洪水来临举行"祈晴祭"。中央政府及王室通过这种仪式，为在与大自然抗争中苦苦挣扎的百姓们带来了心理安慰。依据传统观象授时制作的历书中，太阳围绕天体运行一周，回到原点时是一年，月亮围绕地球转一周的时间是一个月，太阳升起到降落的时间是一天，包含四季的一年分为 12 个月，一天分为 12 个时刻，这 12 个时刻与一年分为 12 个月同样的道理，用"人定"和"罢漏"来计时的晚间时刻采用了与 24 节气略有不同的独特的不定时法，[35] 即是以 24 节气为基准，将不同的白昼时间长短在时刻中投影的方法。因此，夏至的晚上一更要比冬至晚上的一更短，因为不管是夜长夜短，都是将一晚进行 5 等分，叫作一更。因此测量晚上

时间的水表，根据夜长的冬季还有夜短的夏季，分别刻印不同的刻度，然后按照不同的季节替换使用标尺。

比起将季节、昼夜时间都进行均分的定时法，这种不定时法看起来并不便捷，但在日出而作、日落而息的传统时代，这种不定时法可以告知人们一天劳动的开始和结束，因此对古代人们的生活生计来说是合适的。那些在城内、不需要进行农业劳动的人们也采用了不定时法。

罢漏（敲 33 声）与人定（敲 28 声），这两个告知城门开关时间的鼓声昭示着一天的开始与结束。罢漏鼓声响起，城门关闭，城内会禁止通行。人定鼓声响起，城门内可以自由通行，一般通行的男性们多是奉命的王朝官员、商人，以及去药店抓药的人。不同季节的不同昼长时间构成了人们生活时间的基准。

乙未改革^①给这种时间制度带来了变化。24 小时制的阳历开始施行，这意味着传统社会中央政府制作历书时代的结束。政府制作发给百姓的历书中标记了闰年与否、是 30 天还是 29 天的大小月、由六十甲子循环的当日运势、支配当日运势的五行要素，28 个星座中支配当日运势的星座、12 条循环的运势要素、搬家、房屋修缮、旅行、结婚等相关的各种吉凶信息，以及包括 24 节气等多种信息。皇帝或是君王，将这些信息放到历书中下发给百姓，百姓依此进行生活耕作。接受君王下发的历书，代表着百姓们接受了君王对生活的统治。这种具有政治含义的历书之所以具有权威性是因为百姓们相信历书原封不动地反映出上天的变化。但在 1895 年，作为乙未改革的一环，决定从 1896 年开始采用西方使用的阳历取代阴历，这代表着中央政府放弃了历书所具有的传统意义。^[36]

反映了太阳移动的阳历将每月分为了 30 天的小月和 31 天的大月，2 月定为 28 天或者 29 天，根据闰月调整，如此将 1 年的时间分为 365 天，

---

① 乙未改革，朝鲜在 1895—1896 年进行的一次近代化改革，是"甲午改革"的后续。

并且将 7 天为一个单位作为一个星期，重要的是每 7 天也就是每一周都休息一天。从 1896 年开始，阳历开始作为正式日历开始使用。朝鲜王朝末期传入的阳历对一直用传统阴历的人们的生活也产生了影响，当然这种陌生的时间体制之前在朝鲜也运行过。

在乙未开放港口之前，基督教或者学习过西方文化的人对礼拜天早已有所了解，[37]但那只不过是通过被禁止的宗教所接纳的，公然开始一周体制运营的是通商口岸。因为在 1883 年 11 月 26 日与英国签订的"英约附属通商章程"以及 1886 年 6 月 4 日与法国签订的"法约附属通商章程"中规定了海关申报的期限，还包括了"周日"及休息日不计入内的条款。[38]此外还有将阳历进行明确标记的条约，1888 年 8 月，朝鲜与日本签署的"办理通联万国电报约定书"中明示朝鲜在"两国间传输的世界各国的电报及其内容中记载的日期要全部使用阳历"。[39]

但在朝鲜，如此般在国际关系中公开使用阳历时间也使得与传统相悖的周日的做法，造成了港口运营的问题。比如，周日如果进行了卸货作业的话，那周日是否应该分摊关税，如果周日不能卸货的话，那装船停船的费用应该按照几天计算等新的问题出现。在当时这些问题都需要单独的协议，对这种日期计算并不熟悉的朝鲜王朝在制作文件时需要细心琢磨。朝鲜王朝不仅在港口或者国际条约中使用西方时间，即便在日常公务中也开始使用。政府通过《汉城旬报》把"周日"的概念以及西方阳历的时间制度在全国推广。[40]《汉城周报》更加超前，1886 年复刊的《汉城周报》把阳历同阴历同时标记了出来。"西历"中朝鲜开国年号及中国年号同时占领了纸面，但报道中"阳历正月二十八日"这种西方时间制度的表述也并不少见。特别是在《汉城周报》封面中阳历同朝鲜开国年号及清朝年号一同登载，又具有不同的意义，这代表着国际关系顺序的变化，即象征着中国及西方国家在朝鲜有着同等地位。发行周期由传统的 10 日一旬或者 5 天为1 个单位改为了以 1 周 7 天为单位。在周刊中蒸汽船的运航时间、西洋医院或银行营业时间等都使用了阳历换算的时间表。阳历正是通过《汉城周报》的积极使用，被传播到了全国的各个地方。这种人们原本陌生的阳历时间制从 1895 年开始在全国正式使用。

新的时间制并不只是传入了一周体制，近代西方时间制度特征之一的"规则性"时间制度也被引入。而这种时间表并非使用传统的不定时法，昼与夜的区分标准并不是日出与日落，而是 24 小时的时间制。成立于 1886 年的育英公院 18 个设学条目中有 3 个便是跟时间规则相关联的，[41] 起床、就餐（早餐、午餐、晚餐）、就寝、上午及下午共 6 个小时的学习时间便是依照 24 小时时间制制定的，此外他们还制定了包括公休日的星期制。除此之外，同一时期传教士学校也制定了这种时间表，"上学时间是上午 8 点 15 分到 11 点 30 分，午饭时间 11 点 45 分，晚饭时间 6 点"等类似的时间表也出现过。这种时间表给习惯了反映季节自然变化的不定时法的日常生活带来了变化，还不能适应的人们需要努力学习这种"时间规则"，不能适应时间规则的人便被冠上无能、懒惰的头衔，并且经常受到传教士等外国人的指责。他们把这种时间规则看作是"开化"的象征，并要求他们去学习适应。

1895 年乙未改革将这种时间制作为国家标准制度，1896 年开始正式施行。自此，阳历、星期制以及西洋时间表制度在全国范围内广泛拓展开来。特别是 1895 年颁布的小学教令，汉城师范学校将这种时间规则作为校规，要求学生从小开始学习。承担近代教育的学校在推动西方时间体制全面施行上发挥了重要的作用，他们将近代时间制作为教育内容广泛推行。但并不只是学校使用了这种时间体制，1894 年 4 月 1 日颁布的"内阁记录簿·阁令"中，官员工作时间也使用了这种体制。例如"谷雨～小暑全天，小暑～白露全天，白露～谷雨全天"，以此时间段为基础的上下班时间规定与传统依照日出日落的工作作息好像没有太大变化，但"星期天全天休息，星期六休息半天"的日常休息日设定还是很值得关注的变化，[42] 这意味着包括星期天的 7 天星期制在国家机关开始施行。

　　阳历的最大特征便是时间的变化是直接、机械性的。在阳历的时间中，天体的移动、阴阳五行、腊日、岁时风俗①，以及以此为基础反映在日期及时间上的四柱、八字、六十四卦等精神层面的解释没有了立足之地，[43]当然也没有了占卜与择吉日。但开放港口以后的最初 20 年，西方的时间制并不是固定标准化的，换句话说并非统一的。因此传入朝鲜的时间制如同来朝鲜的外国人一样，是多种多样的，就像展示时间的国际博览会一样。[44]

　　时间体制虽然多种多样，但朝鲜的时间中心一直是太阳太阴历，即传统的时间体制并未完全覆灭。但从 1895 年开始，伴随着多种多样的时间体制混入，问题开始浮出水面。作为乙未改革的一环，政府将 1895 年的十一月十七日更改为 1896 年 1 月 1 日，正式将阳历作为中心时间体制，同时将太阳太阴历更换为阳历。政府表面的解释是随着与西方交流的增多，关税附加的矛盾愈加激烈，电信等跨国通信体制建立起来，为了减少国际交流冲突，迫切需要统一时间规则，因此而变更了时间体制。而实际采用阳历的原因是在甲午战争中胜利的日本认为阳历更合理，阴历是迷信而强加给朝鲜政府的结果。随着将 1895 年十一月十七日更改为 1896 年 1 月 1 日的阳历颁布，一年被机械性的分为 12 个月，包含 365 天或 366 天，每 7 天为一周，每月为 30 天或 31 天。一周中的每一天的命名直接沿用了日本的叫法，定为"日，月，火，水，木，金，土"②，采用休假制，还制定了 7 个国家庆祝日③[乾元节、万寿圣节、坤元节、千秋庆节、开国纪元庆节，还有继天纪元节（即位礼式日），以及墓祀敬告日]。但是这些国庆日是根据太阳太阴历制定的，所以每年的日期都需要重新计算。直到高宗被强制退

① 从阴历正月到腊月每年同一时期均举办的传统庆典和仪式的总称。

② 这种叫法分别等同于中文的星期日至星期六。这种以行星作为一周七天的纪日方法在中国又称"七政""七曜"，早见于古巴比伦、古希腊、古罗马，在希伯来天文历法中定形，并于 8 世纪通过波斯传入中国，通过中国唐代僧侣的《文殊师利菩萨及诸仙所说吉凶时日善恶宿曜经》等著作传入日本。现在的日本、韩国以及很多其他国家的语言依旧保持着这种纪日形式。

③ 这些节日主要为当时朝鲜王朝皇室的诞辰、登基日、寿辰、忌辰等。

位的 1908 年，这些国庆日被全部变更为阳历，这标志着国权的大部分都已崩溃。

"乙未改革"颁布的阳历在 1896 年 2 月因"俄馆播迁"而被撤回。随着亲日内阁瓦解，大韩帝国国制的颁布，国家性的活动或节日开始重新使用传统阴历，但太阳太阴历①并非完全恢复使用，而是颁布了阳历跟阴历同时标记的"明时历"②。明时历中的节气、生日及择吉日使用了太阳太阴历的体制。这种将阳历与太阳太阴历并用的做法一方面表现了不想放弃传统时间体制的国家意志，另一方面是因为已经与外国有了频繁的交流，电信、铁路等近代西欧文化产物的运营使得时间表体制无法被放弃。社会的变化使他们不能只执着于传统历书，再加上大韩帝国公布了使用"大韩标准时"，[45] 由此根据不同季节而将夜晚时间进行不同区分的"不定时法"解体，敲钟报时也被正午报时的午炮③所替代。

当然这种时间体制的变化也并非毫无争议。当时的学部大臣申箕善就强烈反对使用阳历。他认为削发穿西装等乙未改革带来的变化是"变成禽兽，走向野蛮之路"，尤其是弃用清朝皇帝给的正朔历书而使用阳历，并非为人之道。《独立新闻》对申箕善进行了反驳，关于申箕善反对废除正朔历的主张，《独立新闻》讥讽道"那么想侍奉清朝皇帝的话，去清朝做臣子正好"。[46] 即使有这种争论，明时历依旧得以施行。这种时间体制成了政府推进的各级学校成立及运营的基准，开学、放假、休息日全部依据明时历进行。再就是以传教士为中心的团体，《独立新闻》《皇城新闻》等舆论机关也以阳历为主进行使用并正式化，甚至传教士团体和《独立新闻》还制作了韩语的阳历并售卖。[47] 明时历开始作为正式的历书站稳

---

① 太阳太阴历，朝鲜时代使用的，根据太阳与月亮的移动制定的一种历法。

② 大韩帝国光武元年（1897），朝鲜高宗钦定国内历书名为《明时历》，意为"治历明时"，具体计算方法则是采用中国《时宪历》的计算方法。

③ 午炮，正午的号炮，旧时每天正午鸣炮一响，作为定时的标准。

脚跟。

1908 年依据《丁未七条约》^①，高宗退位，明时历施行被中断。随着以太阳太阴历为中心的明时历施行中断，替代它的是 1909 年以阳历为主编制的"大韩隆熙三年历"。1910 年"大韩隆熙四年历"施行，这是当时掌握朝鲜王朝的统监府所主导的。直到 1910 年庚戌国耻，朝鲜王朝时间制定权、外交权及国民武装等国权丧失时，朝鲜总督府中断了历书施行。但为了显示对朝鲜的控制及统治，总督府发行了"朝鲜民历"，以此展现他们"替代"日本成为历书发行的主体，即通过观象授时而控制百姓的生计跟生活以确保职权的权威。朝鲜半岛民历直到 1945 年解放之前每年都发行。实际明时历并没有对民生带来很大变化，只是利用规范生活的近代文化产物及器具迫使人们熟悉近代规则的程度。这种逼迫或者学习，在新教育制度、电车及火车、电信及西洋医院等非官方场合得到了利用。

但对于朝鲜的百姓们来说，太阳太阴历依然是维持生计的指标，依据阳历制作的"定时法"成为农业中心社会中与生计毫无关联的时间体制。人们传统信仰上并不能接受时间只是太阳物理移动的指标，这也使得太阳太阴历不容易被放弃。特别是占卜及择吉日完全依据太阳太阴历计算，他们相信"天干地支"的时间具有固有的特性及力量。最主要的是，他们信仰时间与天文现象所连接，天文是大地与人类相互联结的印证，这使得只是数字罗列且将上天从人类社会中分离的阳历不能被人们轻易接受。

尽管如此，在当时强迫进化与近代启蒙的氛围下，传统的时间历书作为迷信与非科学、无知愚昧与陋习、顽固不化的典型逐渐陨落。使用起来并不方便的择吉日、占卜、纳日、禁忌等近代科学不能举证的东西全部被认为是迷信、非科学而受到攻击，一些接受西方教育、熟知社会进化论的知识分子以及日本统监府（后改为总督府）也以此为理由主张废弃太阳太

---

① 继 1904 年《乙巳条约》之后，韩国与日本签订的又一重大的不平等条约，使得韩国内政近乎完全落入日本管辖直辖之下。

阴历，他们认为"阴历"已经没落，阴历时间体制代表了社会后退，是社会发展需要克服的过去的遗产。总督府则讽刺不能接受西方近代象征的阳历、而依旧需要"阴历"的朝鲜百姓们文化水平低下，放言朝鲜社会是迷信猖獗的落后社会，所以成功实现近代化的日本对朝鲜进行文明同化，以要提高国民文化水平、达到与日本同等程度的名义，制作并颁布了将阴历用小字标记的日历。

近代气象学的引入

传统天文测候

传统社会中天文还要兼顾测候，[48] 测候在传统社会中非常重要。传统社会的基础产业是农业，农业受风、雨、云等自然条件要素的影响非常大，尤其在水稻种植中，降雨非常重要。水稻抽芽扎根的晚春时节，雨下的越多越好，但秋天如果长时间下雨则会导致颗粒无收，因此要收获丰年，秋天的日照量就需要丰富。此外，要想在增大产量的同时减少种植水稻必要的劳动力，就必须得插秧，但插秧在朝鲜的气候条件下并不容易。[49] 除了三南地区①的平原地带，大部分地区都不具备插秧所需的灌溉水路，尽管政府限制移秧法的使用，但需要插秧的地区还是增多了，所以如果不下雨的话，一年下来水稻颗粒无收的地方也越来越多。[50] 干旱持续的久了，百姓就会埋怨上天，但这种埋怨好像是在表达对君主的不满。依据传统自然观的解释，不下雨是因为"阳盛灭阴""上天用干旱来警示君主的德行"，[51] 因此君主要自我警戒错误，积累道德修养，减少膳食种类，避免政治战争，赦免囚犯，以祈求上天息怒。[52]

洪水受关注的程度不亚于干旱。洪水是"阴盛于阳"，虽然洪水不至

---

① 三南地区，指忠清南北道、全罗南北道、庆尚南北道地区。

于毁掉生计，但可以一举摧毁生活的基业。特别是在首都地区，房子进水或者因灾不能住，又或者伤财害命的事情时常发生，必须要警戒才行。因此在汉城特意设立了水标，用来测定清溪川的水位。[53]风向也是重点观察对象，风的方向和强度是降雨的基准。虽然风跟雨比起来重要度有所下降，但夏天的东风会引起干旱，海边没有风的话就不能起航，所以风对百姓生计和税役搬运的影响不可忽视。不仅如此，风大伤粮时，君王就会反省自己："是否刑罚有失偏颇？奸邪是否占位？赏罚不公正？是否有凶恶狡猾之人伤害百姓？"将发生的灾异作为自己的错误而进行深刻的反省。[54]因此这种雨、风、洪水、干旱等与天气相关的气候测量活动，不止在中央的观象监，在地方观象处也必须要经常进行。地方的观测记录要向中央政府上报，不管雨水多与少，君主都把这些作为上天给予的警示，进行祈晴祭或是祈雨祭。

天气异变并不只与百姓的生计有关，还会被解释为政治不作为时百姓的怨恨惊动了上天而给予的警示。强调仁君重要性的新儒学被作为统治思想在朝鲜时代得到了强化。除了尤其关注天文学并留下许多业绩的世宗，成宗也对天变祸灾非常关注。他对天气与政治的关联性有很深的思考，并曾数次在科举试题中提出很多与天变祸灾相关的题目。例如"近年来风雨违背节气，干旱与蝗虫肆虐，这是不是对我失德与政治错误的反映？"，[55]以及《尚书·洪范》所主张的'君王的错误会由太阳应验，百官的错误会由月亮应验，百姓的情况看星星就能了解'，以及'下雨、烈日、炎热、寒冷、刮风等自然天象都是对朝政严肃、有序、智慧、谋划、仁慈的回应'的说法，是对君臣各司其职的回应吗？"[56]

作为朝鲜初期被具现的灾异现象，强调天象重要性的态度在除了燕山君以外的整个朝鲜时代都得到了继承。政治会引起自然的变化的主张与儒学"仁君"的观念不谋而合，因此落雷或是沙尘雨又或是发生干旱或洪水时，君王就要下达豁免令，用撤换官员、中断国家的土木工程、进行上天祭祀等方式去对应灾祸，以此展示君王没有无视百姓埋怨的态度。因此上天的变化需要持续观察，不同寻常的天气现象，特别是太阳和月亮的变化要向君王禀报。[57] 为此，上中下级别的天文官员，3 名轮换，将 1 天分为 5 个时间段，每 3 天为一班进行轮换值班。[58] 他们观察上天的各种现象，发生时间等，每种现象皆依照不同现象报告书的书写方式进行记录汇报。[59] 他们还负责对全国的现况整理收集，每年正月和 7 月上旬在春秋馆进行两次汇报，不仅是测候记录，还有降雨量的月别、年度别合计以及时间别降雨量，年度降雨天数等降雨现况也需要汇总报告。

　　负责天文测候的官员都接受了非常专业的教育与训练，通过考试被选拔为政府官员，并且与天气相关的天文现象跟以君王为首的权利集团有着密不可分的关系，对此不能没有任何基准的随意解释。他们有将各种天文现象进行分类的标准依据，并凝练为制度，此外还有专业的测量工具，测雨器就是代表之一。测雨器是在世宗时代，由世子和蒋英实（장영실）设计制作的，可以准确测量降雨量的工具。[60] 在测雨器发明之前也有测量降雨量的方法，各道监事们在下雨的时候，把木棍插到地里来进行测量，并将降雨量向中央政府汇报。[61] 显然这种测量方法有严重的问题，不仅测量随意且不准确，还非常不严谨，因为在下过雨的土地上插木棍，根据不同的土地情况，结果会相差甚远。结实的土地，即使下很多雨木棍也不容易插进去，而沙土地即使下一点雨也很容易就插进去了，且在下雨前后，不同的时间测量结果也会非常不同。就是因为没有能够准确测量降雨量的规则制度，监事们的报告缺乏准确性。测雨器的发明使这种情况得到了根本的改善。通过测雨器，不仅是汉城地区，全国的降雨量都可以准确了解。降雨测量的记录方式也随之确立，[62] 记录降雨开始的时间和结束的时间，测雨器的水芯分别记录为尺、寸、分不同的单位，另外降雨强度也从微雨到暴雨分为了 8 个级别。报告方式也有规定，降雨报告书叫作"降雨单子"，每次作成 4 份，从 1800 年开始，每个月要有月结。测雨单子每天要从早晨到日落，再从日落到五更报告

两次。[63]地方要测量降雨情况再向中央汇报。

对"一风一雨"都关心的君王，让风也成了被关注的对象。朝鲜在每年（农历）十一月到次年三月吹干冷的西北风，四月到九月吹湿暖的东南风。风会影响降雨量，引起气温变化，对主产业的农业造成很大的影响，从海上来的风很暖，容易成云降雨，但从山上来的风就很干冷。海上来的风让土地变得肥沃，但山上来的风让土地变得干旱。

为了掌握风的影响，韩国的祖先们对风的移动非常敏感，并为此付出了努力。在观象监用风旗将风的方向按照八卦方位分为坎风（北风），乾风（西北风），兑风（西风）等，每天6个轮回记录风势。风的强弱也分为了8个级别，比如强风有大风、暴风等两个级别。对于风，他们也一直保持警惕，观测从未懈怠过。

近代气象学的引入及灾祸说的瓦解

在开放港口前后所收集的汉译西洋科学技术书籍，以及外国人带来的气象学相关信息中，并不存在被传统社会视为天灾异变的关于太阳、月亮、星星的异常"现象"。这些信息中对雨、风、彩虹、日晕、月晕等现象的解释也不同，甚至还解释了雨、风等自然现象的形成与星星所在的空间并不存在任何关联。传统社会中将雨、风、雷等看作是上天的警告、百姓的埋怨、没有正常履行的政治、君臣的不德等做出的警告。这种思考方式，随着西洋科学的引入开始面临瓦解。西洋的近代天文学将上天分为了宇宙和大气圈。负责风雨相关的天气的说明跟预测的领域在西方叫气象，传统用语叫测候。

从西洋传入的关于天气的解释，跟地球的自转和水的循环有关。当然在传统时代也不是没有关于风雨云产生过程的描述。比如关于风的描述：风是大地在打哈欠或是打嗝，太平的时候每5天一次，刮风的时候树枝不会发出声音，1年刮72次。[64]还将云描述为山川的"气"，"地气"上走即为云，"天气"下走即为雨；雪则是雨在下行过程中变冷凝聚而成，被认为是五谷的精髓；露水是阴性液体，是霜的开始。此外还有霜、雪糁、冰雹、彩虹等气象现象，都是以阴阳五行及天地人合一的理念为基础进行说明的。

1880 年以后，气象现象开始有了不同的解释，但依然同传统时代一样认同雨水多少及冷热差异等气候对百姓生活的影响。[65]特别是关于云、雨等强降雨等的解释是类似的，例如，赫尔伯特的《士民必知》中写道"云，是水跟大地中出来的水气，因为比人的呼吸要轻，肉眼看不见，它们在高处聚集变成了云，雨是云到处游走，遇到冷的地方就变成了水，因为山中更冷，所以云在经过大山之后就会变成水，而水更重就会落下来变成雨"。[66]关于风的解释就截然不同了，风是"即使是土地，热的话会从地中有气上升，气上升之后在别处与其他气相遇，汇聚而成风"，书里将风解释为气压差。"雾是大地中冒出的湿气没来得及上升凝聚而成""露水是大地中冒出的湿气凝结，不能上升聚集而成""冰雹是云变成雨之后冻结而成，夏天也会偶尔下冰雹是因为与海边的凉风相遇"，但这并不代表赫尔伯特等西洋人都是以当代西方专业的科学理论为基础对气候现象进行了解释。比如代表性的"雪是湿气在变成云之前冻结而成的""霜是露水冻结而成的"，这说明他对气候现象还不能进行完美的理解和解释。[67]还有一些他无法解释的现象，"不知道用什么形容，描述有些困难"的闪电就是其中之一，只是说它"移动速度非常快，1 分钟之内可以绕地球 8 圈"，性子很急的东西。另外他也不能区分属于静电气之一的闪电跟动力源之一的电气的区别。"研究外国东西的书生们把它进行各种延伸，就好像火轮盘和电线"一样，只能进行这样的解释。[68]关于地震的说明也是一样"大地中有水有火，当水与火靠近时就会产生气，这股气有很大的力量，会找个地方钻出来，当这股气钻出来时地就会晃动"，还补充解释道每次以"火山"的形式爆发出来。[69]

关于自然现象，赫尔伯特的说明方式与《汉城周报》不同。《汉城周报》中也讲到了雨、露水、雾等现象的形成过程，尤其对于风的解释十分到位。《汉城周报》对这种气候变化，采用了与地球移动相关联进行说明的方式，这种从地球角度说明的方式与赫尔伯特的说明方式不同。《汉城周报》中对气象现象的说明原封不动地转载于气象学书籍《测候丛谈》，并连载了很长一段时间。这本书由曾经在中国活动的传教士金楷理（Carl Kreyer）口译，中国有名的数学家华蘅芳记录，1877 年出版。[70]1882 年，军械学造团成员尚沄将这本书带回朝鲜，其中的第 2 卷被《汉城周报》转载。[71]《汉城周报》中有"论风"这个版块，对风产生的原因和风向进行了说明。风的种类分为海风和陆风，还解释了热带地区产生的暴风，起名为"飓风"；将大气的运动与海水运动相比较来进行说明的"论空气之浪"还对风的产生及移动、风的运动及循环原理等进行了整理。不仅说明了对气象现象造成影响的海流的流动，还对包括云及露水产生原理的水循环也做了解释。[72]从《汉城周报》的报道来看，气象异变不再是灾异论中说的上天对君主统治的警告，而只是单纯的"自然现象"。[73]周报还对传统的灾异解释进行了毫不留情的批判，批判的核心在于传统的对于所有自然现象的解释全都把人类放在中心进行，就像"人类为了庆典仪式挂上了五彩绳，而蚂蚁群却认为那是专门为了它们而准备的，欢呼雀跃，甚是自豪"。另外，报纸上还说传统观念中认为地震是对人类的警告，但其实它是"地中火引起的可预测的现象"。因此断言这种灾异论的解释是不正确的。[74]

西方气象学开始将上天分为了明确的两部分。《汉城周报》将天空分为了两层，有一个"空气中的一层将地球包裹，越上升空气越稀薄，大概有 200 里或是 150 里的厚度"的至上地带，并且在天空某个遥远的地方那里没有地球吸引力，这个地方"从至上地带到天空的空气会越来越稀薄，到达这里，空气几乎就没有了"，在这个空间中"所有的星星都有自己运行的轨道"，从古至今没有什么改变的是星星所存在的地方是空旷的，也没有任何空气给予的压力。空气能够到达的极限是"有形质的物体相互之间都有一股拉扯的力量，在空气非常稀薄的地方，由于地球的吸引力"而自然形成的大气层。就像这样，西洋气象学将宇宙与地上的分界以及天象运动用空气与重力的关系进行了解释。在地上"（大气）又重又厚的话，云必定会上升，就不会下雨，大气又薄又轻，云就会在低处聚集而成雨"，这便是暴雨的形成。这种说明使得"上天是人间事的旨意"这种传统的对气象现象的解释变得无法成立。

俞吉濬（유길준，1856—1914）也对气象现象进行了说明。直到俞吉濬时代，才不再照抄外国人不准确的说明或者外国书籍，而是给出了可以理解的气象现象的解释。他说"包裹着地球的是空气"，空气层有"165 里或者 1650 里，准确距离无法计算"，还对气压形成的原理进行了说明。根据他的解释，气压是"空气有重量，与地面相近是因为比在空中的东西更稠密沉重，下垂是因为受到了上边东西压迫的力"，他还解释道"空气变热就会变稀薄，稀薄就会变轻，变轻就会上升，上升过程中与高处的寒气相遇就会下雨，冰雹和雪是雨结冰而成"，对强雨相关的气象现象进行了定义。俞吉濬用比赫尔伯特更简单又容易理解的方式解释了风形成的原因，他认为"空气变稀薄而上升，周边并不很热的空气进入它的空间，这个进入的过程就是风产生的原因"。[75] 他对地震的解释也与赫尔伯特不同，他主张地球的中心是受热融化为液体的小石子，这股热气冲出地球坚固的表面就会引起火山或地震。他对在朝鲜并不常见的火山或者非常恐怖的地震现象进行了细致说明，火山是烟雾及火花、火渣还有熔岩通过山顶的洞口一起喷射而形成的，在大海中也会有火山喷发，那时的熔岩就会形成岛屿，火渣被海浪冲刷也可能会消失，地震则是"在地球内部融化的物质晃动产生的力量使得外部坚硬的部分产生剧烈晃动"的现象。不管在地球的哪个地方，不存在没有地震的地方，"从海底到山顶，沿着海边火山的线路，有很多是地震引起的火山爆发"，比起赫尔伯特把火山与地震混为一谈，俞吉濬将火山与地震的相关性更清晰明了地进行了介绍。

当然，只依靠俞吉濬的科普，在朝鲜存在已久与天气相关的相当多的灾异说并没有完全消失。在 1899 年，不下雨时中央政府还会搭建祈雨台，当时高层官员的这种奢侈行为还受到了在干旱痛苦中挣扎的百姓们的批判。[76] 在民间，人们还责怪是电线的错。但不可否认的是，"天气变化是大自然物理现象所引起的"这种解释正逐渐被人们所接受。

气象观测台的设立及气象信息的收集

《汉城旬报》和《汉城周报》中与气象相关的报道意味着近代气象观测的源始。在 1884 年最早开始设立了简单的具有观测设备的观测台。为协助朝鲜王朝总税务及通商交涉业务而从清朝派遣来的德国人穆麟德于 1884 年在仁川海关及元山海关地区设置了气象观测仪器并进行观测，[77] 因为海路运输必须要了解沿岸的天气信息。通商口岸是使朝鲜走向国际，或者国外进入国内市场的地方，由于国内外不同的环境，天气在通商口岸变成了非常重要的条件，像仁川、釜山、元山等通商口岸，船舶入港必须要确认暴雨及强降雨、大雾等气候条件。在通商口岸观测天气使用的仪器不是传统的测雨器或测风仪。为了用全新的方式测量气候，需要用到温度计、湿度计、气压计等新基准仪器。国际关系所需要的天气测量就要用国际通用的仪器，即以近代气象学理论为基础的观测仪器。关于温度计（寒暑针）和气压计（风雨针）在崔汉绮（최한기，1803—1877）的书中及《汉城旬报》上早有介绍。现在叫作气压计的风雨针是"看里边的水银上下浮动就能知道风晴雷雨，也就是能知道是刮风还是晴天，是打雷还是下雨"的仪器。[78] 在夏天，水银稍有下降必会有风雨，如果水银柱下降很多那就可以预测有大风大雨。水银柱下降特别多就会有台风，如果下降的速度很快就不仅会有暴雨，有时还伴有闪电。风雨可以预测，那"农夫如果会用风雨针就不会种坏庄稼或让嫩苗腐烂，航海的船夫会用风雨针就不会发生桅杆折断或沉船事故"。再加上寒暑针，也就是温度计跟风雨针配合使用，在气象预测上发挥着重要的作用。"遇热融化上升，遇冷凝固下降"利用水银的

这一特性而制作的寒暑针还可以帮助了解风雨针水银的膨胀程度。要加上或减去冷热导致的温度数值才能测量出准确的气压值，因此风雨针必须要与寒暑针配合使用。1887 年在釜山海关，新的气象观测仪器被用于测量气温、天气、降雨量等，并进行了记录。[79]

朝鲜通商口岸的天气情况是与朝鲜贸易往来的国家所最关心的。要想掌握这些信息，大韩帝国通信网的正常运营非常必要。特别是在大韩帝国电信网正常运行的 1897 年，法国邀请韩国向位于上海的法属徐家汇天文台发送天气信息，他们在仁川、元山、釜山等各港口建立观测所，每天上午 9 点和下午 3 点，每天两次用电报通告"风雨表"，即气压的高低、风力大小及方向、天气的变化等信息需要，作为交换条件，他们也会从徐家汇天文台向各个港口通报夏天台风及秋天大风等相关信息。这种天气信息的交换对于船舶航海非常重要，还能给世界各国的船舶带来更大的收益。随着港口开放，关于天气信息的收集在国际上变得重要起来，日本也不例外。日本从很早就要求仁川、木浦、元山等地与日本东京进行天气信息交换，这项活动虽然有具体的推进，但并未促成。日本一边要求朝鲜王朝共享天气信息，同时还分别从 1887 年以及 1888 年开始单独在釜山测量降雨量以及气温。[80] 从 1891 年开始，以釜山为首的镇南浦、马山等地的领事馆还记录了气温和气压。

但这种观测只局限于允许日本船舶出入的南海及西海通商口岸。日本正式开始观测和收集朝鲜的天气信息是在日俄战争期间开始的。这时日本自主设置测候设施，在釜山、八口浦（木浦前海岛屿的浦口）、仁川、龙岩浦、元山、城津（1905 年新设）六地设置了中央气象台附属的临时观测所，正式开始执行观测作业。[81] 在日俄战争中，海战的成败有着左右整个战争成败的重要地位，而海军能通过气象信息加强自身的战斗力。这时气压、温度、湿度等观测信息非常重要，特别是在与俄国的战争中，确保朝鲜半岛沿岸的气象观测资料非常必要。[82] 日本已经通过气象观测资料进行了气象预测，还具备了能发表气象预报水平的气象专家，因此比起俄国，日本更需要朝鲜半岛沿岸的观测资料。这样日本通过对朝鲜半岛沿岸天气的观测迈出了战争胜利的第一步，而俄国没有任何沿岸气象相关的资料，在这种情况下，日本海战的胜利是可预见的。

侵占朝鲜半岛前后日本对半岛气象观测的掌控

日俄战争使大韩帝国政府的气候观测部门被改编。整个朝鲜王朝 500 年间负责天文、测候工作的观象监，虽然从甲午战争以来经历了诸多变化，但日俄战争以后所经历的可谓是巨变。1894 年被改为观象局，1895 年重新改编为观象所，在这期间官员人数也有所增加。[83] 1894 年改为观象局后，设有参议 1 人，主事 6 人；到了 1895 年改为观象所后更换为所长 1 人，技师 1 人，主任记手 2 人，书记 2 人；1897 年技师增员为 2 人，1905 年改为所长 1 人，技师 4 人，记手 2 人，书记 2 人。这种官职和职级的改编是政府机构近代化改编的一环。但在日俄战争以后，特别是统监府设立前后，观象所经历了更大的变化。日本在日俄战争以后正式开始了殖民所需的观测活动，观象所的地位急剧下降。另外，战争结束后，日本为应对日俄战争而建立的测候所虽然以"作为生产业、土木、卫生、交通产业的基础而使用"的名义移交给了大韩帝国政府，但不过是把观测事业和管理委托给观测所而已。[84] 统监府进行的这种组织的再编及部署移交并没有什么意义，[85] 只不过是测候所官员的工资改为由大韩帝国支付而已。

朝鲜被日本强占以后，观测所全部整顿并隶属于通信机构之下。在机构重组期间，又在京城、平壤、大邱、江陵、雄基、中江镇等地设置了测候所。即使这样，想要掌握实质性的观测资料并不容易。为了完善信息，还出台了在灯塔及陆军所属医院设立简易观测所以方便收集天气信息的政策，[86] 但这不过是为了"殖民"而收集自然现况信息的一个步骤而已。在这里观测到的信息与台湾及关东州、香港、马尼拉等地的观测所进行信息交换，并制作成天气图,[87]为后期天气预报、暴风警报等体系的构成打下了基础。[88]

日本设置的测候监测活动非常规律。一般是分别在上午至下午的 2点、6 点、10 点，共 6 次定点观测天气所使用的气象信息所需事项。[89]这时期使用的测量设备有雨量计、自记风雨计、蒸发计、地表寒暖计还有地中寒暖计及百叶箱等最基础的气象观测设备。[90]在被吞并以后，朝鲜总督府观测所接手了大韩帝国检测所进行的业务及观测资料，测候所也持续在增加，特别是由于中日战争及太平洋战争，新设了很多测候所。1939 年，朝鲜总督府观测所升级为朝鲜总督府气象台，设立了测候所 24 处，航空气象办事处 19 处，雨量观测所 590 处，[91]增设这些测候所的目的是为了能够迅速掌握朝鲜半岛的气象状态，提高天气预报的准确性，普及适合朝鲜天气的农业品种及种植方法，提高朝鲜的农业生产，提高向日本的农作物输送量，还有为了战争时能迅速掌握必要的气象资料而进行的措施。

日本假借"近代化"的名义不仅占有了观象监，还彻底利用了朝鲜测候的传统及历史。朝鲜的测候记录经日本的气象学家之手变成了学术性资料，派遣到朝鲜的一部分气象学家研究了传统社会构建的气象观测及观测资料。前田吉喜及店井仙二，以朝鲜的测候观测资料为基础，在《气象讲话会报》中，通过"朝鲜的气候"这一共同研究，做成了"寒水气风"表，他们还整理了《高丽史》中记载的从高丽太祖十七年（934）到元宗十五年（1274）期间的饥荒、水灾、丰年、旱灾等资料。[92]特别是和田雄治，发现了"风云计""天变测候单子"及"天变謄录"等重要测候资料。他不仅发表了以朝鲜测候制度为研究主题的博士学位论文，还在国际学会上发表并获得了"世界级气象学家"的称号。[93]毋庸置疑，这些日本学家的研究让朝鲜气象观测的优秀之处在全世界得到了展示，然而日本气象学家们却一再强调这些气象记录"差点变成一堆废纸"，并以日本殖民地期间推动了朝鲜气象学近代性进化的理由一再邀功。[94]

随着港口开放，大量的汉译西方科学技术书籍得以引入，传统的对于天变灾异的解释开始解体，传统的解释被毫不留情地贬为荒唐、不可信的东西。在传统时代，并没有对空气的重量及引力进行"测量"的概念，也没有能精密测量气压的工具，并且风量及雨量的测定基准与国际社会不一致。就像这样，没有对传统社会的理解，朝鲜半岛的气象情况依靠近代科学技术工具进行了定量化，并依据他们的便利及目的进行测量。从此天气不再是朝鲜百姓们发泄不满的载体，而是日本进行殖民抢夺的工具。并且日本的天气预报并非为了朝鲜百姓的生计，比起预报，日本的测候作业更注重对实时气候状况的传播。传统朝鲜的百姓们在干旱或者洪水泛滥时勤慎自身，君王为抚慰上天举行祈雨祭、祈晴祭的活动，以及叱责奢侈官员等的现象将不会再看到，就连君王慰藉百姓生活的象征性活动也自此消失。

天圆地方说的解体及地球论中新大陆的登场

朝鲜传统地理的解体

传统地理可以分为天文地理、自然地理、邦制地理。开放港口以后，西方学术思想大量涌进，尤其是邦制地理影响甚广。东方传统的"天圆地方"的天文地理观点逐渐转换为对"无限宇宙与地球"的认识，传统的中华观解体。中国不再是地球的中心，不仅如此，世界地理的范围也急剧扩大，需要以全新的视角去理解由六大洲五大洋构成的地球。

地球上许多其他国家的信息基本都是基于对大地和天空新的认识和理解，在朝鲜也曾有过辽阔大地的意识。朝鲜王朝建立以后，曾存在过强调半岛地理独特性、以宽广视野所绘制的地图，最具代表性的例子是《混一疆理历代国都之图》[①]。朝鲜王朝初期制作的这幅地图虽然将中国放在了方正大地的中心位置，但把朝鲜面积故意画的很大，与其他的"天下图"不一

① 可追溯至 1402 年。

样。《混一疆理历代国都之图》不仅有中亚，还包括了非洲及欧洲。地图中
还记载有推测世界大小的文字："天下十分之大，从里边的中国到外围的四
海不知道要有几千万里"。[95]但这种地理认识仅在朝鲜半岛集权统治时期
存在，在与中国建交之后就没有再持续。在《混一疆理历代国都之图》之
后，虽然也出现过别的地图，但是这些地图中的世界变得很小，再也看不
到非洲及欧洲，相反中国的地理面积却变得越来越大，占据了世界的中心，
周边分散有一些零星小国，世界被区分为文明与野蛮两个部分。在东边占据
一小块地方的是朝鲜半岛，但朝鲜半岛的地图开始画的十分详细精密。

　　到朝鲜王朝后期，人们对传统世界的认识开始出现变化。在与清朝的
交流过程中，一些对清朝文化感兴趣的学者开始学习西方知识及清朝文化
传统。在此过程中人们对于天地的思考开始发生变化。比如李瀷就发表过
"地球是圆的，那这样中国就不一定是世界的中心"的说法。金锡文（김
석문，1658—1735）通过西方传教士在清朝出版的书籍《五纬历指》明
确了"地球是圆的"这一事实。[96]在这种氛围之下，朝鲜的儒学家们接受
了地球说。最具代表性的是洪大容，他指出地球周长9万里，每天旋转一
周，甚至进一步表示在圆形地球上区分中心与边疆，同时他还对传统中华
地理观提出质疑，认为文化与野蛮之地的区分毫无意义。他的前辈李瀷也
意识到这一问题的存在。[97]著名学者们经常提到的地球球体说，在1770年
依英祖之命编成的《东国文献备考》中也有所记载。[98]当然地球球体说也
并不是被朝鲜的学者们全盘接受，19世纪中期见多识广的李圭景（이규경，
1788—？）也认为"大地是球体"是最让人惊讶的事情，因此可想而知地
球球体说在当时有多么不容易被接受。大部分的儒学者事实上并没有摒弃
"天圆地方"及它所包含的中华地理观，他们不仅担心废弃这一观念所引发
的外交秩序问题，还担心与此相关的儒学社会秩序会发生解体。

　　在开放港口以后，这种谨慎又怀疑的态度消失了。新的开化派全面接
受了地球球体这一观念，他们利用了《汉城旬报》传播新思想。从创刊号

开始，《汉城旬报》就刊载了关于圆形天地和广阔世界的报道。[99]其以"圆形地球图画之谜"为题，将地球全图分为东半球和西半球来展开说明，在报道中除了展示庞大地球的两面，还说明了"地球是像橘子一样的球体，东西南北四周均为360度，以此为依据，1度约为242里2分，整个周长为87192里"。在创刊号中还有"关于圆形天地的文字"为题的报道，报道中说"所谓天圆地方，讲的是天地之道，而非天地的模样"。[100]复刊后的《汉城周报》在宣传"天地是圆的"这一思想上也不遗余力，《汉城周报》以"地理初步"为题，以月食时月亮映出的地球的模样以及船在地平线上出现的模样为依据，证明了地球是圆形的这一事实。[101]这篇报道用韩文书写，很多不懂汉语的百姓也可以读懂。从此，关于"地球"，不管大家是怀疑、接受还是否定，新的开化派已经开始走上与之前"天圆地方""中国是世界的中心"等传统思想完全不同的新道路。

地球不只是形状变成了圆形，在《汉城旬报》创刊号"地球图解"中地球的周长为87192里，直径为276202里，因此地球体积也变得非常大，特别是在报道中的地图上出现了比土地面积更大的海洋，并且在地图上还有南极、北极、赤道，经度，纬度等基准线和重要基准点等位置标记。在新的世界地图中，北半球的朝鲜汉城的位置是北纬线37度39分，东经线127度，与南侧赤道的距离是37度39分，与西侧格林尼治的距离是127度。在辽阔庞大的地球上，多种人种创造了多样的国家和异彩纷呈的生活。[102]《汉城旬报》《汉城周报》以白人基督教的视角介绍了不同国家、不同人种的特征以及优缺点。

《汉城旬报》除介绍各大陆的大小、地理特征，以及大陆上的国家、人种、宗教等，还介绍了各个国家的历史、气候、地形等自然地理信息及政治形态、产业、总人口数量、语言、产业灾害防治等综合地理信息。

这种对国外信息的关注在《汉城周报》也有所体现。[103]1886年5月24日复刊的《汉城周报》第一期中以"六洲总论"为题，介绍了各大

陆的大小、人口数及多样的人种，第二期以"六洲总论附录"为题，介
绍了分为东西两个半球的"地球全图"，但这个"地球全图"与《汉城旬
报》相比，要简略很多。第三期介绍了亚洲忘略，第四期、第五期为欧洲
忘略，第六期为非洲忘略，自 15 世纪以来很多被遗忘的地区得以再次登
场。因《汉城周报》大量遗失，我们无法得知准确的地理报道规模，但是
通过第一期的"六洲总论"，第二期的"六洲总论附录"的地球全图，还
有包括亚洲忘略在内的各大陆忘略和意大利等各国的忘略等共 10 篇报道来
看，上面记载了很多国家和大陆的相关信息。其内容虽与《汉城旬报》类
似，但最大的不同点在于有 8 篇报道是用韩语来撰写的，目的在于让更多
的读者去了解这个广阔的世界。报道中虽然没有关于自然生物的内容，但
对大陆上的国家、人口、首都、政治形态等简单的历史相关内容都有所介
绍。这篇连载朝鲜文（或韩汉文 ①）报道——"地理初步"虽然不知道是谁
写的，但随着小学教育的实施，这篇报道得以公开，可推断出这篇报道是
作为教科书分段登载在报纸上，或者是作为小学教科书而被发行。[104] 其
中这篇报道的笔者补充道："因为参考了西方的书籍，肯定不能随意曲解我
的意思"，这意味着在博文局内部进行了汉译科学书籍的韩汉文翻译工作。
"地理初步"已经超越了邦制地理的范围，内容包含了地理学、天文地理学、
地球形状、经纬度线等天文地理的内容，还有自转、公转等自然地理的说
明。[105] 能查询到的最后一篇报道是 1886 年 9 月 13 日的"地理初步第 7 章"，
关于地球气候带说明的韩汉文混用报道，仍旧是自然地理领域的报道。[106]

　　《汉城旬报》和《汉城周报》中的报道大部分都是以从中国收集来的汉
译西洋科学书籍为底本。[107] 这些书籍，尤其是和地理相关的书籍的最大
特征便是这些书的内容都相似，并且非常明显地映射出了"基督教创造
说"。[108] 特别是从宗教原理的角度强调天体和天文现象，或者用"天地万

---

① 韩汉文，指韩语字符汉字混用的文字记载方式。

物不是太极创造的，而是上帝创造的"形式刻画了造物主的形象。出现这种说法或者说明的原因是：一方面这些书的翻译大部分都是由传教士主导进行的；另一方面，直到 19 世纪末为止，在西方仍然大量使用基督教式的说辞去解释自然现象。这种做法直到《独立新闻》出现之前一直在延续。他们把栖息在地球上数不清的动物进行分类介绍，并认为这些动物都是造物主设计创造的。《独立新闻》的主编徐载弼（서재필，1864—1951）写道："上帝在创造各种动物的时候，赐予了每种动物可以保护自己的武器，"并赞扬道："上帝的智慧和经纶真是高啊。"[109] 他们以白人的视角重新阐释并标榜基督教的意义，世界地志被认为是将西方文明引向世界的通路。认识这个世界被认为是开化社会生活的人所应具备的资格与素养，是走向开化的标志，全新的地理知识开始在学校教育中出现。

赫尔伯特的《士民必知》可谓是全新地理观的代表之作。《士民必知》的第一章便是天文地理之"地球"，其中不仅介绍了包围地球的宇宙和太阳、行星与日食，以及月食的发生原理等天文学的内容，还介绍了地球整体的大小、六大洲五大洋以及与自然环境相关的气象学内容。第二章开始介绍各大陆上的国家，在各章的最后有"问题解答"能够让读者回想前边陈述的核心内容，[110] 这本书作为教科书的影响力非常大。

如果说赫尔伯特的观点是以自然地理为中心，把重点放在了扩展思维的广度上，那俞吉濬则强调与外国的交流是必需条件，他在介绍欧洲大陆上倾注了更多的心血。[111] 但俞吉濬也并不是完全放弃了自然地理。在《西游见闻》中第一章"地球世界的概论"中，他介绍了六大洲的不同区域、世界各国如何区分以及全球各个山脉的信息，在第二篇中他介绍了全世界的海洋、江河、湖水、人种、产物等人文学研究内容，向人们展示了他所了解的世界。不仅如此，他还写到地球是一个行星，每个地区的气候都不一样，并列举了分布在不同气候带上的大陆及海洋，向人们展示了辽阔的世界。他介绍的重点主要放在国家整体及社会文化层面。《西游见闻》

中还将各个国家的产物进行整理，并推断通过商品的交流，朝鲜也可以成为国际社会的一员，为国际社会与朝鲜的关系发展奠定了基础。

在俞吉濬出版《西游见闻》同一时期，吴宖默出版了地理志《舆载撮要》。他的书不像俞吉濬那样具有强烈的亲日派政治及外交的色彩，所以许多人喜欢读他的书，没有心理压力。吴宖默作为博文局的主事参与了《汉城旬报》及《汉城周报》的发行，所以得以执笔《舆载撮要》，也因此这本书中摘录并整理了很多新闻的内容。不同于俞吉濬或者是西洋传教士，他把重点叙述的主体集中在朝鲜。他所历任地方管理职的所有资料也收集在了这本书中，虽然他所追求的是地球－世界－朝鲜这种缩小的构成，但最终他的书中已经延伸到了朝鲜的各个地方，书中对朝鲜各个地区位置的地形特征和具体产物做了详细的整理。他在采取传统地方志的形式进行记录的同时，也将朝鲜包括在崭新的世界之中，使朝鲜成了其中一员。这些内容使人们开始思考朝鲜在世界中的位置与作用。《舆载撮要》在大韩帝国时期作为教科书产生了很大的影响。[112]

在这些地理书籍中出现了多种人种。但需要注意的是，我们通过世界地理所了解到的对于新人种的评价基准完全来自白人，对文明的评价基准也是一样，并且作为西方帝国的基督教大多介入了这一标准的制定。白人基督教徒们认为黑种人或红种人野蛮未开化的原因是因为他们懒惰，还反复强调这种野蛮是因为他们学识不足。因为学识不足所以未能开化，对自然的理解不透彻，所以实用技术落后，对技术掌握不精，商业中得不到信任，不能开化，面临灭绝。这种对于人种的偏见，从 19 世纪 80 年代开始通过各种媒体在朝鲜传播开来。朝鲜虽然在开放港口以来见识到了新的世界、新的文明，但也接触到了绝对不能步以后尘的野蛮人种。根据这些描述，这些有色人种便是他山之石，反面教材。这种主张蕴藏了"如果不想犯亡国的错误，就应该努力钻研西方学问，向西方文明过渡"的结论。

为培养国土意识而向地文学转换

近代西方地理观在描写全世界人种的同时，与反面教材构成典型模式。但在1904年大韩帝国面临危机时，与社会进化论相结合，引发了变形，推动地理学进入了新的领域——地文学。这一学科形成于日本，区别于地理学与地质学，它主要包含了地球学（现在的天文学及地球物理学）、陆地、空气（气象学）、海洋（海洋学）及生物学等。[113]爱国启蒙运动时期，与此相关的书籍大部分采用韩汉文混用的形式，并作为中学生以上年级的教科书使用，形成了广泛的影响力。

朝鲜的地文学起到了强化国土意识、激发爱国心的作用。特别是自然地理，不仅为合理、客观地认识自然奠定了基础，而且作为自然认识的主体，将个人和国家独立分开，为提高国民意识做出了贡献。[114]地文学中的地理不仅使人们从闭塞的"让人耳聋眼花、阻断牛马交通手段"的传统视觉中脱离出来，而且能够重新组建崭新的国际关系。[115]地文学作为"清晰明了地介绍了地球及地球表面状态，阐明了土地与人类关系"的学科，不仅能培养国土意识，而且还提供了国土利用及产物相关的信息，是一个对经济发展有帮助的领域。[116]近代小学新版教科书中也反映了这一理念，包含"地形、气候和著名的城市及人民的生活作业等的概况"以及"地球的形状及水陆的区别"等内容，确保能够从整体视野上认识地球。具体来讲，其中关于地下资源及农林水产资源的基础信息、产业选址、物品流通等相关知识对产业振兴、贸易往来等的经济发展做出了贡献，[117]这些内容在爱国启蒙运动时期编制的教科书中原封不动的被采用。不仅如此，世界地理让人们感受到了外国的发展与自身的落后，感受到了开化的迫切性，为未来的发展提供了警示，并且指明了方向。除了在世界各地生活的白色人种，其他众多的有色人种在生存竞争中逐渐面临失败，原因是因为他们懒惰，并且固执地不愿意学习西方文明，通过接触地理能够让他们摆脱无知愚昧，不断拓宽知识和思考范围，激励他们谋求处世之利，这种思想启蒙的尝试在爱国启蒙运动时期一直被延续。

打破了传统秩序的新的地文学被赋予了新的目的。早在 1895 年学部发行的教科书中就明确指示"以爱国精神为纲"，由此可见，地理在培养爱国精神领域占据了一定的地位。[118] 认识理解爱国对象，并将其作为献身对象的工作的其中一环就是了解朝鲜的地理，并且通过学习，证明了区分他我的标准是可以操作的。在 1895 年的学部令中指出："地理和历史是相互联系的领域"这一思想在爱国启蒙运动时期得到了强化。[119] 特别是玄采（현채，1886—1925）在《问答大韩新地志》中将现实中朝鲜各岛的位置及地理沿革、山势、河流、岛屿及海域、产物、战争旧址、名胜古迹、寺庙等资料进行了整理，并宣扬爱国情怀。虽然这本书的内容以百科全书式呈现，但通过朝鲜地理特征、现象、名胜古迹与战争旧址等内容，也让人们想起发生的历史事件，激发人们爱国心。[120] 这些意图皆暗含在简单的问答提示中，比如在"岛屿的更名及由来"中对楸子岛更名理由的提问就充分展现了地文学包含的意图。

> 问：楸子岛位于哪里，又是因为什么原因改名为候风岛？
> 答：楸子岛位于济州岛北方海中，高丽元宗时期金方庆（김방경）与蒙古将军为消灭三别抄的叛军来到此岛，风高浪急，进退不得，方庆不禁仰天而叹，安危在此一举！此后风浪停息，大败叛军，耽罗人为纪念此功，更名为候风岛。[121]

虽然仅是关于地理的罗列架构，但通过简单对话，不仅清晰明了地介绍了国土地理和地形以及自然条件，而且激发了人们的爱国心与守护国土的意识，启发人们追求安定以及抵御外侵的决心。作为生活在这片土地上的主人，懂得为守护主权而努力，便达到了书中期待的目的。

这种地理书籍的体系与内容不只是大韩帝国教科书的特征，大部分其他国家使用的地理教科书中都包含了象征国土与国家的人物等要素，[122]因此，可以说通过国土与传统历史的教育激发爱国心，这在民族主义形成的近代初期是任何一个国家都必然采用的方式。地理被重新组合为谋求民族主义的一个要素——领土的理解，为新的政治体制提供历史重新被解读的机会。但是爱国启蒙运动时期的地理，为了激发人们抵抗帝国主义侵略，培养强大的国土意识，强化了民俗地志学的性质。受张志渊民族地志学思想影响的地理学和地理教育，开始将道德教育及经济发展作为第二目标，强调外在价值的地理教科书开始登场。[123]长此以往，地理与家国观点强有力地联系在了一起。《乙巳条约》前后的爱国启蒙运动给予大地相关的地理学赋予了新的意义，成为国土发现与新文明的跳台。这场运动树立了"国家主义""启蒙近代地理教育"的两大目标，启蒙主义成为国家主义达成所需的工具。但这些在统监府的教科书审查过程中大部分都没有通过，还被刻上了培养不良人才的烙印。[124]

传统自然观随着近代天文学、气象学和地理学的引入而逐渐解体，被重组为近代科学的分科。在此过程中，天地人合一的思想也随之解体。在天文与气象中不再有灾异说，以中国为中心的国际秩序以及阶级关系也不复存在。自然不再是给予人类社会提示的主观事物，而是客观的存在，这种新的自然观在开放港口之后、《乙巳条约》之前，通过政府的改革活动及各种媒体广泛传播开来。[125]

第8章
新教育制度的引进与近代科学教育

　　港口对外开放后，朝鲜王朝利用西方科学技术积极开展各种改革事业，并对国家制度做出了相应变革。他们成立了多个相关组织，制定了多项法律，培养了许多经世致用之才。与此同时，由政府主导的教育改革也得到了落实。其中，开设新学校、更换教科书、培养优秀教师、广招学生等一系列教育制度的改革成为最有效、最持久、最广范围的传播西方新自然观和世界观的手段，为西方科学技术的传递和转变做出了不少贡献。

　　当然，朝鲜并不是接触西方近代科学技术伊始就立即对本国的教育制度进行了改革。朝鲜是拥有500年历史的传统儒学国家，深受儒学传统影响，因此要想接受与此完全不同的西方近代科学，必然要和中国、日本一样有所折中、妥协甚至是放弃。特别是在引进西方学问学制与废除传统儒学式教育制度需要同时进行的情况下更需如此。本章将针对这一方面进行详细论述。

西方学制的引进与应用

介绍西方学校

前面我们说到朝鲜王朝正是通过《汉城旬报》《汉城周报》等报纸杂志给民众普及西方科学知识的。这些报纸上刊登的有关西学的报道内容主要以西学的分类、数学、化学、格物致知等的特征、数学和电学等科学的发展进程以及科学史上的重要人物为中心，说明介绍可谓非常全面。[1]这些报道不仅对近代西方科学和技术进行了阐述说明，还在此基础上提出了接纳、理解、继承这些科学技术的方法。

特别是刊登在《汉城周报》的"论学政"一文更是全面系统地整理了主张引进西学体系和教育改革的开化论者的观点。该评论首先对朝鲜建国以来的教育制度运营进行了分析，强调当前教育制度弊端显著，迫切需要改革。文中写道："上至王官京都，下至乡里民间，均应设立小学，孩童长至8岁就可在这里学习如何爱重父母、尊敬大人以及格物致知"，到15岁升至大学后再学习与历史相关的知识。通过实行这样的教育使得"人伦有序，教化得以广泛实行，书生们感受到了成大事之乐趣，百姓们也都懂得了长寿之道。"[2]但是"到了朝鲜末期，学政渐趋废弛，学校多被废止，格物致知理论的发展前景一片黯淡。"就在这时，新进开化官员们开始主张对现有学制进行改革。在他们看来，传统的学问理论不适合用以探索事物的本质。经过数百年的发展，虽然在朝鲜的学校教育中再也找不到"格致学"的痕迹，但西方国家却将其发展成了现在的面貌。正是西方近代科学使得格致学研究得以实施，并广泛应用于各个学科。他们认为，西学既能用于探求事物本质，又具备解决疑难问题的能力和条件。即"虽然我国的性理学理论比较完善，但钱谷、甲兵技术和农工商理论都不够成熟"，因此他们迫切希望引进西学用以谋求富国强兵。[3] 逐渐觉醒的开化官员们认为接纳西学不仅不违背传统观念，反而借此重拾了格物致知论的本来面貌。他们认为应当利用朝鲜从幼儿到成人的多种教育制度，教授西方科学技术知识，并且鼓励儒生们对格物致知理论进行更深层次的研究。

在开化论者们的印象中，西学是一门非常实用的学科。他们通过器学开始对西方科学技术有所了解，并由此希望改变人们认为西学不是儒生们应该涉猎的学科领域这一传统观念。而西方的教育制度为这一观念的转变提供了重要依据。他们指出，在西方，上至王公贵族，下至平民百姓，到了七八岁的时候都会进入乡塾学习，这些乡塾通常分为 10 个等级。不分贵贱种族，学生们都在同一所院校中接触西方文化。从乡塾毕业后可升入郡学院、实学院，再之后升入史学院、大学院等去接受更高一等的教育。这些西方学校通常都是以实事求是为目标，教育原则讲求因材施教。[4] 这篇报道是由中国开化论者王芍棠① 撰写的，他指出，虽然可以将中国学生送到西方学校留学，"但这样容易左右他们的性情心术，使其失去立身之根本，而且他们如果只学习西方之术，恐怕将来会全部变成外夷分子。"另外为了摒除西学中内含的基督教理念，他还提出了"把西方的书籍带至中国，在各省设学科，用以学习西方的科学技术等"的方案。[5]

19 世纪 80 年代，当时朝鲜有不少留学人员十分赞同王芍棠等中国学者的这种意见。对西学深藏于"器"中的宗教色彩十分戒备。负责发行《汉城旬报》《汉城周报》的人，以及像池锡永这样敦促引进西方学问的人们就曾要求在朝鲜每个地区都设立"一所院校"（置一院于都下），购买西洋汉译科学技术书籍以及西方各国使用的水车、农具、织造机、火轮机、兵器，由各村选出 1 名学识和名望卓越的儒生送至这所院校进行学习。他们认为，不必直接到西方留学，仅仅通过引进的书籍和机器就可以学习到

---

① 王之春（1842—1906），字爵棠，又作芍棠。

西方文明，这样可以有效避免留学所带来的弊端。[6]

俞吉濬则对这种所谓的留学弊端不以为然。他主张引入西方学制，系统、正式地教授西方学问。相比中国的留学归国人员他对西方学校的分析更加敏锐，而且还提出了关于引进西方教育制度有效方案。他强调教育是立国之本，指出天下富强之国皆致力于教育，并表示政府应安排学校教师，让那些想要学习西学的人们可以毫无顾忌地就学。[7]根据俞吉濬的介绍，西方的学校大致分为4个等级，分别为"小学""语法学校""高中""大学"。[8]首先在小学中，除了文字写法、发音方法、基础数学、兽类和草木的名字、形状、用途等之外，还教授自己国家的产物、各地方的经度和纬度、幼儿品德等。再高一等的语法学校则主要教授母语使用方法、句子构成格式等方面的内容。

俞吉濬解释说，虽然该类校以语法教学为中心，但学生们也会学习数学大纲和难题解答，地球的形成和原理，昼夜和四季的缘由，还有江、海、山岳、雨、露、霜冻、雪和风、冰雹、雷电、日食和月食以及地质相关的基础知识等。同时，还会学习世界各国的种族、产物、政治制度和历史。读完语法学校的学生将会升入高中。他们在这里不仅会学习研究变数理论和原则，还会学习包括史记、古诗评论在内的文学、军事训练、基础测量学等内容。只有完成高中的学业才可以升入大学继续深造。[9]大学所学科目虽然根据学生的需求选择而有所不同，但也有像化学、理学、数学、农学、医学、矿物学、植物学、动物学、法学、机械学以及多个国家的语言等必须选修的课程。在他看来，这些大学毕业的学生通常会从事实务工作，负责谋求生计以及公共生活福利等。[10]要想大学毕业，需要接受4年的课程深造。只有在这期间进修完成所设科目学业，才可以毕业，才能升入更高一级的学校。虽然学校面向所有适龄学生开放，但并不是义务教育。他指出，政府已经具备了利用国民税金为学校提供所需经费、包括教师工资在内的图书购买费、学校建筑费等的公共教育体系。只有接受这样的教育，国民才能"通晓人情世故，品行端方有礼，明辨是非曲直，且不受他人欺侮。"在他看来，教育不仅仅是富国强兵的立国之本，还与社会伦理道德有着十分紧密的联系。[11]

1888 年，作为甲申政变的主要发起人，曾一度无法在朝鲜活动的朴泳孝向高宗上疏了一份朝鲜国政改革意见书，明确表达要求建立学校制度。他主张，当前社会传统儒学教化功能开始衰落，落后风俗文化崩塌，人们已经无法去探求格物致知的本质，在这样的前提下，应当大力开办学校，推崇以学为先、以用为本的学习之道。他提出对西方学制进行改革，无论男女，6 岁以上的适龄儿童全部进入小学、初中学习，设立壮年校，教授少壮官员。在壮年校中翻译并学习政治、财政、内外法律、历史、地理及山水、理化学大义等的书籍。他主张，不仅要开办学校，还要聘用外国人来教授百姓法律、政治、财政、医术、算学及各种才艺；要多多兴建印刷厂以发行书籍；要设立博物馆，为百姓提供开阔眼界的地方；还要创办报社，让百姓可以接触到各种各样的文明。[12]另外他还强调社会教育的重要性不亚于学校教育。

关于新学校和新学问的探索

在开化论者开始主张创办学校，引进学习西方近代科学的时候，朝鲜政府就已经在摸索引进以及制定近代教育制度的方案了。民办元山学舍和官办育英公院就是有代表性的例子。其中元山学舍作为朝鲜最早的民办学校，采用的是在现有学校制度的基础上教授西方科学的运营方式。

元山学舍是开港后，朝鲜元山人民为学习西方科学技术请求创办的，条件是元山地区自己负担学舍的运营费用。学舍获得政府许可后，设文艺班和武艺班，文艺班学生选拔 50 名，武艺班为 100 名，其中武艺班设有教授战争和军事指挥等相关兵书的特殊科目。文艺班所设科目可能与以前传统书塾没有太大区别，主要是以儒学经典为中心，但也设有诸如算术之类的学科。另外学舍中还配备了包括《瀛寰志略》《海国图志》等与格致相关的汉译西学、农学、养蚕及矿山技术相关的书籍，以供学生们翻阅。[13]收藏图书供学生们借阅这一点就与现有的书塾不同，单凭这一点就可以说，元山学舍作为引进西方科学的有效渠道，在学习西方科学知识、培养新时代人才方面起到了一定作用，但却并不是十分有效。这是因为西方近代科学技术正在逐步完善的体系需要各个领域配备先导指引，这不仅需要书籍，还需要学会实习和实验在传统学习法中所没有的训练及学习方法。

与民办的元山学舍不同，朝鲜王朝设立的育英公院就配备了各个领域的引路人，即外籍教师，用以推动西方科学技术教育的全面实施。这所学校相当于西方中学，即语法学校的水平，校内聘请了毕业于美国纽约联合神学院的 G.W. 吉尔摩（G.W. Gilmore）、D.A. 邦克（D.A. Bunker，又作"房巨"）、荷马·B. 赫尔伯特等 3 名年轻人担任教师。育英公院是 1882 年朝鲜与美国签订通商条约后，由访问过美国的报聘全权大使闵泳翊主导创设的，教学课程有名为"格致万物"的学科，主要涉及医学、天文、农理、机器、禽兽等近代自然科学知识，另外还教授数学、世界地理及历史、政治学、经济学等相关内容。[14]育英公院实行英语教学制度，对于课堂内容学生们比较难以理解，为此 3 名外籍教师中的赫尔伯特为了可以向学生们传授更多自然科学知识而努力快速地掌握了朝鲜语，抵达朝鲜不到 6 个月，就能比较熟练地运用朝鲜语进行教学了。另外，为了更好地教育学生，他还自学了植物学、生理学以及化学等自然科学的相关知识。[15]1890 年他用朝鲜语编纂出版了《士民必知》一书，书中介绍了太阳系、地球、地球的五大洋六大洲，展现了浩瀚世界中的朝鲜，是一本关于自然地理和人文地理的著作。当然，这些知识内容并不是第一次传入朝鲜。但这是仅仅来到朝鲜 4 年的美国人出版的朝鲜语书籍，从这一点上来看，这本书可以说是意义非凡。

育英公院中并非只有教师们努力授业，学生们学习也很用功。该校共

育英公院中正在进行的数学课（资料来源:《开埠后汉城的近代化及面对的考验（1876—1910）》，2002。）

有 28 名学生，其中包括从政府官员中选拔出的 12 人。遵循《育英公院设学节目》这一美式学校章程，学生们大多是二三十岁的青年。根据设学节目，育英公院有月末、季末、年末考试，还有三年一度的大考。据邦克（房巨）回忆，育英公院的学生，特别是两班子弟和从官吏中选拔出的学生非常不认真，但在最近发现的赫尔伯特的信件中却出现了截然不同的证词。赫尔伯特在信中写道学生们非常努力并认真地完成了学业。

学校分为由官吏组成的左院和普通两班子弟组成的右院。左院每天早上 7 点上学，下午 5 点放学，寄宿学校制的右院是早上 6 点起床、7 点早餐、12 点午餐、6 点晚餐、晚上 10 点就寝，上午下午各听 3 个小时的课。学生们考试成绩近乎完美，教师们也倍感欣慰。甚至在 1889 年，学校听从教师们的建议，决定增加后期招生人数。[16] 但由文武官吏组成的左院学生受到保守官僚的干涉，这些保守官僚又因清朝政府的阻碍而动摇，使得左院学生很难保持热情高昂的学习态度。[17] 相反，右院学生们仍然十分积极努力，对此吉尔摩老师赞不绝口。虽然受到亲清势力或保守高官的干扰，但导致育英公院关闭的最终决定性原因还是学校捉襟见肘的财政问题。学校经常拖欠教师工资，教师们总是无法按时领取薪水。就这样，由于拖欠教师工资，再加上亲清保守高层官员的阻挠干扰，左院学生频繁地旷课缺席，使得育英公院逐渐陷入了举步维艰的境地，以至最终被迫停课关闭。最后一名外籍教师赫尔伯特的合同到期后，育英公院于1895年改成了官立英语学校。

当然，截至1890年代中期，朝鲜不止创办了元山学舍和育英公院这两所学校。被派遣到朝鲜的西方传教士们为宣传教授近代西方科学，设立并管理经营了许多新式学校。而培材学堂、梨花学堂、儆新学校（最初称为安德伍德学校）就是代表性的例子。但是，这些学校在创办初期并没有开设与科学相关的教育课程。这是因为当时这些学校的规模和设施都非常简陋，而且传教士们开办学校的主要目的是传教，所以最初这些学校所设科目通常以圣经学习或中国出版的基督教书籍阅读为中心。但是学生们升入高年级后，就能接触到物理、化学、生理、理科等与科学相关的课程了。[18]这

梨花学堂（资料来源：《1901年捷克人弗拉兹的汉城旅行：捷克旅行家的汉城故事》，首尔历史博物馆调查科、驻韩捷克共和国大使馆编著，2011。）

些传教士创办的学校通常以礼拜、圣经学习、严令反对偶像崇拜等基督教传教作为教学的中心内容，很难被当时的朝鲜社会所接纳，因此并没有多少学生选择入学。传教士创办的这些学校初期的在校生人数可以说是少得可怜，1885年传教士亨利·阿彭策尔（Henry Appenzeller，1858—1902，又译"亚篇薛罗"）创立的培材学堂仅有2名学生，[19]1886年贺拉斯·安德伍德（Horace Underwood，1859—

1916）以孤儿院形式建立的安德伍德学堂最初也只招收到 25 名学生。而梨花学堂的情况更是惨不忍睹。梨花学堂是玛丽·F. 斯克兰顿（Mary F. Scranton，1832—1909）于 1885 年创办的，开设当年没有招到学生。直到一年后，才勉强招到 1 名学生以维持学校运营。这样看来这些传教士们的学校要想步入正轨，仍然需要与朝鲜社会进行长时间的磨合。

小学官制的颁布与西式近代科学教育

（1）传统教育的废除和近代学制的构建。

从规模上看，19 世纪 80 年代朝鲜王朝为引进西方学制而进行的探索尝试并不算太成功。但是考虑到即使是在西方，改革学校制度也并非易事，因此不能全盘否定朝鲜为此做出的努力。特别是科学这一学科被学校制度接纳，并作为正式课程进行授课的历史并不是很长。但是日本在这方面却是比较特殊的一例。曾徘徊在边缘地带的日本，在短时间内迅速接纳了科学这一教学科目，并在高中组建了理学部。在港口对外开放之前，日本同样也是传统学问盛行，且在学校教育方面占据主导地位。与朝鲜、中国不同，日本积极开放长崎港口，允许与荷兰进行交流，并以此为中心形成了“兰学”（字面意思为荷兰学术，指江户时代经荷兰人传入日本的西方文化的总称）。在当时兰学以医学为中心已经达到了相当高的水平，因此日本在理解接纳西方科学文化知识方面，可以说是远远领先于朝鲜。特别是，18 世纪后期日本放宽了关于西方技术书籍的输入禁令，为西方科学书籍翻译事业奠定了一定基础。[20] 此时的西方物理被翻译为“穷理”，化学被翻译成“舍密”，这些领域的进修都是以学习“兰学”为前提的。[21] 像这样，在理解和思考不充分的情况下，翻译并使用不同社会文化脉络下的范畴用语，并不是一件容易的事情。基于这一点，就可以看出当时日本“兰学”已经具备比较高的水平。

正是在这样的知识状况背景下，日本迎来了港口开放，以迅雷不及掩耳之势迅速为引进西方科学技术构建了相关学制。1862 年开始派遣海军军官到荷兰进行正式技术留学，到 1872 年就颁布了西式学制，并配备了小学、中学课程。福泽谕吉（1835—1901）的《初等物理》（原书名为《训蒙：穷理图解》）被选为小学教科书。在小学开设养生法（修身）、理学大义、穷理学大义（1872 年改为"物理阶梯"）、物理、博物学大义、化学大义、天体学、测量学、重学（力学）、动物学、地质矿产学、植物学、地质学、矿产学、星学大义等科学课程。[22] 中学则根据 1872 年颁布的《中学校则略》，开设穷理学、化学、生理学、博物学、动物学、植物学、金石学（矿产学）、重学大义、地质学、测量大义等课程。中学开设的这些课程都是小学科学教育内容的深化与拓展。当然，这些科目并没有全部开通授课。从第二年，即 1873 年，文部省直属师范学校制定的小学规则来看，当时并未在小学直接开设科学课程，只设置了读本、问答课，问答课下分地理、历史、科学，为以后加设科学课程提供了一丝契机。19 世纪 80 年代以后科学这一学科就迅速渗透到了日本的学校制度中。1882 年科学科目被分为博物、物理、化学、生理，1886 年被合并为理科。在中学所设课程中，一开始博物、物理、化学仍然独立分科，之后物理、化学合并为物理及化学。虽然经过了多次改革，但日本与堪称"西方科学大本营"的英国相比，用更为短暂的时间将科学教育体系纳入了学校制度构建中。当时英国已经完成了科学革命和产业革命，但直到 19 世纪末期才构筑健全了学制内科学教育课程体系，并应用于全国。[23] 与此相比，日本在学校课程中加设西方科学相关科目这一举措可谓是非常迅速。

另外，日本还成功建立了高等科学教育制度。1873 年在工部省下设工学寮，1877 年创办工部大学，之后改为工科大学。1885 年招收学生 478 名，毕业生 322 人，校内聘请了 49 名西方教授及专家。这所工科大学甚至成了英国创建工学项目的典范。1872 年成立东京大学，下设理学部，教授化学、物理、天文学等基础科学的同时，还开设了工学科目。理学部可以说是史无前例的创新型教育体系，甚至在西方也十分罕见。西方国家虽然完成了科学革命，科学专业化、细分化的进程也步入了正轨，并且培养了许多科学专家，但其学校制度仍然沿用中世纪大学的古典学制。相反，日本果断废除了传统教育体制，构筑了革命性、创新性教育制度，从而具备了引进、接纳西方文化的态势。日本聘请了近八千名西方科学家和教师来运营管理这一新建学校制度，而这些西方学者和教师又很快被日本人取代。以东京大学为例，1877 年理学部所属的 15 名教授中有 12 名是西方人，但在间隔不到 10 年的 1886 年，13 名教授中就只剩 2 名外国人了。由此可见，日本成功对本国学校体制进行了改革，并培养出了许多专业人才。通过这种学制改革，到 19 世纪 90 年代，日本就已经具备了进行国际水平研究的实力。传染病研究所、小野田水泥实验室、东京电气的马自达电灯实验室等的研究就是代表事例。[24] 日本从 19 世纪 70 年代开始构建组织科学家学术团体，发行学会杂志，开展学者讨论和各种交流活动。这种科学学会的成立甚至比美国还要快。而日本之所以如此迅速而又全面地学习西方近代科学和制度就是因为日本将西方这些国家视为竞争对象，并深刻认识到了自己作为改革后起之秀的地位。[25]

日本充分利用自身后发优势，在其竞争对象国家们经历数百年坎坷曲折才成功构建的体系中，取其精华，去其糟粕，快速引进并进行重组。自派遣海军军官到荷兰留学不到 40 年的时间里，就成功在学校制度内组建了近代科学体系，并逐步取代了传统教育制度。明治维新期间，日本从西方近代文明中窥探到了全新的社会前景，从而选择将改革教育体系作为快速引进西方科学技术的方案之一，并致力于建设新制度，最终实现了与东亚其他国家完全不同的发展历程。日本的这次学制改革给朝鲜带来了不小的冲击。

1894—1895 年以来，朝鲜也积极开展了学校制度改革的相关活动。朝鲜建国以来政府一直十分重视教育。君王自称是"万民之师"，政府也从未无视或忽视教育的力量，所以朝鲜很快展开了由政府主导的学制改革。构筑近代教育制度举措中最重要的就是废除科举制和身份等级制。废除科举制意味着与以私塾为中心的儒学教育之间的决裂，而废除身份等级制则意味着受教育对象基数的扩大。政府部门的改革也为此提供了坚强的后盾，教育不再归礼部管理，而是成了学务衙门主管的独立领域。[26]此外，"洪范十四条"（1894年朝鲜甲午更张改革运动的基本纲领）中还表示，政府为了尽快掌握学术技艺，将派遣留学生到国外学习，并向日本派遣了约200人规模的留学团。另外，高宗为了支援教育改革，于1895年颁布了《教育立国诏书》，阐明教育是保存国家的根本，教育就是为了追求新的科学、文化及实用知识。[27]政府改革教育制度的举措也引起了民间人士的关注。其中《独立新闻》就强调道："引导民众接受教育是政府的重要职责，教育是不容忽视、不可不做的，必须把教育提高到社会发展的头等地位，"积极支持政府教育政策改革，指出只有教育才可以使国家免受外国侮辱，促进民众自身发展。[28]

正是在这样的背景下，朝鲜的教育制度改革才如火如荼地开展起来。1895年9月，学部发布公告，在表明教育是开化之根本的同时，颁布了"汉城师范学校官制"。[29]之后还下达了小学校令、中学官制等法令，为学校制度提供了切实的法律依据。特别是通过诸如汉城师范学校相关的措施，摆脱传统教育，奠定了朝鲜迈入新教育时代的桥头堡。据1895年制定的"汉城师范学校官制"规定，汉城师范学校分为速成班和本科，速成班教育为期6个月，本科为2年。本科要在这2年的时间里学习朝文、汉文的讲读、作文、习字，还有本国及世界的历史和地理。另外，还要学习地文地理学。不仅如此，数学方面需要掌握算术及代数的初级知识，并且还需学习物理、化学、博物等课程。其中博物包括动物、植物的生理以及卫生等内容。6个月的速成班则是将物理、化学、博物统合为理科大义来学习，数学也只需掌握算术即可。[30]速成班虽然简化了必修的学习科目，但要想从该师范学校毕业后被聘用为小学教师，就必须学习西方科学，并参加与此相关的考试。曾就读于该学校的李相卨（1870—1917）就以"化学启蒙抄"或"植物启蒙"为主题，整理相关书籍并进行了学习。可以说是一个充分展示该校学生学习过程的典型事例。[31]

汉城师范学校建校后，学部颁布了小学校令。[32] 根据校令，小学课程适合 8 岁到 15 岁的适龄儿童，校内分为 3 年的寻常科和 2—3 年的高等科。寻常科学习最基础的知识，有修身、读书、作文、习字、算术、体操等必修课程，也有地理、历史、图画、外语等的选修科目。学生们从寻常科升入高等科后，会继续学习修身、习字、算术、地理、历史、外国历史、图画、体操以及理科等内容。

自小学校令出台以来，直至 1896 年全国总共成立了 38 所公立小学，再到 10 年后的 1906 年，公立小学已经增加到汉城 10 所，地方 93 所。[33] 1904 年，国家财政逐步匮乏，使得私立小学迅速增加，到 1910 年已增设了 2400 多所私立小学。当然，这些学校运营并不都十分顺利。大部分学校都存在教师数量严重不足的问题，多是雇佣还不甚熟悉近代教育内容的留学人员作为副教师进行授课。但不可忽视的是，这些学校都是以蕴含科学知识的理科或各种其他新式教科书为中心，来教授学生西方科学。

（2）科学相关课程和新教科书的出现。

小学校令颁布后，学部就出版了以小学、历史、地理等为中心内容的教科书，以供修身、读书和作文课使用。在小学教育过程中，儒学的传统规范仍然占据比较重要的地位。尽管如此，小学的课程中还是准备了与自然相关的知识内容，即低年级学生通常是以熟记《国民小学读本》中指称自然和事物的单词为始展开自己的小学学业。这与俞吉濬介绍的西方"小学"并无不同。1899 年，朝鲜王朝颁布了中学官制，这里的中学相当于俞吉濬分类中的语法学校。[34] 中学以教授欲从事实业工作的学生们"正德"和"利用厚生"为教学目的，分为 4 年的寻常科和 3 年的高等科。寻常科的必修课程有伦理、读书、作文、历史、经济、地志，与此同时还要学习算术、博物、物理、化学等。高等科除了这些科目外，还增加了工业、农业、商业、医学、测量等科目。虽然按照规定只有小学高等科毕业的满 17 周岁以上且 25 周岁以下健康学生才可以升入中学，但外语学校毕业生或文字、算术非常优秀的学生也可获得特批入学。[35]1900 年，依据该中学官制设立了汉城中学。之后学部为 1900 年前后建立的官立学校编撰了教科书。

早在 1895 年秋天，学部就编写了教科书《国民小学读本》，但内容和结构方面不是很严谨，也没有考虑到学生的学习能力，并且不够系统化。尽管如此，该教科书还是包含了一些与科学以及自然相关的内容。例如第 7 课的主题是植物的变化。这一课中将植物定义为"随土地和气候变化而变化的物种"，并表示可食用植物的变化"已被人们所熟知，而且随着农夫的耕作和栽培，会产生不少变种"。[36]书中罗列了许多植物叶子的流变形态，主张叶子和花的变化情况也是可以通过研究得知的。此外，关于自然的主题还有骆驼、钟表、风、蜂蜜、鳄鱼、西方的捕鲸技术、人们的呼吸与换气、空气的构成、动物整体特征、构成物质的最根本的物质元素等内容。另外，教科书中还包括由铁、铜等金属元素或两个以上元素组成的化合物等化学知识。而算术教科书大部分是将日本书籍翻译、修改后投入课堂使用的。

这本《国民小学读本》与其说具备了基于小学教育整体的组织体系，不如说只是根据小学校规大纲提供了几本读物而已。但是小学学生们却可以从入学开始就以与传统自然观完全不同的态度去接触自然。他们可以将自然当作观察对象去接触熟悉，并对此做出分析理解，从而积累一些近代科学的相关素养。这样进入小学的儿童们比起以"三纲五常"为基础的社会等级秩序、伦理、道德等，更加注重学习周围事物以及自然。这引起了以儒学品德和素养为学习目标的人们的强烈不满，所以 1895 年冬天出版的《小学读本》又恢复了传统学问方面的内容。[37]这些内容由立志、勤诚、

勤实等修身养性的内容构成，包含孔子或孟子在内的古代东方圣人的话语和解释，以及栗谷李珥（1536—1584）、尤菴宋时烈（송시열，1607—1689）在内的朝鲜学者的理解和教诲。这本书显然是为了把旧学问融入新的学校制度而发行的。而这样的内容结构正是为了阻止曾任学部大臣的申箕善试图挑起的"正学荒废、异端横行"事态发生而采取的策略。[38]

　　但是这种与儒学传统的结合或者说传统学问的回归很快就被废弃了。1896 年 2 月，学部新编的教科书《新订寻常小学 1》就是从朝鲜文的辅音和元音开始的。这本书是学部与两名日本人共同编写，用于寻常学科一年级学生教学的教材，书中还编入了不少有关自然主题的文章。如第 3 课《蚂蚁》、第 4 课《东西南北》、第 6 课《时间》、第 7 课《马、牛》等说明自然现象的内容，这些内容有助于培养学生们形成自然观察客观化的态度。小学生们可以通过学习第 8 课《农商工》、第 25 课《清洁》等主题，去接触探索近代世界。书中还有借伊索寓言抒发人生领悟，展现伦理道德的文章。通过学习这本书学生们可以有效观察到自己身处的自然环境。《寻常小学 2》中有关自然的内容就更多了。总共 32 课的内容中有蚕、狐狸、木材纹理（树的年龄）、油（大豆、棉花、鲱鱼和鲸鱼、鳀鱼、石油）、盐、木炭、杜鹃、蜗牛、燕子、涡流，还有看钟表的方法 1、方法 2 等 13 课，这些是介绍自然事物及自然现象的。《寻常小学 3》共有 34 课，虽然只有不到 10 个单元是与自然相关的主题，但其涉猎内容更为深入。该书录入了地球的公转和自转运动、地球运动带来的四季变化、一年的月和日等天文学为主题的"地球的旋转""四季"等。还有与近代地图绘制法相关的"绘与图"，与地形相关的"山河"，与蜂的繁育和利用相关的"蜜蜂"，与卫生相关的"养生"以及"船""武器""军事"等军事相关小节。[39]

　　《寻常小学》系列教材确保了各年级的学习内容体系。以时间主题为例，小学一年级学生在教科书中学到了'1 日 24 小时，1 小时 60 分钟，1 分钟 60 秒'，那么升到三年级后就可以学到更广泛的时间体系知识，即 1

年分 365 天、12 个月，并且有机会了解到时间的流逝是地球的自转和公转造成的。另外，还可以学到随地球公转而产生的四季变化。这样随着年级越高，所涉猎的与自然相关的内容就越广泛且深入，将儿童的学习能力与之前的教科知识相联系，确保了教学内容的系统性。特别是与时刻相关的教育内容基本上以西式历法太阳历为中心，这也从侧面反映了国家政策的变化。因为朝鲜自"乙未改革"后从 1896 年开始采用太阳历，需要学生们去熟悉新的历法制度。他们在学校学习包括太阳历设定闰年的方法、"星期"这一陌生的时间单位等知识，不仅接触到了西方的各种文化，也开始熟悉西方历法制度下的新生活方式。

另外，从算术课程的"教学要点"来看，寻常科完成该课程后，可熟知 1 万以下数的 4 则运算，掌握简单的度量衡、货币及时刻制度、笔算和珠算的方法。高等科以寻常科学习内容为基础，安排了更高阶段的算术训练。当然，笔算和珠算并用的四则运算和度量衡、货币、时刻制度的练习也包括在内。初级阶段的寻常科并未单独设置科学科目，只有升入高等科才能接触学习。寻常科主要了解动植物现象、物理、化学现象以及机器的结构作用，还有身体的生理和卫生等内容。校规中明确规定，该阶段的学习目标是通过标本、模型、图画等进行学习或能够通过简单的实验，观察确认并理解教学内容。[40]

《新订寻常小学》和《国民小学读本》的内容都与传统儒学书籍不同，但这两本教科书在内容和结构方面却存在差异。这种差异不仅仅是体系的问题，其背后不同的发行势力也占了很大原因。主导发行《国民小学读本》的是朴定阳、李完用（이완용，1858—1926）、李商在（이상재，1850—1927）等所谓的"贞洞派"亲美开化派。该教科书中有关美国的大部分内容与朴定阳的《美俗拾遗》相似。[41]《新订寻常小学》则是以"乙未事变"为契机，发行于日本欲加强对朝鲜控制的时期，其内容真实反映了当时发行主导权的变化。虽然两本教科书存在不小的差异，但也不是没有共同点，

那就是这些书中录入的内容都是在传统教育机构私塾里无法接触到的。其中囊括了许多近代科学中与自然相关的主题。它们的最大特点是书籍内容都是在新的教育体系基础上编写的。学生们可以通过新课程摸索到进入近代科学世界的线索，并随着年级的升高学习到更加深奥的内容。这两本教科书一直被沿用至 1910 年"庚戌国耻"之前。除了这些教科书外，学部还发行销售了《舆载撮要》《地球略说》《近易算术》上下卷，以及《简易四则演算》《士民必知》等书籍。除了自然地理、人文地理等地志书外，还另外编纂了算术书籍，以促使大韩帝国民众理解近代社会以及西方的近代科学世界。

（3）生物学的发展。

在朝鲜有不少研究领域可以称为生物学。人们认为生物学作为人类环境构成要素中客观了解动植物的领域，可以通过它触摸到近代科学的真谛。朝鲜引进接纳并学习该领域的知识，甚至在殖民统治时期也未曾中断，就是因为它与其他领域相比更容易接触。生物学研究不需要改变传统认知体系中的世界观或自然观，只要能够理解分类标准等大框架，就不难掌握其内容。

生物学是通过徐载弼（서재필，又叫 Philip Jason 或 Philip Jaisohn）的著作正式在朝鲜传播开来的。当然《汉城旬报》等报刊上也介绍了部分生物学知识，但大部分只是对栖息在广阔地球上的多种神奇生命体的宏观博物学信息介绍。另外，曾在 19 世纪 80 年代给朝鲜社会带来巨大影响的《博物新编》一书中也编入了不少有关生物的文章，但也同样只是宏观层面上的博物学式的介绍。为宣传当时作为西方学问的生物学，徐载弼在《独立新闻》上连载了约 16 篇报道。虽然其内容偏重于动物学，但他在对生物进行分类并整理其特征的同时，提出了地球上多样生物的分类标准。根据他的报道，生物学大致可分为鸟兽、草木甚至金石（原文如此）。对于鸟兽，首先按其形态进行分类，并对所属动物进行了描述说明。他将野兽分

为有骨头、流有红色血液的动物，即"有脊骨的动物（脊椎动物）"和"无脊骨的动物（无脊椎动物）"。其下又分为肉食动物和草食动物、鸟和爬行动物、两栖动物、鱼、甲壳类和昆虫等，并分别描述了各类动物形态特征。

特别是在徐载弼关于哺乳动物的介绍中，人类被认为是比其他动物更高级的物种，因为人类可以直立行走、五指分明的手部可以完成非常精细的动作，且只有头部和脸部有毛发。人类分为白种人、黑种人、黄种人、棕种人四大人种。开化程度方面只有白种人最先实现了文明开化，其次为东方人，再次为棕种人（《独立新闻》，1896 年 6 月 24 日）。另外徐载弼还介绍了美国的原住人种，表示："他们和东方人差不多或更高大，开化的程度却不如东方人……由于没有学习白种人的文明开化知识，在短短 200 年之后曾拥有几千万人口的美国原住人种就渐渐消失，到如今只剩下几千人居住在深山或丛林中。"他告诫道，黑种人和棕种人正是因为未曾学习先进开化知识才无法实现文明进步，并且逐步走向灭绝的。徐载弼对于白种人的其他方面例如围剿和驱逐有色人种等并不感兴趣。

徐载弼连载的 16 篇生物学论说中，有不少动物是首次出现在朝鲜民众视野中的。他提到了像袋鼠一样的有袋类动物、不会飞且体形较大的鸵鸟、变色龙、犀牛、河马等，并分别介绍了他们的特点。另外从《独立新闻》对微生物的评论中可以看出徐载弼已经接受了西方的细菌论（《独立新闻》，1896 年 7 月 22 日）。他在报道中称疾病都是由被称为细菌的微生物引起的，如淋病、胆病、天花、霍乱、伤寒等。他还提出了"传染"的机制一说。即微生物从患病的人身上分离出来，进入他人体内使其感染疾病这个过程称为传染。传染病的传播途径有呼吸、饮食和水、皮肤等。而近代西方医学在解析人体构造时，通常使用机器来比喻说明身体各个器官（《独立新闻》，1896 年 7 月 17 日）。徐载弼在关于人类的论说中对各个器官进行了描述，他表示："通过学习代表人体五官、四肢、大小肠、骨头、肺、肝、心脏、气等各种身体器官，不难发现其相应的配对都有一定的理由和道理."通过这些言论中的"各种机器都有相应职务和运转道理,他们彼此互相帮助……"等语句,可以发现徐载弼沿用了西方医学中人体和机器的比喻(《独立新闻》,1896 年 8 月 3 日)。《独立新闻》中所刊登的生物学相关内容也没有超出动物学的范畴。虽说之后将对植物学进行介绍,但是在其论说中并未找到相关痕迹。

如果说徐载弼是传播生物学知识的人,那么就存在接收、学习和同化生物学知识的人。比如,曾任职于汉城师范学校的李相卨。他整理了汉译《西学略述》中的《植物学启蒙》一书,试图了解植物的光合作用和氮合成。据其笔记记载,李相卨虽然明白光合作用是植物通过叶子的绿色物质即叶绿素释放氧气的过程,但在植物的氮合成方面,却将其理解为含氮氨类的强盐溶于水后,从植物根部与水一起进入植物内部的过程。另外,他还学习了《化学启蒙》一书,但他不习惯用中国式命名法称呼众多化学物质。这种生疏感在其生物学学习中也有所体现。尽管如此,预备成为汉城师范学校教师的李相卨表现出对植物学的浓厚兴趣,仅从这一点来看就十分值得关注。

1895 年以后,学部出版的教科书中也编入了有关生物学的内容。首次发行的《国民小学读本》就与以前在私塾所学的内容完全不同。总共 41 课内容的读本中,与科学相关的有 10 课,其中有 6 课是生物学内容。主要以植物变化、蜂房、呼吸方式、鳄鱼、动物天性等为主题介绍了生物世界。1896 年发行的《寻常小学 2》中介绍了蚕、狐狸、木理(年轮)、油(介绍了动物油、植物油、矿物油等)、杜鹃和蜗牛等。《寻常小学 3》中虽然与生物相关的内容有所减少,但却增添了不少关于蜜蜂和养生主题的说明。1906 年发行的《初等小学 6》中加入了鱼,《初等小学 7》中讲到了身体健康、肥料以及鲸鱼。如此,生物学领域的基本内容贯穿了整个小学的课程。另外,儿童阅读和写作的教科书读本中也包含了不少有关自然的知识。以《新订寻常小学》为例,幼儿识字后初级读写的内容中就有简单描述"蝙蝠白天眼睛视力较弱，不能视物"等诸如此类动物特征的文章。并且，随着年级的升高，有关动物特征的介绍也更为深入。这些教科书中并不只编录了有关动物学的内容，植物学知识也包括在相应课程中。

学生们升入高中后就能接触到更深层次的生物学内容了。高中课程中的生物学知识与《寻常小学》中简单介绍的动物名称或几种动物形态上的特征等相比，更为深入且丰富。1908年玄采编辑的《最新高等小学教科书》第一册得以发行，该书介绍了梅花、蔬菜、凤蝶、豌豆、大麦、稻谷、蚕、蜜蜂、蜘蛛、桑树、木棉、麻、马、牛、猫等与实际生活密切相关的动植物，并描述说明了它们各自的特点。植物方面，或介绍花的雌蕊、雄蕊、花托、子房等结构，或分单独几课说明植物的部分构造，或解释风、虫和花的相关关系。

关于植物生长、繁殖和分类的内容在第二册中也有所延续。第二册中阐述了种子与芽、种子的发芽、植物的生长、动植物的相同点和不同点等生物个体的一般特征。从第一册的"植物分为叶、茎、根，会开花可结果。花有雄蕊和雌蕊……"等一般水平的说明深化为植物的生长从种子、胚芽开始逐步完善自身构造。在生物领域，按照针叶树、阔叶树、裸子植物和被子植物等分类方式，以日常生活中经常看到的植物为例对它们各自的特征进行了说明。动物方面，不仅介绍了蝙蝠、绦虫（寄生虫）、贝壳、海参等，还对细菌等的特征进行了描述。另外还在关于猛禽类的课目中，提出了鸟类的分类方法。将动物分为脊椎动物和无脊椎动物，并列举了区分众多无脊椎动物的形态上的标准。书中将这些一般性说明与许多动植物介绍罗列在一起，是因为没有设定该类教科书解释说明的方针以及教材的基本方向。译者玄采并未考虑这些内容之间的系统联系，仅以每年授课40周、每周1课为前提，从"东西理科教学"等众多书籍的原本以及译本等共12余本书中转载或选载了部分内容编写了该教科书。虽然这本教科书的结构并不十分严谨，但对于就读于近代学校的学生们来说，他们可以通过这本书观察到自然生物并非"自生自灭"的物种，每个分类都有其独特特征，都可以作为分析对象来研究。

　　另外，日本留学生的学会杂志上展示了比教科书更系统、更全面的生物学知识。《畿湖兴学会月报》共分 18 次刊登了植物、动物的相关内容，且将动物分为脊椎动物和无脊椎动物并分别介绍了它们的特征，而《西北学会月报》仅仅有关植物学方面的内容就连载了 4 次。金凤镇 [（김봉진），《畿湖兴学会月报》第 2 辑，1908 年 9 月 25 日］在动物学报道的开头写道："凡是研究生物的都可称之为生物学，"并将生物学分为动物学和植物学两门学科且分别进行了介绍。同时，将"动物学定义为研究动物形态和生理等的学科"，其下可分为形态学、胚胎学、生理学等。另外还以形态学为基础，对动物进行了分类。植物学也是以植物分类为主要内容。关于其他方面只是简单说明而已，例如光合作用是植物根部吸收的液体运送到叶片，吸收光能后发生变化，碳酸吸收作用是吸收空气中的二氧化碳，经过光合作用释放氧气的过程 [元泳义（원영의），"植物学"，《畿湖兴学会月报》第5 辑，1908 年 12 月 25 日］。

　　医学领域十分重视生物学的运用研究。如果想要接受医学教育，就必须学习药学、解剖学、生理学等基本内容。应用于医学教育的生物教科书是由金弼淳（김필순，1878—1919）翻译、鱼丕信（Avison, O.R.，1860—1956）审校编纂而成的。朝鲜王朝自开港以来为接纳近代西方医学做出了不少努力，到 20 世纪初就已经达到了可以自己翻译西方医学书籍的水平。

职业技术学校的出现和变质

大韩帝国时期比较重要的教育改革举措之一就是创办培养专门技术人

才的学校。这些学校的毕业生们不仅担负了"光武改革"的实务工作，还通过学习新的西方科学技术，接触与传统自然观完全不同的体系成功转为新型知识分子。

实际上，光武改革是 19 世纪 80 年代朝鲜王朝为实现富国强兵而实行的一系列改革政策。高宗于 1899 年以引进近代科学技术为前提设立了直属皇室的官内府，官内府下增设商理局、典圜局（货币铸造机构）、转运局、矿务局、机器局、平式院（管理度量衡）、西北铁道局、铁道院、通信司、矿学局等附属机构。这样一来，培养可以担任这些部门实务工作的人才这一问题就变得十分迫切。为此，政府创办了近代职业技术学校，并在 1899 年制定了工商学校官制，为其提供法律支持。政府虽然没有立刻开设工商学校，但以该官制为基础，陆续创办了不少培养适应增产兴业政策的人才和负责近代国政运营机构实务的官员的学校。量田事业就是其代表性的例子。1901 年因旱情严重，量田事业虽然只进行了全郡的 1/3 左右，但量地衙门仍然培养了不少可担负实务工作的测量师。1899 年政府制定了有关实习生的规章制度，完善了相应的教育运营体系，培养出了一批掌握新技术的测量师。他们不仅参与了量田，还参与了铁路及电车铺设工程等事业。[42]

另外，政府还设立并运营了电务学堂、邮务学堂、矿路学校、铁路学校、医学校等，用以补充改革事业开展以及管理所需的人力。为这些学校的设立提供法律依据的正是之前颁布的工商学校官制。政府推行相应政策后，民间的各种教育事业也随之如火如荼地开展了起来。民间新设了汉城织造学校、织造缎布株式会社教学所、铁路学校、国内铁路运输公司培养学校、乐英学校铁路系和工业制造系、兴化学校量地速成科等，并且都采用新科学为基础教学内容。[43] 这些学校同样也是依据 1899 年的商工学校官制设立的。

近代技术教育与大韩帝国政府引进近代技术的增产兴业政策并行实施，成为向大众传播西方科学技术的重要渠道。为了选拔优秀技能人才，1903

在典圜局工厂当学徒的青年们。

年农商工部以汉城府的技术人员为对象举行了首次技术比赛，并计划进一步举办相关博览会。政府已经不满足于单纯的传统技术改造，为了谋求本国技术体制整体的西方化转变，对正式实施西方科学及技术教育的要求越来越高。在已经颁布了商工学校官制的前提下，计划设立并接纳工商学校或工业传习所等类似机构。这些教育机构虽然是为了执行高等教育制度而开设的，但当时的大韩帝国政府并没有余力去运营。后来更是因为日本的介入而陷入僵局，甚至在殖民统治政策下更改或歪曲了原本的教育目标，最终沦落成为培养低级技术人员的机构。

　　培训西方医学的教育机构则经历了与科学技术学校完全不同的创办历程。虽然朝鲜王朝从济众院（朝鲜王朝设立的近代式医疗机构）时期（1885 年起）开始就试图向大众传播西方医学知识，但并未获得成功，当然这里面也存在与西方传教士语言沟通不畅的原因。对被选学生们来说，比起医学教育，学好英语更为急迫。在济众院实施西方医学教育的过程中，不仅仅是语言方面，学校没有正规教科书、没有组建专业的医学教授阵容也是一大问题。正是因为这些前期准备不足，才导致了 19 世纪 80 年代朝鲜的医学教育未能顺利实行。

然而这种情况一直到 1894 年甲午改革之际才开始有所转变。传统医学教育体系中创建了足以包容新医学教育的结构。但就算如此，朝鲜的医学教育也直到 1899 年池锡永请求设立医学学校并得到批准才正式开始。医学学校创办初期，仅第一年用来修缮校舍及住宅等准备工作，金弘集的预算就超过了 6000 圆。教职团队方面，由对东西方文化都有独到见解的池锡永任校长，还有 1 名韩医和 1 名外国教师组成。而这样的教职团队结构表明朝鲜王朝推行中医、西医两种医学并存的政策，旨在谋求东西方医学的折中与融合。该学校初次选拔了 50 多名医学生，他们要在 3 年内修完 16 个科目，其中包括动物学、植物学、化学、物理等西方自然科学领域课程，还有诊断、眼科等医学必修课。学费则根据典医监的传统由国家提供。[44]

大韩帝国虽然投入了 6000 圆的巨额预算建立了医学学校，但这类官办学校的运营仍旧很难正常进行。不但所需医学仪器配备不齐全，而且除化学以外的其他科目教科书也还未准备好。特别是教授团队的结构存在较大问题，教师队伍数量不足，且结构不合理。截至 19 世纪 90 年代，除了南舜熙（남순희）以外，很难找到合适教师，正常授课变得十分艰难。为解决这一难题，该校选择聘请日本教师。1900 年学校聘用了在日本学习医学的金益南（김익남）。当时被雇用的另一位日本教师古城梅溪的实力似乎并不好，因为其教学态度不甚严谨导致学生们拒绝上课。他在解剖学授课时甚至不区分左右小腿，以及头骨的凹凸。医学是一门十分严谨的学科，事关患者的健康甚至生死，面对这样的失误，学生们拒绝接受他的授课，要求更换教授。古城梅溪平时傲慢放肆的态度也是学生们拒绝他授课的一个重要原因。为此，学校聘请了另一位日本教师来代替他。

这一时期的医学学校之所以运营困难，也有未能得到足够的政府援助的原因所在。特别是，虽然规定医学校学生学费全免，并无偿为其提供所有教材以及后续实习等，但学校财政非常拮据，别说这些，连学生学习的相关物品和伙食费都负担不起。为了挽回这一局面，学校提议聘用毕业生来担任学校教官，这种情况一直到 1902 年才得到了改善。1902年学校教师增加到 5 名，进修完三年课程的第一批医学生也即将毕业，学校财政状况得到了明显改善，甚至有人提议新设实习医院以投入使用。1903 年 1 月学校迎来首届毕业生，共 19 人，同年 7 月又有 12 名学生取得了毕业资格。毕业生中有的留校任职，有的作为卫生队人员参加了日俄战争，还有一部分在广济院做医疗工作。第 1 届、第 2 届的 30 多名毕业生活跃在国家或社会所需的保健医疗领域，为西方医学的广泛传播做出了不小的贡献。另外，该校不仅教授学生们分析性诊疗思维的西方医术，还在内科中设有综合韩医学科，以谋求东西方医学的折中与融合，形成中医西医并存的局面。

但是这样的政策尝试很快就消失了。统监府（日本强占大韩帝国后，于汉城成立的一个官署）设立后，医学校只允许教授西方医学。而大韩帝国内的医学校之所以仍然得以运营，是因为当时在朝鲜活动的日本人需要受过西方医学训练的医生。因为这一举措，即便大部分朝鲜人的医疗仍然需要由韩医负责，但韩医学教育却被赶出了医学校这一正式的学校制度，由此韩医被迫成为"医生"，而不是受过高等医学教育的"医师"（日本殖民朝鲜半岛时期引入朝鲜语中的新词）。[45]这意味着在当时医学也和科学技术教育一样，是根据日本帝国主义的需求被取舍并加以改变的。

在培养国家事业所需专业人才方面，虽然科学技术教育与传统的人才培养方式并没有太大区别，但值得关注的是，所涉及的教育内容发生了变化。教育内容主要以近代科学知识为中心。代数、化学、物理、生理等学科在教育过程中被广泛提及，这都是建立在机械自然观和分析世界观基础上的。政府推行的这种近代科学教育在改编小学校令、中学校令等学制以及培养专业技术人员的同时，也改变了大韩帝国时期人们对自然的认识，为人类在自然中的重新定位做出了贡献。

统监府教育政策与大韩帝国教育政策的解体

在《乙巳条约》签订前后，大韩帝国面临着被日本侵略的空前民族危机。当时，很多知识分子都主张教育救国，他们把近代教育改革当作克服侵略危机、实现救亡图存的有效途径。特别是 1900 年前后，社会进化论传入大韩帝国，更是进一步强化了教育的必要性。在将社会进化论看作抵抗论和生存论这一点上大韩帝国与中国并无不同，唯一不同的是大韩帝国在整体全面思考西方学问方面，没有充分积累有关经验，特别是没有对西方科学进行深入思考。仅仅将西方科学技术看作拯救国家生死存亡的工具，利用其内在实用性来培养国家的力量、提高民众文化生活水平。在他们看来，近代科学不是对其内容的解析，不是培养辩证意义的思维，也不是对自然运作方式的理解、对自然的思考以及建立相关的理论体系，而是挽救民族危机、实现救国理想的工具。

随着这种教育救国思想的高涨，很多知识分子积极参加爱国启蒙运动，并根据小学校令等大韩帝国学制，设立了不少私立学校。这些学校大部分使用的是大韩国民教育会等机构编纂的教科书。特别是 1906 年发行的《初等小学》就是为幼龄学生熟悉文字而编写的教科书。该书为了让幼龄儿童尽快熟悉本国文字，用图画和很大的字体标注韩文，用小字体标注汉文，两种文字并用。内容方面与大韩帝国学部编纂的教科书类似，以日常事物、植物、动物名称为中心内容。此外，还按韩文字母顺序编入了家庭关系称谓等内容。学完相当于写作、阅读课本的《初等小学》后，还有第二卷内容供学生们学习。由此直至学到《初等小学》卷6，《初等小学》卷6中不仅有关于军舰、轮船、火车，还有车站（火车使用方法）等的知识，就连新开通的火车使用方法也能在该书中找到。[46]

但之后教科书的编纂工作却受到了重重阻碍。统监府将私立学校指定为批量培养"不逞鲜人"（20 世纪初日本人对有犯罪行为和参加反日运动的朝鲜人的称呼）的根据地，开始对校内使用的教材以及学校进行制裁。统监府于 1906 年制定并公布了普通学校令，之后 1908 年私立学校令、学会令、教科书图书鉴定规定，1909 年出版法、各种学校令修订本、实业学校令等接连出台，并以此为起点规定教科书编撰必须严格按照统监府的标准执行。日本帝国主义试图通过这些法令，抑制爱国启蒙运动，限制面向朝鲜人的教育教学内容。其中特别是"教科书图书鉴定"这一规定发挥了不小的影响力。大部分历史书和地理书直接被判定为不合格，科学教科书中，大韩帝国发行的《小物理学》《新撰中等无机化学》以及中国发行的《格物之学》三种教科书完全不被认可。[47] 朝鲜半岛完全沦为日本殖民地后，这种情况更是不容乐观。截至 1915 年，遭到总督府禁用的科学教科书共有 19 种，其中包括 3 种不认可的图书以及 16 种审定无效和不批准的图书。审查通过比率从 1910 年的 71% 下降到了 1915 年的 38%。受到审定无效处分的有《修订中等物理学教科书》《初等卫生学教科书》《中等生理卫生学》《植物学》（玄采著），同时受到审定无效和审定不批准的图书有《修订中等物理教科书》《新撰地文学》《中等生理卫生学》《小物理学》等。

如此，尽管受到日本帝国主义的制裁和牵制，但大韩帝国私立学校教育并没有大幅减少。特别是在科学方面，赴日留学生不断在他们的学会杂志上发表科学相关内容，以此为底稿的刊物对私立学校的授课产生了一定影响。但是随着日本教育制裁力度的加强，再加上"庚戌国耻"后日益加深的民族歧视，国内教育救国思潮开始逐步萎缩。

第9章

结　论

　　自港口开放以来，朝鲜王朝就被赋予了通过国政改革实现救亡图存这一重大时代课题。通过本书我们窥见了当时朝鲜王朝为解决这一攸关国家命运的难题，以引进西方近代科学技术为前提，制定、执行一系列国家政策的过程、成果以及影响。

　　朝鲜王朝自从发现包括强大火力在内的西方器物以来，为引进这些器物付出了不少努力。为了解决富国强兵这一存亡绝续的课题，政府开始积极引进被认为是西方文明核心的科学技术，并推进制定和执行相关国家政策。但是根据引进背景、条件、选择标准、被选技术的状态等，制定的各领域政策存在不小的偏差。其中，西式近代武器技术的引进是朝鲜王朝此次改革的核心，也是最优先考虑的改革政策。政府先是派遣留学生进修这一领域的技术，主动设立工厂并投入了不少财政资金。但是最终却没有在武器技术的引进及传授上获得相应成果，只是单纯加强了朝鲜武器的性能。甚至连性能也未能完美复刻西方武器体系，仅仅停留在了表面，将传统武器内在的杀伤性能极大化，强调了在威胁性武器中加强防御、积极攻击的意义，为武器技术引进提供了重新思考的机会而已。究其原因，这与政府对西方近代武器技术认识不够全面却急于求成，引进过程中未能确保其政治主导权，以及未能充分利用已获取的专业技术力量等有很大关系。最主要的原因是高宗和朝鲜王朝对局势判断不够成熟，对武器体系也不够了解。虽然有可能是当时的局势导致高宗没有从国家角度出发去考虑引进武器技术的问题，但考虑到复杂的武器体系转换，毫无疑问在制定相应政策的同时，需要更加强有力的要求及实施武器技术传授以及更强的培养人才的意志。

另外，铁路铺设政策也惨遭失败。与武器技术不同，铁路铺设的失败是因为大韩帝国推进铁路事业的内在需求并不强烈。在引进近代科学技术的优先顺序上，铁路并未被判定为急需技术。实际上，朝鲜社会实现产业化后的商品运输或原料供给并未增多，也不急需运输煤炭等能源以启动工厂。但在朝鲜铁路建设的问题上，包括日本在内的西方列强的立场却截然不同。日本为了深入中国大陆，迫切需要朝鲜的铁路通道，西方列强则需要将铁路转卖给日本以获取利益，或者用来牵制俄国的扩张。正如此，引进技术的必要性左右了引进的过程。但大韩帝国政府并非不知道包括交通在内的近代国家基础设施建设在掌握自主事业主导权中的重要性。汉城运行的电车就是大韩帝国政府认识到基础设施相关科学技术重要性的代表事例。

被认为是富国之根本的农业改革也收效甚微。与农业改革相关的负责人接连死亡，当然可以说是由于时运不济造成的，但究其根本原因还是政府有关农业改革事业的意志问题。而政府意志在很大程度上受当时以农业为主的大环境影响。农业在当时已经是依托传统方式经验，且各方面技术都比较成熟的领域了。当时引进的西方农业技术与传统方式相比并没有明显优势，朝鲜与西方不仅主食谷物品种存在差异，而且气候及环境条件也大为不同，为了使西方农业技术与当地环境更好融合，在支援近代农学技术的同时，还需要改编农村组织，这是一项非常巨大的事业。就算在日本，农业技术改革也是需要投入不少时间进行研究和实验的一项巨大工程。

在近代科学技术中，也有能够在朝鲜社会中改头换面并有效应用于当地的技术。电信网就是其中的代表，它完美取代了朝鲜传统的通信手段。虽然有不少来自外交、政治上的干涉和阻碍，但是新的通信手段仍然快速适应了朝鲜社会的特性。电信网的成功引进得益于甲午改革时期中央集权国家最重要的行政通信网的革除。确保通信网的安全畅通是控制和管理整个国家的重要手段，放弃通信网就意味着国家经营管理不能有效实施。因此，朝鲜王朝为了确保并维护在这一领域的主导权，不惜与列强进行激烈的外交斗争。当时的电信事业就是在必须牢牢掌控行政通信网的中央集权特征，以及与不断挑衅的日本进行竞争的过程中构建起来的。这与追求增加电报司数量的西方不同，朝鲜的通信网主导权主要体现在电信线路扩张方面，而且电信技术人员大多具备设计电信网和构筑电报司的技术能力，这与西方电信技术人员形成了鲜明对比。

无论成功与否，朝鲜王朝实施的科学技术引进政策在传统儒学知识社会的解体和西方自然观的引进方面做出了不小的贡献。儒学社会解体的核心标志，表面上是身份制度和科举制度的废除，但实际上是传统自然观随着近代天文学地志的传入而分化瓦解。世界不是由天、地、人等的有机体，而是由天空、大气层、地面组成的。传统意义上的"天"分为了天体和大气层，由西方天文学和气象学对其中发生的一些自然现象进行解释说明。由此，儒学的君权神授即天赋人权思想土崩瓦解。球形大地代替了中庸的国际秩序，将朝鲜引向了所谓的"万国公法"世界，表明朝鲜也是坐落于广阔的六大洲五大洋中的一部分。自此朝鲜传统的自然学解体，以此为基础的传统灾异论也随之走向消亡，依托于此的传统儒学社会以及国际秩序也分崩离析。就这样，主张灾祸是上天对王的警告的传统自然观冰消瓦解，天、地、人各自遵循相应原理和法则运转的新自然观在朝鲜站稳了脚跟。不仅如此，新自然观的确立还表明，朝鲜成为众多主张平等的国家之一。其中，国家存亡问题首当其冲，成为确保新自然观独立地位的重中之重。为此，朝鲜的地理学转变为地文学与天文学，与之前观念形成了鲜明对比，不仅用以掌握地形及自然特性等相关信息，还变成了激发爱国心、弘扬爱国精神的领域。

虽然在社会激变中经历了不少曲折，但是朝鲜40年来以中央政府为中心，以引进近代西方科学技术为前提，推进了多种多样的事业，使得整个社会发生了巨大变化。特别是随着政府推进的事业成果，即近代设施在民间的广泛使用，以汉城（今首尔）为中心的传统社会开始崩塌，出现了以前无法想象的光景。身份等级社会解体的影响在近代设施中立竿见影，与汉城城门开闭相关的陈旧宵禁令也被解除。此外，还引入了以星期制为基础的基督教太阳历和西方社会的规律性时间体系。牢固的传统社会开始发生变化，1903年至1904年，全国范围内设立了众多教育机构，摆脱身份等级制度的学子们在这些学校中接触到了新的学问。近代技术专门学校也取得了不小的成功，实务官员的任用方式也随之发生了变化。特别是为了运营和管理电信网，使之畅通，朝鲜王朝培养了100多名熟练掌握近代科学技术的专业电信技术人员，还培养了许多熟练掌握东西方医学的医学徒。这些变化意味着朝鲜传统的自然观和世界观在日帝强占之前就已开始解体，近代科学技术与朝鲜社会相辅相成，逐步推动了其社会的发展变化。

因此，我们有必要重新思考日本帝国主义对朝鲜的否定评价。近代科学技术引进于日本帝国主义强占时期、朝鲜依靠日本才实现了近代化等的主张和陈旧观念也应该被废除。这种传统观念源于日本帝国主义殖民者的愚民政策、爱国启蒙运动的失败以及所有的社会中都会存在的偏见，但这种偏见与近代科学技术反映的社会、历史、文化并无关系。只要引进近代科学技术就能实现近代化，就不会遭受国家和民族耻辱的想法在殖民强占时期之前就已形成，再加上"庚戌国耻"（1910年日本与韩国签订《日韩合并条约》，标志着韩国彻底沦为日本殖民地，所以韩国又将该合约的签订称为"庚戌国耻")前后日本对朝鲜民族性多有贬低。借口朝鲜民族古板固执、愚昧无知且故步自封,不能成功引进近代科学技术,为帮助其启蒙,已成功实现西方化的日本才将朝鲜合并的理论再无历史根据可言。

当然,我们不否认朝鲜富国强兵政策的失败以及日本并吞朝鲜这一历史事实。这一历史性的失败使得引进到朝鲜的科学技术无法自由使用。其中最常被提及的问题就是"如果开放港口后朝鲜王朝全心全意引进作为富国强兵核心的科学技术,那么为什么没有像日本一样取得成功呢?"有人指出这是因为朝鲜是从看待工具的角度出发解析并接纳西方科学技术的。朝鲜将西方科学技术的实质看作形成于清朝的"西学中源",主要借用"中体西用"的洋务运动理念基础,以"东道西器"式的态度去接近西方科学技术。但是,作为科学革命和产业革命的起源及产物,西方的近代科学技术是与西方社会、文化、经济各方面相互联系、相互影响且不断变化的。西方科学技术作为西方文明的产物,虽然具有工具性以及有限使用性,但仍旧不断与社会相互关联且相互影响。正是由于这种特性,朝鲜社会发生了不少变化,例如朝鲜王朝无意中引进的标准时刻体系、太阳历、依托电信网组建民用服务的政府机关、通过教育制度培育近代自然观等。尽管如此,政府和知识阶层也只是把科学技术当作一种工具,对这种变化漠不关心,而这种认知对引进态度产生了一定影响。以日本为例,虽然在19世纪80年代提出了"和魂洋才"(江户末期日本思想界对吸取西洋文化所采取的一种态度,即只接受洋学中的实际知识和应用技术,而摒弃其理论和精神方面的内容)这一与"东道西器"或"中体西用"相类似的理念,但他们实现了"明治维新"这一政治、经济、社会、行政、文化上的大变革,在日新月异的社会剧变中规范了西方近代科学技术的作用和目的。而朝鲜王朝无视或忽视了日本的变革动向,仅仅选择了几项有利于统治的工具及制度。这种选择差异严重影响了西方科学技术在社会中所占的地位、优先顺序以及影响范围。

　　另外需要指出的一点是当时朝鲜王朝严重的财政匮乏状况。那些西方国家科学技术能够在社会中发挥重要作用的国家无一不是资本集中的资本主义，甚至是资本与国家权力相互扶持的帝国主义国家。不少西方的科学技术都是为了确保获取更多的利润而研究的。像电气和化学等尖端科学甚至创办出与技术密切相关的电气工程、化学工程等学科。随着资本主义的蓬勃发展，由个人经营的小规模家庭手工业工厂虽然还未完全消失，但批量生产体系已经确立，而这其中不乏大量科学技术研究结果的应用。随着近代产业化的发展，工厂设备的不断更新，科学技术背后不但形成了大量相关产业，而且全新的产业互联网也在不断构建中。另外，产业能源也转换为高效能源体系，而这种体系的构建就意味着需要巨额投资资本。组织这种程度的产业设施体系对当时的朝鲜来说不可谓不艰难。如果国家财政难以支撑，那么只能通过国际贷款等来确保投资资本。日本虽然通过封建体制的经济改革、国外贷款以及中日甲午战争所获赔款保证了产业近代化及相关科学技术引进等的所需资金。但依旧受制于清朝的朝鲜很难融入到这种近代产业化的潮流中来。最重要的是，近代产业化需要可以接纳包容它的社会基础，需要可以批量生产的机器、技术、能源，需要保证产品市场、原料供应和商品运输交通网以及通信网的安全畅通等前提条件。而其中最必需的条件就是庞大的资本支撑。考虑到这一点，当时朝鲜还是以第一产业为主的自给自足社会，在积累资本、构筑基础设施、实现产业化方面还远远不够，想要建立大批量生产体制并不容易。因此，只能根据当时的社会环境来选择所需要引进的科学和技术。而政府的需求则成了衡量引进与否的主要标准。

　　但这并不意味着朝鲜王朝的产业推进方式没有任何问题。因为朝鲜政府本身无法保障其强有力的国家主权，因此不但不能确保其持续持有引进和运营方面的主导权，而且对各项产业的掌管力度也不甚强。中国和日本，以及西方帝国更是为了保障自身在朝鲜的各种利益，持续妨碍和干涉朝鲜的内治和外交。特别是 19 世纪 80 年代的"壬午兵变"和"甲申政变"就对朝鲜王朝引进科学技术等的相关改革起了不小的消极作用。国际局势氛围也极度恶劣。清朝试图将两国关系转换为承认其自主外交和内治的传统藩属关系，使其属邦化。而日本早在 19 世纪 80 年代初期就曾以征韩论为基础，试图侵略或强占朝鲜各种利益以及铁路、电信等社会基础设施产业相关的产业主导权。正是这种内忧外困的局势对朝鲜王朝的国政改革动向产生了十分不利的影响。在这种环境下，朝鲜王朝企划并制定的很多改革政策只能推迟或停滞不前，仅能勉强维持各项产业根基。在这样的情况下，甲午战争和"光武改革"成为朝鲜革新的转折点。1894 年，甲午战争爆发，中国丧失了对朝鲜的主导权。[1]之后发生的"三国干涉""乙未事变"等并没有促使朝鲜按照日本的意图发展。高宗通过"俄馆播迁"、还宫等举措颁布新的大韩帝国国家制度，掌控朝政大权，并开始主导实施"光武改革"，为西方科学技术引进与应用打开了崭新局面，这才确保了朝鲜开展西方科学技术引进事业的持续性。

尽管存在诸如此类的众多限制，但韩国的近代科学技术早在日本帝国主义强占时期之前就已被引进至国内，与当时的社会相互适应、相互影响，并不是日本帝国主义为了韩国的近代化而引进的。笔者认为，通过对外开放港口引进的近代科学技术经过摸索适应并改变朝鲜社会，从而诞生与社会发展相互影响的新近代科学技术的时间至少应该提前到 1897 年，而不是日本帝国主义强占时期。"光武改革"以来，在政府主导下积极采用西方器物这一点体现在了国家政治举措的方方面面。看似坚不可摧的传统之墙上，裂痕以惊人的速度迅速蔓延开来，瓦解的征兆开始随处可见。在培养专业技术人才以及构建可以更好融合接纳西方学问的近代教育制度方面更是倍感压力。近代教育体系的建立旨在向新式学校的学生们介绍新自然观以及相关知识。培养出的新式人才拥有与传统社会完全不同的自然观及思维空间观念，这对于制定新社会发展目标来说颇有助益。

但是随着日本帝国主义的蚕食鲸吞，许多有利于朝鲜社会发展的积极变化消失殆尽。在大韩帝国政府的推动下尚未实现的传统社会转换和近代科学技术的引进，也因日本帝国主义的吞并，不得不经历不同的改变和波折。历经30年，朝鲜王朝以及大韩帝国政府为实施各项科学技术引进政策，在物质以及精神上耗费的努力和投资、培养的技术人力、构建的训练及学习体系都惨遭解体，为日本帝国主义殖民政策作了嫁衣。虽然当时朝鲜融合并适应了部分西方近代科学技术，使传统壁垒崩塌，社会变化巨大，但这些改变纷纷淹没在了日本帝国主义的各项侵略政策中，很难从历史记载中找到相关痕迹。甚至朝鲜还被扣上了"厌恶文明、惧怕变化、不了解西方科学技术、学也学不会的无能民族"的帽子。

因此，大韩帝国的改革失败以及沦为殖民地等的历史不应该在近代科学技术领域而应该在其他领域进行探讨。另外，诸如日本帝国主义政策以及随之而来的腐败、外交政策的非自主性、对民政策和经济政策的不健全、匮乏的财政、缺乏对新社会的规划、社会腐败现象滋生蔓延等问题，也应重新进行思考。

注　释

第1章

[1] 权泰檍，《日本帝国主义的韩国殖民化和文明化》，首尔大学出版文化院，2014，p.4。

[2] 关于港口开放前的国际交流，参考延甲洙《大院君和西洋——大院君是锁国论者吗?》，《历史批评》，50，2000，pp.105-149。

[3]《承政院日记》高宗十九年（1882）。

[4] 大韩帝国或光武改革的性质，与对高宗的再评价一样，一直是历史学界争论的焦点之一。对此参考李泰镇的《对高宗时代的再评价》，太学社，2000；教授新闻企划，《高宗皇帝历史听证会》，蓝色历史出版社，2005。

[5] 参考李润相，《1894—1910年的财政制度及运营的变化》，首尔大学博士学位论文，1996，pp.77-83。他对加强皇室财政持否定态度。

[6] 光武改革时期成立的民间企业不在少数。与织造公司、铁路公司一样根据政府的实行政策设立公司，这些公司大部分由政府官员和民间人士共同建立，享受国家支援的各种特惠政策。据调查，在1895年至1904年间成立的公司中，有163人参与了1家以上，13人参与了4家以上的公司设立和经营。对此参考田宇龙，《19—20世纪初韩人公司研究》，首尔大学博士学位论文，1997，第1章。

[7] 朝鲜当时的民族性、知识能力以及蛮化未开等特征可以从统监府学部学政参与官币原坦、和田雄治等人的言语中窥见一斑。对此，参考慎镛厦，《日本帝国主义殖民统治政策和殖民地近代化论批评》，文学与知性社，2006，pp.47-48；宫川卓也，"20世纪初日本帝国主义朝鲜半岛气象观测网构建和气象学的形成"，《韩

国科学史学会志》，32-2，2010，pp.173-75 页；与不断加深的对朝鲜劣等民族性的指责相关的统监府教育政策和执行情况，参考彭英一，"1905—1910 年的模范教育和普通学校日语教育"，《韩国教育史学》，32-2，2010，pp.71-91。

[8] 大野谦一，《朝鲜教育問題管見》，朝鲜教育会，1936，pp.6-12。

[9] 本文中不涉及政治、经济、外交等领域的相关研究。

[10] 罗爱子，《韩国近代海运业史研究》，国学资料院，1998。

[11] 郑在贞，《日本帝国主义的侵略和韩国铁路（1892—1945）》，首尔大学出版部，1999。

[12] 鲁仁华，"关于大韩帝国时期汉城电气公司的研究"，《梨大史院》17，1980；金延姬，"大韩帝国时期电气事业，以 1897—1905 年为中心"，《韩国科学史学会志》，19-2，1997；吴镇锡，"韩国近代电力产业的发展与京城电气（株）"，延世大学博士学位论文，2006。

[13] 金延姬，《高宗时期近代通信网的构建》，2006，首尔大学博士学位论文。

[14] 元裕汉，"《典圜局考》"，《历史学报》，37，1968，pp.49-100。

[15] 当然，货币整顿不仅仅是技术上的问题，因此新的货币制造技术对当时的改革措施并没有帮助。

[16] 李培镕，《韩国近代矿业掠夺史研究》，一潮阁，1989。

[17] 金荣镇，金伊教，"开化期韩国的欧美农业科学技术引进相关的综合研究"，《农业史研究》，10 卷 2 号，2011；金荣镇，李吉燮，"开化期农书的编纂背景和编纂动机"，《农业史研究》，7-2，2008；金荣镇，李吉燮，"开化期韩国农书的特征和新农业技术"，《农业史研究》，6-2，2007；金荣镇，洪恩美，"19 世纪 80 年代韩国农书记载的西方农业科学"，《农业史研究》，5 卷 1 号，2006；金道亨，"劝业模范场的殖民地农业支配"，《韩国近代史研究》第 3 辑，1995。

[18] 权泰檍，《韩国近代棉业史研究》，一潮阁，1989。

[19] 金英姬，"大韩帝国时期蚕业振兴政策和民营蚕业"，《大韩帝国研究（V）》，梨花女子大学韩国文化研究院，1986。

[20] 申东源，《韩国近代保健医疗史》，韩蔚出版社，1997；朴润栽，《韩国近代医学的起源》，慧眼出版社，2005。

[21] 金根培，《韩国近代科学技术人才的出现》，文学与知性社，2005。

[22] 李勉优，《韩国近代教育期（1876—1910）的地球科学教育》，首尔大学博士学位论文，1997。

[23] 金延姬，"对 19 世纪 80 年代收集的汉译科学技术书籍的理解：以奎章阁韩国学

研究院藏本为中心”，《韩国科学史学会志》，38-1，2016；李相九，“韩国近代数学教育之父李相卨撰写的 19 世纪近代化学讲义录《化学启蒙抄》”，*Korean Journal of mathematics*，20-4，2012；李相九，朴钟润，金采植，李在华，数学家溥斋李相卨的近代自然科学——以《百胜胡草》为中心，《E- 数学教育论文集》，27-4，2013；姜顺石，“爱国启蒙期知识分子对地理学的理解：以 1905—1910 年的学报为中心”，《大韩地理学会志》第 40 卷第 6 辑，2005。

[24] 金延姬，“大韩帝国时期新技术官员集团的形成与解体——以电信技术者为中心”，《韩国史研究》，140，2009；朴钟硕，《开化期韩国的科学教科书》，韩国学术情报，2006；朴钟硕，郑炳勋，朴胜载，“1895—1915 年科学教科书发行、鉴定使用相关的法律依据和使用批准实态”，《韩国科学教育学会志》，18-3，1998。

[25] 金正基，“19 世纪 80 年代机器局机器厂的成立”，《韩国学报》，10，1978；金延姬，“对领选使行军械学造团的再评价”，《韩国史研究》137，2007。

[26] 关于港口开放后近代科学技术相关研究的详细内容分析参考金延姬，“港口开放至解放前的韩国技术史研究动向”，《韩国科学史学会志》，31-1，2009，pp.207-231。

[27] 朴忠锡，“朴泳孝的富国强兵论”，渡边浩，朴忠锡编，《“文明”“开化”“和平”——韩国与日本》，雅然出版社，2008，p.22，pp.45-58，p.79；姜相圭，《19 世纪东亚版图的转变与朝鲜半岛》，论衡，2008，pp.51-53。

[28] 权泰檍，前文，2014，p.4。

[29] 权泰檍，前文，p.28。

[30] Benjamin A. Elman, *From Philosophy to Philology: intellectual and social aspects of change in late imperial China* (Cambridge [Massachusetts] and London: Harvard University Press, 1984); H.C.Wong, “China's Opposition to Western Science during Late Ming and Early Ch'ing”, *Isis* 54 (1963), pp.29-49; Pingyi Chu, “Remembering Our Grand Tradition”, *The History of Science* 41 (2003), pp.193-215.

[31] Benjamin A. Elman, *On Their Oum Terms, Science in China, 1550-1900*(Havard University, 2005); Benjamin Elman, *A Cultural History of modern Science in China* (Havard University, 2008); Ruth Rogaski, *Hygienic Modernity* (Berkeley: University of California Press, 2004); 关于 19 世纪以前的日本、中国和朝鲜的研究有金永植，《东亚科学的差异》，science books 出版社，

2013。

[32] 权泰檍，前文，p.28。

[33] Scott L.Motogomery，*Science in Translation: Movements of Knowledge through Cultures and Time*（Chicago univ.press，2000）；Morris Low，*Science and the Building of a New Japan*（New York：Palgrave Macmillan，2005）；James Batholomew，*The Formation of Science in Japan: Building a Research Tradition*（Yale Univ.Press，1989）；Tessaa Morris Suzuki，*The Technological Transformation of Japan*：*From the seventeenth century to twenty-first century*（Cambridge，1984）.

[34] 金永植，前书，pp.157-158。

[35] 从金成根，"日本的明治思想界和'科学'一词的形成过程"，《韩国科学史学会志》，25-2，2003；金成根，"近代词汇'自然（nature）'一词在东亚的诞生和定居"，《韩国科学史学会志》，32-2，2010；金成根，"近代日本气的世界和原子论世界的冲突"，《东西哲学研究》，61，2011等文中可以了解到日本接受西方科学技术和由此带来的自然观重构的过程。

[36] 金范成，《明治·大正の日本の地震学》，东京大学出版会，2007；吴东勋，《仁科芳雄和日本近代物理学》，首尔大学博士学位论文，1999。

第 2 章

[1] 关于万国公法的评价，李光麟，《在韩万国公法的接受及影响》，《东亚研究》第 1 辑，1982；金容九，"万国公法在朝鲜的接受与适用"，《国际问题研究》，23-1，1999，pp.1-25。

[2]《承政院日记》，英祖七年（辛亥，1731）。

[3] 关于这种武器的开发，将在第 3 章中加以详细了解。

[4] 与此相关，金弘集从日本带来的郑观应的《易言》一书为朝鲜王朝提供了不少有关军备的信息。对此，参考郑观应，"论边防""论搜查""论火器""论练兵"，《易言》，首尔大学中央图书馆收藏本。

[5] 对此，将在下一章详细论述。

[6]《承政院日记》，高宗十六年（1881）。

[7]《承政院日记》，高宗十九年（1882）"儒学姜琦衡关于军政三项对策的上疏"。

[8]《承政院日记》，高宗十九年（1882）。

［9］相关分析参考任钟泰，"'道理'的形而上学和'形气'的技术：19世纪中叶一位朱子学者眼中的西方科学技术和世界：李恒老（1792—1868）"，《韩国科学史学会志》，21-1，1999，pp.58-91。

［10］《承政院日记》，高宗十九年（1882）。

［11］《承政院日记》，高宗十八年（1881）。

［12］崔益铉、金平默、李恒老的斥和上疏随处可见。对此，崔益铉，《勉庵集》第1卷，勉庵学会，华西学会共编，pp.259-276；金平默，《重庵先生文集》上，宇从社，1975，pp.100-103；李恒老，《华西集》，民族文化推进委员会编，2003，pp.85-87。

［13］《承政院日记》，高宗十九年（1882）。

［14］《承政院日记》，高宗六年（1869）；高宗八年（1871）四月六日；高宗十一年（1874）；"斥邪纶音"出自《承政院日记》高宗三年（1866）。

［15］据权锡峰分析，这种认知上的变化是在申櫶上疏后初露端倪的。对此参考权锡峰，"对领选使行的考察"，《历史学报》，第17、18辑，1962，p.279。

［16］《承政院日记》，高宗十九年（1882）八月五日。

［17］仅从《承政院日记》来看，从诏书颁布之前开始，上至1881年6月8日郭基洛的上疏，下至1883年3月11日安翅豊的上奏，共有25件与开化相关的奏本。特别是因高宗不久前下达了撤除斥和碑的敕令，导致9月5日的上疏有5篇之多。有关开化上疏内容的详细分析参考柳承宙，"开化期的近代化过程"，韩国精神科学研究院社会科学研究室，《近代化与政治的求心力》，韩国精神文化研究院，1986。

［18］《日省录》，高宗十九年（1882）。

［19］《高宗实录》，高宗十九年（1882）。

［20］将经筵七德教化作为理想政治原理，并以此为依据来教导国王经史，以期实现儒学推崇的理想政治。正如高宗亲政之前举行的经筵，《承政院日记》高宗二年（1865）、高宗六年（1869）以及朝鲜王朝时期国内对富国强兵的报道等资料中所示，孟子对梁惠王的教导、宋代王安石的改革政治等作为重要事例被屡次提及。

［21］《宣祖实录》，宣祖三十二年（1599）。

［22］《太宗实录》，太宗二年（1402）。

［23］《日省录》，正祖十五年（1791）。

［24］《承政院日记》，高宗十九年（1882）。

[25]《承政院日记》，高宗十一年（1874）。

[26]《承政院日记》，高宗十八年（1881）。

[27]《太宗实录》，太宗二年（1402）。

[28]《承政院日记》，高宗二十一年（1884）。

[29]《承政院日记》，高宗十八年（1881）。

[30]《承政院日记》，高宗十八年（1881）。

[31]《承政院日记》，高宗十九年（1882）。

[32] 刘岜达，"1883 年金玉均次官交涉的意义和界限"（1883 年金玉均の借款交渉における意味と限界），《韩国近代史研究》，第 54 辑，2010，pp.39-75。

[33]《高宗实录》，高宗十七年（1880）。

[34]《承政院日记》，高宗十九年（1882）。

[35] 崔益铉，《勉庵集》，第 1 卷，勉庵学会，华西学会共编，pp.259-260（张寅成，金贤哲，金钟学编著，《近代韩国国际政治观资料集第 1 卷开港大韩帝国记》，首尔大学出版文化院，2015，pp.29-30 再引用）。

[36] "富国说"上，《汉城旬报》，1884 年 5 月 1 日。

[37] "富国说"，《汉城旬报》，1884 年 5 月 25 日，6 月 4 日。该报道转载自《万国公法》的其中一节。

[38] 对此，参考金延姬的"从《汉城旬报》及《汉城周报》的科学技术报道看高宗时代的西方文物接受情况"，《韩国科学史学会》，33-1，2011。

[39] 参考金延姬的《高宗时代近代通信网构建事业》，首尔大学博士学位论文，2006。

[40] 关于这些外交使节的报告，参考国史编纂委员会影印，《修信使日记》，1958；《朝士视察团关系资料集》，国学资料院影印，2000；金源模，《遣美使节团洪英植复命问答记》，《史学志》，5 号，1981；朴定阳，《朴定阳全集》，亚细亚文化社影印，1984。

[41] 关于朝士视察团成员的特点，参考许东贤的《近代韩日关系史研究》，国学资料院，2000，pp.52-59。

[42] 朝士视察团的日本部门人员安排，参考许东贤，前书，国学资料院，2000，48，pp.61-70。

[43] 报聘使也被称为遣美使节团。关于他们视察新式文物的详细论述，参考金源模，"韩国报聘使的美国使行（1883）研究（下）"，《东方学志》，50，1986。

[44] 全海宗，"关于设立统理机务衙门的经纬"，《历史学报》，17、18，1962，pp.

687-702。

[45] 全美兰，"统理交涉通商事务衙门相关研究"，《梨大史院》，24，2卷0号，1989，pp.213-250。

[46] 关于《汉城旬报》和《汉城周报》的灵活运用参考金延姬，前文，2011。

[47] 对此的详细论述参考金延姬，前文，2016。

[48] 关于这本书的影响参考李光邻，"《易言》和韩国的关化思想"，《韩国开化史研究（修订版）》，一潮阁，1993。

[49] 金弘集，前书（修信使日记），p.169 再引用。

[50] 当然，没有证据表明该国语译书是由朝鲜王朝主导编纂的。该译书是由申櫶等人负责翻译编写的，对此的详细论述参考金容九的"关于易言"，《世界观冲突和韩末外交书，1866—1882》，文学与知性社，2001；本文所引用的《易言》是由4卷36篇组成的韩文翻译本。关于这本书版本的介绍、比较和题解，参考金容九，前文，pp.325-335。

[51] 郑观应，前书，第一卷"论火车"，"论电报"。

[52] 郑观应，前书，第一卷"论火车"，p.35。

[53] "嘉梧稿录"1册书，《清季中日韩关系史料》，第二卷，文书编号329，附件（2）。

[54] 当时掌握实权的李裕元对于这样的建议采取全面否定的态度，并且有不少官员立场与之相同。对此参考《龙湖开录》，卷4，国史编纂委员会，1980年影印，pp.433-435。

[55] 《承政院日记》，高宗十八年（1881）。

[56] 对此参考金延姬的"对领选使行军械学造团的再评价"，《韩国史研究》137，2007，pp.237-67。

[57] 《日省录》，高宗二十一年（1884）。

[58] 《承政院日记》，高宗二十年（1883）；对此的详细论述参考元裕汉，"《典圜局考》"，《历史学报》，37，1968，pp.49-100。

[59] 高丽大学亚细亚问题研究所，《旧韩国外交文书》（德案）文书编号17997。

[60] 参考刘岜达，"1883年金玉均次官交涉的意义和界限"（1883年金玉均の借款交涉における意味と限界），《韩国近代史研究》，第54辑，2010.9，pp.39-75。

[61] "内衙门布示"，《汉城旬报》，1883年12月29日。

[62] 据"统理军国事务衙门养桑规则"（奎章阁18094号），高宗二十一年（开国四百九十三年），甲申（1884）八月记载，蚕桑公社成立后，由赵夏荣负责蚕桑

事务。

[63] 金英姬，前文，pp.7-8；李祐珪编，李熙奎译，《蚕桑辑要》（奎章阁 4622 号）。对此参考"题解"，《蚕桑辑要》（奎 4622），http://e~kyujanggak.snu.ac.kr/HEJ/HEJ~NODEVI EW.jsp？setid=239198&pos=0&type=HEJ&ptype=list&subtype=jg&lclass=10&cn=GK04622_00.

[64] 《汉城旬报》，1883 年 12 月 29 日；另外，1883 年 12 月 1 日刊登于《汉城旬报》的内衙门布示中标明，设立农桑司用以掌管统户和农桑茶等，同时对户法公布、堤堰修建、闲旷地开垦、陈荒地翻耕以及蚕桑的必要性等几点进行了整饬，还改录传达了几种法律。这在 1883 年的"甘结安山"（甘结是指上级官厅下达到下级官厅的文件，主要由指示、命令组成。甘结安山指的是京畿监营下达到安山郡的文书）中得到充分体现。由此推断，农桑司相关的各种规定不仅传到了安山，还传到了全国的各邑、各面。对此参考《汉城旬报》，1883 年 12 月 1 日；甘结安山（古文书 4255.5-10）。

[65] 关于农业政策和农务牧畜试验场的相关内容已在前文仔细论述。

[66] 《高宗实录》，高宗二十三年（1886）。

[67] 关于农务牧畜试验场，将在第四章中进行详细论述。

[68] 《承政院日记》，高宗二十四年（1887）。

[69] 李培镕，"开港后韩国的矿业政策和列强的矿山勘探"，《梨大史院》10-0，1972，pp.69-94。

[70] 《增补文献备考》中，东国文化社影印，1957，p.641。另外，关于朝鲜港口开放后海运部门的变迁，参考罗爱子的《韩国近代海运业发展相关研究》，梨花女子大学博士学位论文，1994，pp.41-45。

[71] 由此可以看出，金镛元很努力地学习了有关轮船的学问和技术。朴泳孝向高宗转达了日本人对金镛元技术学习态度的赞赏。对此参考《承政院日记》，高宗十九年（1882）。

[72] 关于船工们的不正之风，参考《漕弊厘整事目》（奎章阁 17206 号）（高宗十八年）。

[73] 对此，将在第 6 章中加以叙述。

[74] 对此，将在第 10 章中详细讨论。

[75] 大韩帝国或光武改革的性质，与对高宗的再评价一样，一直是历史学界争论的焦点之一。对此参考李泰镇的《对高宗时代的再评价》，太学社，2000；教授新闻企划，《高宗皇帝历史听证会》，蓝色历史出版社，2005。

[76] 对此参考李润相的《1894—1910 年财政制度和运营的变化》，首尔大学博士学

位论文，1996，pp.77-83。

[77] 参考李润相，前文，pp.70-83。

[78] 关于通信网改革，将在第6章加以论述。

[79] 其中矿山的运营及开发等的相关事项虽然已经明了，但却没有发现引进西方技术的痕迹。可以说这是因为西方的矿业技术在矿脉挖掘、矿山建设方面没有实效性。关于当时大韩帝国矿产业的运营情况，参考梁尚贤的《大韩帝国时期内藏院财政管理：以人参、矿山、庖肆、海税为中心》，首尔大学博士学位论文，1997，pp.87-146。

[80]《训令7号》，1902年8月4日;《训令5号》，1902年8月4日;《训令5号》，1902年9月6日；对于雇聘外国人以及机器引进等，参考吴镇锡，前文，2007，pp.59-65。

[81]《高宗实录》，1904年7月6日。关于武器制造技术的转变将在第4章进行论述。

[82] 光武改革时期成立的民间企业不在少数。与织造公司、铁路公司一样根据政府的实行政策设立公司，这些公司大部分由政府官员和民间人士共同建立，享受国家支援的各种特惠政策。据调查，在1895年至1904年之间成立的公司中，有163人参与了1家以上，13人参与了4家以上的公司设立和经营。对此，参考田宇龙，《19—20世纪初韩人公司研究》，首尔大学博士学位论文，1997，第1章。

[83] 关于交通网的改革，将在第5章中加以论述。

[84] 港口开放以来朝鲜王朝持续开展包括卫生事业在内的保健医疗政策建设。与此相关的内容已经在申东源、朴润栽的书中进行了细致论证以及全面的展开和整理。与此相关政策展开过程可参考他们的著作。

第3章

[1] 关于西方文艺复兴以来的先进武器说明，参考 Ernest Volkman 著，石基勇译的《战争与科学结合的历史》，imago 出版，2003，pp.134-181。他认为是儒学理念导致了中国武器技术落后于欧洲。

[2] 关于武器开发和商人资本结合的详细内容，参考 William McNeill 著，申美媛译，《战争的世界史》，yeesan 出版社，2005。

[3] 千叶县历史教育者协议会世界史部，金恩珠译，《物品世界史》，伽蓝企划，2002，pp.295-296。

[4] 红夷炮是以 1604 年明朝军队与荷兰大战时，荷兰人使用的大炮来命名的。

[5]《承政院日记》，仁祖九年（1631）。西洋大炮设计无比精巧，非常适合战争用。

[6] 李瀷，《星湖僿说》第 5 卷，万物门火具。

[7] 丁若镛，《茶山诗文集》，22 卷"杂评"（《兴犹堂全书》，1982 年影印）。他试
图在这篇文章中纠正《国朝宝鉴》，35 卷（1994 年影印）仁祖九年（1631）的
记录。

[8] 国防军事研究所，韩国武器发达史，国防军事研究所，1994，p.558。

[9] 佛郎机音译自"法兰克"一词，指的是来自葡萄牙的机械，是 16 世纪初引进中
国的欧洲式大炮。

[10] 国防军事研究所，韩国武器发达史，国防军事研究所，1994，p.558。

[11] 姜信烨，《朝鲜的武器 1：训局新造军器图说·训局新造器械图说》，奉明，
2004，p.253。

[12] http://preview.britannica.co.kr/bol/topic.asp? mtt_id=86944.

[13] 大院君制定了补充兵力、实施军事演习、将盐田税和渔场税用作军需费等财政
方案，并强化了武将的权力。他接受了申櫶的建议，将江华岛作为首都防御的
第一防线，设置了镇抚营，构建了完整的军事兵营体。大院君提高了镇抚士的
地位，取消了镇抚士兼任的其他职务，使其只集中于镇抚营的业务。另外，将
京畿水营的屯田和均役厅鱼盐税等各种税金划归镇抚营，增加其财政预算。对
此参考林在灿，"丙寅洋扰前后大院君的军事政策"，《福贤文苑》24-0，2001；
从大院君的武器开发到军械学造团的相关文章是以金延姬的"对领选使行军械
学造团的再评价"，《韩国史研究》，137，2007 为基础重新整理而成的。

[14] 详细内容参考朴星来，"大院君时代的科学技术"，《韩国科学史学会志》2-1，
1980。

[15] 对此的详细论述参考裴亢燮，《19 世纪朝鲜的军事制度研究》，国学资料院，
2002，pp.39-119。

[16]《高宗实录》，二十四年；二十七年；二十八年。

[17] 考虑到要从日本购买武器，于是高宗派遣了"开化僧"李东仁前往日本，并安
排朝士金镛元购买武器及制造武器所需的金属、化学药品等材料。关于李东仁
可参考李光麟的"开化僧人李东仁"，《创作与批评》，5（3），1970，pp.461-
472；关于金镛元参考许东贤的《近代韩日关系词研究》，国学资料院，2000，
p.51，56。

[18] 李光麟，"聘请美国军事教官和练武公院"，《韩国开化史研究》，一潮阁，1965，

pp.159-202。

[19]《太祖实录》，太祖四年（1395）。

[20]与此相关的王朝实录报道也不少。仅仅是王安石霸道变法改革的相关报道从太宗台1件（太宗二年）开始，在朝鲜就被提及了约390次，相关内容在第2章中已经进行了论述。

[21]据悉，他是带着视察日本、购买武器、是否需要派遣朝士视察团以及事前协调等各种任务被派往日本。对此参考李光麟，前文，1970。

[22]统理机务衙门后来分化成统理交涉通商事务衙门和机务处，将与外国的交涉通商和内治军事分离开来。关于分离过程和背景参考全美兰的"统理交涉通商事务衙门的研究"，《梨大史院》，24，2卷0号，1989，pp.213-250。

[23]1881年12月，中央将现有的5军营体制转换为2军营体制，将摠戎厅、禁卫营、御营厅合并为壮御营，并将其设为负责首都防卫的中央军。设有壮御队长，并设有1名都提调和2名提调官员。按照传统编制法设大将、中军、左右别军、哨军。武卫营是朝鲜将武卫所和训练院合并后设置的，负责官殿守卫。武卫所兵士由从训练都监、禁卫营、御营厅、摠戎厅等4营中选拔出的优秀兵卒组成，大将下设中军，中军下设左、右别军。

[24]裴亢燮，《19世纪朝鲜的军事制度研究》，p.119。当然，这样的军制改编也有高宗为了构建亲政体制，削弱曾是大院君政权基础的现有军营的缘由。

[25]金正基，"清朝对朝鲜的军事政策和宗主权（1879—1894）"，《边太燮博士花甲纪念史学论丛》，1985，pp.890-891；另外，清朝还建议朝鲜与日本以及西方各国签订通商条约。对此参考权锡峰的"洋务官僚对朝列国立约劝导策"，前书，1997，pp.79-116。

[26]权锡峰，上文，1997，pp.153-157。

[27]权锡峰，上文，pp.160-161；金允植，"阴晴史"，《韩国史料丛书06》，国史编纂委员会，1958、1882年2月11日；朝鲜王朝为建立制造武器的武器工厂，将购买机器作为领选使的重要任务之一。对此领选使金允植表示："完成设备学习后，如果不买设备不设厂的话，回去就没有可以试验的地方。"以此来说明购买机器设备的重要性。因此在天津停留期间，他丝毫没有放松有关机器厂规模的设定或机器设备购入信息的收集。金允植，前书，1882年2月17日。

[28]金正基，前一篇论文，1985，p.880。

[29]金允植，前书，1882年1月24日。

[30]金允植，前书，1882年2月17日。特别是东局总办樊骏德强调了天津机器

厂所需预算的庞大，仅仅建工厂就用了 10 多年时间，并且每年需要投入大约 5000 万两白银。

[31] 对此的详细论述参考金延姬的"对领选使行军械学造团的再评价"。

[32] 金允植，前书，1882 年 10 月 14 日。

[33] 彼时朝鲜半岛 1 磅是 12 两。

[34] 关于李鸿章送交的武器清单，参考金正基的"朝鲜王朝的清借款导入（1882—1894）"，1978，p.422。

[35] 金允植，前书，1882 年 6 月 7 日，"小汽锅炉，以运车床、刨床、钻床，若无此三者，则凡百器械，无以修改"；另一方面，朝鲜王朝也根据领选使金允植的报告缩小了大规模武器制造厂的规模。而实施该举措的最大原因是，当时朝鲜政府的财政状况不佳，无法承担武器制造工厂的安装费用。但即使朝鲜王朝缩小武器制造厂规模，将工厂重点由制造武器转为修理武器，也要根据朝鲜王朝的实际情况自主设计建厂，以便今后可以自主制造武器。但是李鸿章确对朝鲜机器厂持有不同的看法。他将该工厂转为为驻朝鲜清兵服务的武器修理及所需零件采购的附属维修站点，并让朝鲜王朝出资购买了所需设备。对此参考金正基，前文，1978，pp.422-424；关于金允植 10 月撤换时购买的机器清单参考金允植，上文，1882 年 10 月 15 日。

[36] 金允植，前书，1882 年 10 月 15 日。

[37] 袁世凯在所谓的"朝鲜大局论"时事至务十款第六项"节财用"中明确规定，停止转换局、制药局（火药制造署）、机器局、轮船等各项政策。《高宗实录》，1886 年 7 月 29 日。

[38] 宋景和回国后，担任过军部官员和工程师。对此参考《承政院日记》，高宗二十六年（1889）；高宗三十九年壬寅（1902）等。

[39]《承政院日记》，高宗二十一年（1884）。

[40] 金正基，"19 世纪 80 年代机器局机器厂的设置"，《韩国学报》，10，1978，pp.115-117。

[41] 金载丞，前书，pp.29-35。

[42] 金载丞，《韩国近代海军创设史》，慧眼出版社，2000，p.37。

[43] 金载丞，前书，p.128。

[44] 金载丞，前书，pp.128-133。

[45] 金载丞，前书，pp.151-152。

[46] 与此相关的详细论述参考金载丞的《韩国近代海军创设史》，慧眼出版社，

2000，pp.153-159。日本甚至以日俄战争为借口，为运送货物借用该船并进行了修理为由，向大韩帝国申请了修理费。对此参考《皇城新闻》，1903年4年18日。

[47]《承政院日记》，高宗四十年（1903）（阳历7月29日）。

[48]《承政院日记》，高宗四十年（1903）（阳历7月29日）；《承政院日记》，高宗四十一年（1904）（阳历7月27日）。

[49] 1895年朝鲜王朝第一次派遣公费留学生去日本留学，慎顺晟就是当时被派遣的113名留学生之一，他在东京商船学校接受了相关教育，于1901年回国。对此参考金载丞前书，p.159。

[50] 金载丞，前书，第172页。

[51]《敕令第2号》，"武官学校官制"，1896年1月11日。

[52]《敕令第11号》，"武官学校官制"，1896年5月14日。

[53] 此后武官学校官制对学生、教师、工资支付规定等条款进行了数次修改。对此参考朴志泰编，《大韩帝国时期政策史料资料集Ⅵ（教育）》，善人出版社，1999，pp.45-49，pp.64-66，pp.76-78。

[54]《陆军武官学校教育纲领》（1900），车文燮，《朝鲜时代军事关系研究》，檀国大学出版部，1995，pp.317-318。

[55]《兵器学校科》，车文燮，前书，p.322。

[56] "敕令第55号" 12条，《高宗时代史》，第3辑，1895年3月26日。

[57] 以1898年为基准，军队1年预算为125万圆左右，那么搭建枪支制造工厂的费用大约占用军队预算的一半。对此参考李润相的 "大韩帝国时期皇帝主导的财政运营"，《历史与现实》，26，1997，pp.131-137。

[58]《独立新闻》，1898年5月24日。

[59]《承政院日记》，光武四年（1900）。

[60]《皇城新闻》，1903年9月1日；12月12日。

[61] 据《高宗实录》，1904年7月6日；徐寅汉《大韩帝国的军事制度》，慧眼出版社，2000，大韩帝国时期为了加强军事力量，引进并努力制造近代式军事装备。但是直到1903年都没有完成这一研究目标。由于研究太过笼统，导致机器厂的变迁、机器厂向机械厂的转换以及武器制造技术的引进等变得难以实现。比较有趣的是尽管如此，我们仍旧在后来发现了1901年民间制造武器（第169页）以及位于苑洞的北一营制造大炮并进行性能试验的事实（第167页）。

[62]《军器厂官制》，《官报》（1904年9月27日，11月8日），当然，被服制造厂

本身就是劳动集约型产业。

[63] 李润相，前文，p.135。

[64] 高丽大亚细亚问题研究所，《旧韩国外交文书德案》文书编号 2156（光武三年）；
文书编号 2181，2182（光武四年二月十日）；文书编号 2290（光武四年）。

[65]《皇城新闻》，1902 年 2 月 1 日；高丽大学亚细亚问题研究所，《旧韩国外交文
书法案》文书编号 1345（光武五年）。

[66]《皇城新闻》，1902 年 2 月 1 日；3 月 10 日。

[67]《承政院日记》，光武四年（1900）。

[68] 军部（朝鲜）编，《武器在库表》。（http：//yoksa.aks.ac.kr/jsp/a/InfoView.
jsp? aa10no=kh2_je_a_vsu_23311_001）

第 4 章

[1] 关于朝鲜王朝时期农书的出版情况，参考金荣镇，洪恩美，"韩国农书的编纂、
外观特征和编纂者的社会身份"，韩国农业史学会韩国农村经济研究院编，《东亚
农业的传统和变化》，2003，pp.17-42；李善雅，"19 世纪开化派农书的发行及
普及意义"，《农业史研究》8-2，2009，pp.57-75。

[2] 禹大亨，《韩国近代农业史结构》，韩国研究院，2001，pp.1-4。据该文章介绍，
近代农法的转换是由被称为"老农农法"的新技术代替传统农法开始的，其核心
是改良作物品种。

[3]《孟子》，"梁惠王（上）"。

[4]《经国大典·户典》"奖劝条"。

[5]《太宗实录》，太宗十一年（1411）（丙午）。

[6] 金荣镇，李殷雄，《朝鲜时代农业科学技术史》，首尔大学出版部，2002，p.38。

[7] 据《世宗实录》，二十六年（1444）的报道，"丁巳年时世宗倾尽全力在皇宫后苑
开垦试验田，进行了试验耕种，发现即使遇到干旱的天气也不会引发旱灾，水稻
长势非常好。这表明就算以后遇到天灾，也可以靠人力来解决。"

[8]《太宗实录》，太宗一年（1401）。

[9] 金荣镇，李殷雄，《朝鲜时代的农业科学技术史》，首尔大学出版部，2002，
pp.38-40。

[10] 特别是世宗将水车普及看作确保灌溉设施方案中十分重要的一环，对此非常关注。
关于这方面的内容参考《世宗实录》，世宗十九年（1437）。将自激水车设置在近

郊进行试验；命令护军吴致善将自激水车设置在近郊进行试验。

[11]《世宗实录》，世宗十九年（1437）。

[12] 金荣镇、李殷雄，前书，p.41。

[13]《太宗实录》，太宗十五年（1415），在《朝鲜王朝实录》中有关堤堰筑造的报道就有多达 760 多篇，这表明朝鲜王朝非常关注这件事。

[14] 金荣镇，李殷雄，前书，p.139。

[15] 金荣镇，李殷雄，前书，p.278。基于不影响农业指导的判断，只调动春分前调任时间不足 50 天的人。

[16] 韩国法制研究院，《大典会通研究》户典，1999，p.20。

[17]《正祖实录》，1789 年 11 月 30 日。

[18] 其中农书 42 件，政策建议书 27 件。对此参考金荣镇，李殷雄，前书，p.302。

[19] 与以前的农书不同，朝鲜后期的农书比较系统地介绍了众多农业信息。书中整理了以前农书中常见的、重复的内容。除耕种、播种外，还分类整理了粮食作物、棉或苎麻等特殊作物、水果类、叶菜类、根菜类、花卉及园艺等商业作物、饲养各种家畜、养鱼等实际耕作者需要的信息。虽然每本农书分类项目增减不一，但它们构建了更为贴近农业现实的农书体系。另外一个重要特点是书中着重叙述了实际栽培法。关于无法栽培的作物也不是完全没有提及，而且大部分栽培方法仍然引用自中国文献，但也介绍了很多朝鲜作物的栽培方法。这些农书还有另外一个特点，那就是它们大多采用百科全书式的展开方式。例如洪万选的《山林经济》、柳重临的《增补山林经济》、辛仲厚的《厚生录》等，这些整理综合了 17 世纪的农法，被评为综合农书的著作就是朝鲜后期农书的代表。

[20]《承政院日记》，高宗二十一年（1884）；高宗二十六年（1889）;《高宗实录》，高宗二十六年（1889）。

[21]《高宗实录》，1887 年 1 月 1 日。

[22]《高宗实录》，1887 年 1 月 1 日。

[23]《汉城旬报》，1884 年 3 月 1 日。

[24]《汉城旬报》，1883 年 11 月 10 日。从这一点上可以看出他们认为天下之根本在农政。

[25]《汉城旬报》，1883 年 12 月 1 日。

[26]《农业近代化的黎明——韩国农业近近代史第一卷》，农村振兴厅，2009，p.344。

[27]《日省录》，高宗二十一年（1884）。

［28］关于农商公司的设立参考金容燮，"甲申，甲午改革时期开化派的农业论"，《韩国近代农业史研究（Ⅱ）》，知识产业社，2004，pp.82-83。

［29］农业振兴厅，前书，2009，p.345。

［30］农业振兴厅，前书，2009，p.346。

［31］《汉城旬报》，1883年11月10日。

［32］孙仁铢，《韩国开化教育研究》，一志社，1981，p.266。

［33］雇聘R.爵佛雷教师是在1887年9月前后。对此参照《旧韩国外交文书——永安》（1）p.244（农学教师雇聘合同），1887年9月1日的报道。

［34］农村振兴厅，前书，p.382。

［35］《独立新闻》，1896年9月15日。

［36］《官报》，1899年6月28日，"商工学校官制"。

［37］农村振兴厅，前书，p.383。

［38］关于农政新编的讨论参考李光麟，"关于农政新编"，《历史学报》，37-0，1968，pp.33-48；具滋玉，金昌奎，韩尚灿，李吉燮，"津田仙《农业三事》的意义"，《农业史研究》，9-2，2010，pp.125-154；金荣镇，李殷雄编，《朝鲜时代农业科学技术史》，首尔大学出版部，2002，pp.462-463。

［39］安宗洙，"土性辨"，《农政新编》，农村振兴厅影印，2002，p.232左侧页。

［40］安宗洙，前书，p.242，左侧页。

［41］安宗洙，前书，p.251，右侧页。

［42］安宗洙，前书，p.246左侧页和p.247右侧页。

［43］安宗洙，前书，p.246右侧页。这些化学名称与当时朝鲜所使用的中国式名称大不相同。"麻屈涅矢亚"称为"镁"，"格鲁儿"被称为"氯"，虽然也有从清朝传来的化学相关书籍不为安宗洙所知的原因，但也有可能是因为安宗洙没有考虑这些物质是什么，就将其直译并编写了这本书。

［44］安宗洙，前书，p.216。

［45］《独立新闻》，1896年7月25日。

［46］《独立新闻》，1896年7月25日。

［47］农业振兴厅，前书，pp.355-356。

［48］许东贤，《近代韩日关系史研究》，国学研究院，2000。

［49］金源模，"朝鲜报聘使的美国使行（1883）研究（下）"，p.337。

［50］金源模，前文，p.353。特别是，报聘使闵泳翊提出在朝鲜举办国际产业博览会，建议美国产业家参展美国的农具和矿产工具，同时还访问了Freisa商社，

订购了将在该博览会上展示的最新农具。

[51] 金源模，前文，p.336。据金源模介绍，崔景锡引进棉花种子，并在畜牧试验场进行实验栽培，给当时的韩国医学生活带来了巨大变革。

[52] 李光麟建议将模范农场设置在忘忧里一带，但据《汉城周报》报道，模范农场最终建在了南大门外。对此参考李光麟，"关于农务牧畜试验场的设置"，《韩国开化史研究》，一潮阁，1981，p.247；对此根据金荣镇，金相谦，"韩国农事试验研究的历史性考察"，《农业史研究》9-1，2010，第 7 页记载，当时设置在南大门外，现龙山区青坡洞的是进行作物园艺研究的地方，而忘忧里以外指的是城东区紫阳洞一带的王室种马场，当时在这里进行了畜产研究。

[53] 李光麟，前文（关于农务牧畜试验场的设置），pp.203-218。

[54]《旧韩国外交文书》，《美案》，文书编号 52。有关详细内容参考李光麟，前文（关于农务牧畜试验场的设置），p.208。

[55] 农务牧畜试验场管理训练院（朝鲜）编，《农务牧畜试验场所存谷药种》（奎 11507）。

[56] U.S.F.R, No.247, Foulk to Bayard, 1885 年 9 月 4 日（李光麟，"农务牧畜试验场的设置"，《韩国开化史研究》，一潮阁，1993，p.211 再引用）。

[57] 金荣镇，洪恩美，"农务牧畜试验场（1884—1906）的机构变动和运营"，《农业史研究》5-2，2006，p.74。

[58] 官内府案，1898 年 5 月 1 日；1899 年 7 月 11 日。关于未支付其工资的问题，可以查找 1899 年 7 月为止的官内府案照会。

[59] 对此参考金荣镇，洪恩美，前文，2006，p.81。

[60] 对于这种疾病的传染，M. 肖特（"苏特"）陈述道："我们使用的设备都十分优良，喂养时也非常注意，这种情况下还发生疫病令人十分痛心。也许是日本政府指使某人深夜往牧场投毒所引发的，不，肯定是的。我对根性卑劣的日本人深恶痛绝。"对此参考小早川九郎，《朝鲜农业发达史》，pp.190-191（金荣镇，洪恩美，前文，p.81 再引用）。

[61] 安宗洙，前书，p.274 右侧页。

[62] 安宗洙，前书，p.288 左侧页和 p.289 整页。

[63] 安宗洙，前书，p.284 右侧页。

[64] 德永光俊，"日本农法的传统和变革——以奈良盆地的事例为中心"，韩国农业史学会，《东亚农业的传统与变化》，韩国农业史学会，2003，pp.94-98。

[65] 稻种通常分为两种，区分标准是稻田是否有水。

［66］他提出在阴凉水冷的淤泥地上适合种植如赤粳、赤糯、黑粳、黑糯等11种日本品种出云稻。另外，在寒冷地、霜冻地和降雪较早的地方，适合种植类似日本品种沼垂粳和沼垂粘的早稻、早糯；比较肥沃的地带以及可种植2茬的高地上则适合种植包括白粳、白糯、青粳、青糯在内的老人粳、多带粳、绿豆粳、京畿粳、水原粳、白粳等日向稻。新开垦的土地或山地上适合种植日本鹅项粳、鹅项粘等的笠缝稻。对此，请参考安宗洙，前书，p.327 左侧页和 p.332 右侧页。

［67］安宗洙，前书，p.327 左侧页和 p.332 右侧页。

［68］石泰文，朴根弼，"开化期西洋农学水稻栽培技术的应用——以《农政新编》为中心"，《农业史研究》创刊号，2002，p.68。

［69］禹大亨，"朝鲜传统社会的经济遗产"，《历史与现实》68，2008。

［70］港口开放之前开始，棉花作为商业作物，是被栽培最多的植物。棉花自高丽末期引进以来，进入 16 世纪后迅速向三南地区扩散。户布法的实施进一步提高了棉花的商品价值。棉花不再是单纯的棉衣和棉被等代表性防寒用衣物或床上用品，而是作为税金或货币的替代品，成为对商业活性化做出巨大贡献的主要商品。随着《大同法》将大米商品化，棉花也被认定为重要商品，有必要将稻田农活的劳动力分散到棉花栽培中。这就是增加产量的同时减少劳动力的方法，即插秧法扩散的契机之一。

［71］韩宇根译，Ernst Opert（1880）《朝鲜记行》，一潮阁，1981。

［72］加藤末郎，《韩国农业论》，裳华房，1904。

［73］李浩哲，"开化期的西洋沙果及果树栽培技术"，《农业史研究》创刊号，韩国农业史学会，2002，pp.21-52。

［74］李浩哲，前文，pp.26-27。

［75］权泰檍，《韩国近代棉业史研究》，一潮阁，1989，pp.72-88。

［76］禹大亨，"日帝下旱田作物的生产性停滞"，《大东文化研究》66 辑，2009，pp.393-415。

［77］参考禹大亨，前书，p.4，特别是注释 10。

第 5 章

［1］该文章是依据金延姬，"高宗时期西方技术的引进——以铁路和电信领域为中心"，《韩国科学史学会》，25-1，2003 年整理。

［2］《经国大典》卷 4 兵典，驿马条。

［3］《高宗实录》，十五年九月十九日。此外，指出驿站弊端并要求改正的上诉及暗行御史的单独报告书等的相关报道仅限于高宗的 17 篇。

［4］金绮秀，《日东记游》，国史编纂委员会编，《韩国史料丛书 9：修信使记录》，1971，p.103。

［5］前书，pp.26-27。以下关于火车的引文就是出自这篇文章。

［6］金绮秀，前书，p.132。以下金绮秀和高宗的问答就出自该文。

［7］郑观应，《易言》，延世大学所藏国译本，pp.39-40。

［8］姜文馨，《工部省》，许东贤编，《朝士视察团关系资料集 12》，国学资料院，2000，p.451，pp.456-458。

［9］赵准永，《闻见事件》，许东贤编，《朝士视察团关系资料集 12》，国学资料院，2000，pp.605-606；朴定阳，《日本国见闻条件》，《朝士考察团关系资料集 12》，p.190；闵种默，《闻见事件》，《朝士视察团关系资料集 12》，pp.116-117。

［10］赵准永，前书，p.606。

［11］闵种默，前书，p.116-117。

［12］朴定阳，前书，pp.189-190。

［13］姜文馨，前书，p.478，p.481。

［14］有关遣美使节团的详细介绍和讨论参考金源模，《韩美建交史》，哲学与现实，1999；韩哲浩，《亲美开化派研究》，国学资料院，1998。另外，关于该使节团在美国的活动参考金源模，前文，1986，pp.338-381。

［15］Möllendorff 夫妇著，申福龙，金云卿译，"Möllendorff 文书"，《Denny 文书·Möllendorff 文书》，平民社出版，1987，p.59。

［16］郑在贞，《日本帝国主义的侵略和韩国铁路（1892—1945）》，首尔大学出版部，1999，p.31。

［17］对此参考罗爱子的《韩国近代海运业史研究》，国学资料院，1998，pp.59-65。

［18］Rosalyn von Möllendorff，前书，1987，p.110。

［19］俄国大藏省，"铁路事业"，《韩国志》，1905。

［20］"Despatches from United States Consuls in Seoul, 1886—1906：Conservation between the Secretary of United States and Mr.Ye Cha Yun, Charge'd'Affaires for Korea, Department of State, June 8, 1893"，《19 世纪美国务省外交文书：韩国关联文书 4》，pp.148-158（李民植，《近代韩美关系史》，白山资料院，2001，p.391 再引用）。

［21］朴星来，"汉城旬报和汉城周报的近代科学认识"；金永植、金根培编著，《近代

韩国社会科学》,《创作与批评社》,1998,pp.40-83。

[22]"泰西运输论续稿",《汉城旬报》,1884年2月1日。

[23]"泰西运输论",《汉城旬报》,1884年1月21日。

[24]"伊国日盛",《汉城旬报》,1884年3月1日。

[25]罗爱子,前书,pp.99-114。

[26]《韩国铁道史》第2卷,韩国铁道厅,1977,p.8。

[27]郑在贞,前书,pp.37-38。

[28]《韩国铁道史》第2卷,韩国铁道厅,1977,p.8。

[29]《日本驻韩公使馆记录5卷》,文书编号机密第26(1895年3月24日)。

[30]韩国铁道厅,《韩国铁道史》第1卷,1977,pp.87-90。

[31]最关键的方法就是传出韩国即将发生动乱的传闻。该传闻中断了美国投资者的投资,莫斯受资金压力,转从日本银行(横滨正金银行)获得了融资。代价是日本银行在工程完工后推进将京仁铁路转让给日本的交涉进程。此外,日本还组织了"京仁铁路收购组合",致力于收购其铺设权。http://railroadmuseum.co.kr/xe/ca/1798,2014年7月28日。

[32]京仁线的铁路轨道是由美国伊利诺伊钢铁公司制造,最初的火车则是由美国布鲁克斯机车厂(Brucks)制造的"大亨"蒸汽机车(Mogul)机车。另外,用来铺设汉江铁桥的钢铁材料也是美国生产的。

[33]韩国铁道厅,前书,1977,pp.134-136。

[34]郑在贞,前书,p.74。

[35]郑在贞,前书,p.82。俄罗斯支援法国铺设连接汉城—元山、汉城—木浦的铁路也是因为这样的铁路铺设计划。

[36]《高宗实录》,高宗三十八年(1901);《韩国铁路史》第1卷,p.119,聘用法国人为司机是法孚公司(Fives Lille)返还京义线铺设权时要求的条件之一。此外,该公司还要求铺设京义线所需材料和机器必须从法国中介商社购买。另外,大韩帝国政府接受了他们的要求,从龙东大昌洋行购买了价值90万圆的京义线铺设所需材料。对此参考同一本书第121页;《皇城新闻》,1900年10月25日。

[37]关于秋季工程重启的报道参照《皇城新闻》,1902年7月22日;关于从日本进口铁路工程材料的内容参考同一报纸1902年7月29日的报道。

[38]吴镇锡,"光武改革时期近代产业培育政策的内容和性质",《历史学报》193,2007,p.68。

[39]《高宗实录》,1906年4月3日。

［40］有关详细内容，参考朴万圭，"韩末日本帝国的铁道铺设、支配以及韩国人动向"，《韩国史论》8卷，1982，pp.247-300。

［41］郑在贞，"京义铁道敷设与日本的韩国纵贯铁道支配政策"，《广播大学论文集》第3辑，1984，p.8。

［42］郑在贞，"京釜京义铁的敷设与韩日土建会社的请负工事活动"，《历史教育》37·38合集，1985，pp.240-242图表。

［43］《通商会报》250，"京釜铁道京城方面工事近况"，在京城帝国领事馆报告书，1902年12月16日。

［44］前文，p.234。

［45］《皇城新闻》，1900年7月7日；1900年12月29日。

［46］《皇城新闻》，1902年9月9日；1902年7月12日。

［47］《皇城新闻》，1902年10月25日。

［48］当然，因为是馆内设置的学校，见习费用是免费的。但是，对那些无故退学的人则采取严厉的制裁措施，不仅会征收学费，而且以后不会再被其他政府部门录用。对此详细的说明和解释参照金根培，《韩国近代科学技术人才的出现》，文学与知性社，2005，pp.96-98。

［49］关于南舜熙的详细信息，见金根培，前书，pp.98-99。

［50］得益于持续发展20多年的铁路建设事业，日本的土木业在数量和质量上取得了飞跃性的发展，但中日甲午战争后，日本全国干线铁路网基本建成，经济发展停滞不前，铁路建设工程数量也急剧减少，处于严重不景气状态。对此参考郑在贞，前书，pp.200-201。

［51］《皇城新闻》，1903年5月13日。

［52］关于日本传授和排挤朝鲜人测量技术的内容，参考金根培，前书，pp.100-145。

［53］郑在贞，前文，1985，p.289。

［54］郑在贞，前文，1985，pp.289-290。

［55］《京釜铁路联合》的内容参考《韩国铁路史》第1卷，pp.253-255。

［56］《韩国铁道史》第2卷，p.8。

［57］前书，pp.15-16。

［58］郑在贞，前文，1985，pp.142-145。

［59］《京釜铁路联合》，p.3。

［60］郑在贞，前书，2004，pp.245-304。

［61］善积三郎，《京城电气株式会社二十年沿革史》，京城电气株式会社：东京，

1929，p.47。

［62］甚至在近代的研究资料中也能找到这样的错误。朴庆龙，《开化期汉城府研究》，一志社，1995，p.175。该文章中提到 1899 年电气会社的名称为韩美电气会社。但实际上该公司是在 1904 年才改名为韩美电气会社的。

［63］"Despatches from U.S.Ministers to Korea, 1883—1905"，No.7 3.Diplomatic, Mr. Allen to the Secretary of State. 1898 年 2 月 15 日。

［64］全遇容，《首尔之深》，石枕，2008，p.173；另一方面，白成贤，李韩宇著，《蓝眼睛中的白色朝鲜》，未来出版社，1999，pp.297-298 引用的德国旅行家的文章中比较详细地描述了御驾出行的情形。

［65］I.B. Bishop 著，申福龙译，《Korea and Her Neighbours》，集门堂，1999，pp.414-416。

［66］Fred H.Harrington，李光麟译，《开化期的韩美关系》，一潮阁，1983，p.158。

［67］朴庆龙，前书，1995，pp.109-111。

［68］朴庆龙，前书，1995，p.115。

［69］龙山区，《龙山区志》，1992，p.444。这条铁路总长 3 里，沿汉城站后面，经过现在的西溪洞和青坡洞到元晓路铺设而成。

［70］这条路线于 1920 年重新开始使用。对此请参考《京城府史》，1934，pp.683-684。

［71］韩国电力公社，前书（《百年史》），p.151。

［72］全遇容，"日本帝国主义下汉城南村商业街的形成和变迁"；金基浩，梁承佑，金汉培，尹仁锡，全遇容，睦秀炫，殷基守，《汉城南村：时间，地点，人》，汉城学研究所，2003，p.206。

［73］这一部分内容是参考金延姬的"电气引进对传统文明的颠覆和对新文明的学习（1880—1905）"，《韩国文化》59，2012 整理的。

［74］这个数据是以 1899 年到 1904 年年底的《皇城新闻》报道为基础统计出来的。

［75］朴庆龙，《汉城开化百景》，修书院，2006，pp.103-104。

［76］Horace Newton Allen 著，申福龙译，《朝鲜见闻记》，Youngsa Park，1979，p.107。

［77］高丽大亚细亚问题研究所，"电车破伤犯人严治要请""对电车的误解是正要求""电车死伤相关误解是正要求"，高丽大亚细亚问题研究所，旧韩国外交文书编纂委员会编，《旧韩国外交文书》，第 11 卷美案 2，pp. 616-621。

［78］Min Suh Son, "Electrifying Seoul and the Cultural of Technology in Nineteenth Century Korea"，（Ph.D dissertation, UCLA），2008，p.96。

［79］郑成和，Robert Neff 著，《西洋人的朝鲜生活》，蓝色历史出版社，2008，
　　　　p.293；朴庆龙，《开化期汉城府研究》，一志社，1995，pp.174-175。

［80］朴庆龙，前书，1995，p.175。

［81］Min Suh Son，前文，pp.100-102。

［82］《帝国新闻》，1899 年 5 月 30 日。

［83］有关详细内容参考金延姬，前文，2012。

［84］全遇容，前书，p.183。

［85］《独立新闻》，1899 年 5 月 27 日。

［86］朴庆龙，前书，2006，p.129。

［87］朝鲜电气协会，『朝鲜の电气事业を语る』，朝鲜电气协会，1937，p.72。

［88］埃米尔·布鲁达莱著，郑镇国译，《大韩帝国最后的气息》，文坛，2009，p.64。

［89］对此将在第 8 章中详细论述。

［90］Horace Newton Allen 著，申福龙译，前书，p.107。

［91］白成贤，李韩宇著，前书，pp.172-173 再引用。

［92］Horace Newton Allen 著，申福龙译，前书，p.108。

［93］郑成和，Robert Neff，前书，pp.294-295，被称为"加利福尼亚之家"（캘리
　　　　포니아 하우스）的这些美国人，以庞大的块头和粗犷的外貌足以轻易压倒韩国
　　　　人。虽然他们的官方职务是司机，但实际上是电气会社支付高薪雇用的警卫员。

［94］Chaillé-Long，"韩国或朝鲜"，Charles Varat，Chaillé-Long 著，成贵秀译，
　　　　《朝鲜记行》，Noonbit 出版社，2001，p.254。

［95］H.N.Allen 著，申福龙译，前书，p.66。

［96］《皇城新闻》，1900 年 4 月 9 日，晚上 10 点运行的末班车是从清凉里开到龙山的。

［97］I.B. Bishop 著，申福龙译，前书，p.57。

第 6 章

［1］该文摘录整理了金延姬的《高宗时期近代通信网的构建》，首尔大学博士学位论
　　　文，2006。

［2］Tom Standage 著，赵容哲译，《19 世纪线上先驱者》，韩蔚出版社，2001，
　　　pp.24-26。

［3］驿站和烽火的相关内容已经在第 5 章中进行了简单的分析。详细论述参考金延
　　　姬，前文，pp.12-14。

［4］关于这一过程的详细论述参考金延姬，前文，2006，pp.16-26。

［5］清朝掌握朝鲜电信事业权的背景和过程，参照金延姬，前文，2006，pp.42-45。

［6］柳永益，"甲午战争与三国干涉记"，p.291。

［7］《日本驻韩公使馆记录》第5卷，文件编号机密第26号（1895年3月24日）。

［8］前书，文书编号机密第26号（1895年3月24日）。井上指责当时的朝鲜王朝官员们"冥顽愚昧、疑心多、厚颜无耻"，吐露协商进展十分困难。

［9］《高宗实录》，建阳元年（1896），十一月十五日。

［10］日本的撤离虽然看起来像是接受了大韩帝国政府的要求，但也是日本从辽东半岛撤军的一环。对此，参考李升熙的"日本对韩国通信权的侵占"，《第48届历史学大会（发表摘要）》，2005，pp.234-240。

［11］《日案3》，文书编号3893。

［12］前书，文书编号4070。

［13］前书，文书编号4089。

［14］前书，文书编号4325。

［15］《汉城备忘录》的核心内容是，日本为妥善解决因"俄馆播迁"所导致的窘迫状况，与俄国达成协议，日本驻韩公使小村和俄国驻韩公使韦贝尔相互承认俄罗斯和日本在朝鲜的权利。对此参考崔文炯的《列强角逐》，pp.199-208。根据这份"备忘录"和"议定书"，朝鲜沦为俄国和日本共同保护令的状态。详细内容参考崔文炯的《从国际关系看日俄战争和日本的韩国合并》（以下简称"韩国合并"），知识产业社，2004，pp.79-98。

［16］崔文炯，《列强角逐》，p.210 再引用。

［17］《日案5》，文书编号5814。

［18］俄国大藏省编，韩国精神文化研究院译，《国译韩国志》，1984，p.632。

［19］《高宗实录》，高宗三十三年。

［20］"通信院所管邮电业务丛目表（光武七年十二月）"，邮政百年史编纂室编，《邮政部史料第5辑：古文书5卷》（信息通讯部行政资料室所藏，《邮政部史料第5辑：古文书》以下简称《古文书》），1982，pp.1-8。

［21］《独立新闻》，1899年4月22日。D.R.Headrick，*The Invisible Weapon*，p.53。1891年由英国架设的印度湾的电线也达到61800公里，电报社数量达到3246个。

［22］通信院的船舶管理业务大部分是与国际邮政业务相关的商船。

［23］"通信院官制修订案"，《高宗实录》，光武六年报道。1899年，随着大韩帝国国

制的颁布，官秩和也发生了变化。现有的官阶品级被废除，官秩分为敕任官、主任官、判任官，各官秩的官职等级也重新调整为一等、四等、六等、八等。

[24] 李润相，《财政制度》，p.131。

[25] 前书，p.89，150。

[26] 前书，pp.161-162。

[27] 电气通信事业八十年史编纂委员会编，《电气通信事业八十年史（以下简称80年史）》，邮电部，1966，（以下简称"电务学徒规章"）pp.237-244。

[28] "通信院所管邮电业务丛目表（光武七年十二月）"，邮电百年史编纂室编，《古文书》5卷，pp.1-8。

[29]《独立新闻》，1897年6月27日。

[30]《80年史》，p.213。

[31] "电务学徒规章第10条，第5条"（1900年11月1日通信院令第7号），邮电部，《80年史》（以下简称"电务学徒规章"）。

[32] "学徒关系报告"，《学徒处辨案》，光武四年报道；邮电部，《80年史》，p.252。

[33] "学徒关系报告"，《学徒处辨案》，光武四年。

[34]《皇城新闻》，1900年1月17日。

[35] 该文重新整理了金延姬《高宗时期近代通信网的构建》，首尔大学博士学位论文，2006，pp.135-143的内容。

[36] "学徒所关诸关系"，《学徒处辨案》（邮政博物馆B00001~060~01），光武四年。

[37]《独立新闻》，1897年9月7日报道。

[38] "处罚条例"，第2条1项，第4条，第6条2项，朴志泰编，前书，p.39。

[39]《独立新闻》，1897年9月7日。

[40]《皇城新闻》，1900年3月23日。

[41] 邮政百年史编纂室，《古文书》第2卷，pp.571-572。

[42]《皇城新闻》，1901年6月13日。

[43] 邮政百年史编纂室，《古文书》第2卷，pp.477-482。

[44]《电报处辨案》，光武六年。

[45] 对此参考Tom Standage著，赵容哲译，《19世纪线上先驱者》，韩蔚出版社，2001，pp.130-142。

[46]《皇城新闻》，1900年1月5日。

[47] 同一篇报道。

[48]《皇城新闻》，1899年12月12日；1899年1月9日。

［49］《皇城新闻》，1899 年 12 月 12 日；1899 年 1 月 5 日。

［50］《皇城新闻》，1903 年 12 月 22 日。

［51］对此详细论述可参考权泰檍的 "1904—1910 年日本帝国主义的侵略韩国构想
和 '施政改善'"，《韩国史论》，31，2004，pp.213-255。

［52］"对韩施设纲领"，《高宗时代史》6 辑，1904 年（甲辰光武八年）5 月 31 日。

［53］同一文书。

［54］邮电部，《百年史》，p.237。

［55］《皇城新闻》，1904 年 2 月 14 日。

［56］《皇城新闻》，1904 年 2 月 23 日。

［57］《皇城新闻》，1904 年 3 月 15 日；4 月 21 日。

［58］邮电部，《80 年史》，p.305。

［59］参考权泰檍的 "1904—1910 年日本帝国主义的侵略韩国构想和 '施政改善'"，
pp.222-244。

［60］"日本内阁会议决定对韩方针及对韩施设纲领如下"，《高宗时代史》，1904 年 5
月 31 日报道。

［61］外务省编纂，《日本外交文书 37 卷第 1 册》，p.390，明治三十七年（1904）。

［62］邮电部，《80 年史》，pp.314-315。

［63］《旧韩末条约汇纂——立法资料 18 号》，国会图书馆，1964，pp.189-191（邮
电部，《80 年史》，pp.321-322 再引用）。

［64］邮电部，《80 年史》，p.247。

［65］闵泳焕并没有出席，而是由军部大臣权重显代理主持了会议。邮电部，《80 年
史》，p.247。

［66］邮电部，《80 年史》，pp.326-327。

［67］日本电信电话公社，《电气通信史资料 1》，p.9。

［68］外务省编纂，《日本外交文书第 37 卷第 1 册》，p.390，明治三十七年（1904）。

第 7 章

［1］关于该分类参考 "地理初步·卷之一"，《汉城周报》，1886 年 8 月 23 日。

［2］李勉优，《韩国近代教育期（1876—1910）的地球科学教育》，首尔大学博士学
位论文，1997，p.39。

［3］当然，天圆地方并不是唯一的宇宙论。对此可参考李文奎，《古代中国人眼中的

天空世界》，文学与知性社，2000。

［4］《世宗实录》，世宗十四年（1432）。

［5］朴星来，前书，2005，pp.423-433。

［6］Joseph Needham 原著，Colin A. Ronan 改编，《中国的科学与文明：数学，天地科学，物理学》，喜鹊出版社，2000，p.83。

［7］特别是朝鲜建国初期这样的动向非常明显。例如《世宗实录》世宗十五年（1433）的报道。当然这类报道都存在偏差，无论世祖还是燕山君都只强调祥瑞现象，拒绝解释天变灾异。但这并不是以性理学为统治理念的朝鲜国王们的普遍态度。对此参考朴星来，《韩国科学思想史》，youth book，2005，pp.498-623。

［8］特别是司马迁在《史记》中试图究明天与人的关系。《汉书》，"司马迁传"，中华书局标点校勘本，p.2735（李文奎，前书，p.13 再引用）。

［9］《国译增补文献备考》，"象纬考"，世宗大王纪念事业会，1971，p.196。

［10］《太祖实录》，七年（1398）十一月丙辰日。

［11］朴星来，《韩国科学思想史》，youth book，2005.

［12］奄是指一个天体遮挡其他天体的现象，犯是指一个天体接近其他天体，使其变成相同黄经（天球黄道坐标系中的经度）的情况。

［13］《国译增补文献备考》，象纬考，世宗大王纪念事业会，1971，p.213；成周德编著，李勉宇，许允燮，朴权寿译注，《书云观志》，昭明出版，2003，p.15。

［14］具万玉著，《天，地，时之传统沉思》，斗山东亚，2007，pp.30-31。

［15］对此可参考全勇勋的"朝鲜后期西洋天文学和传统天文学的矛盾与融合"（2004，首尔大学博士学位论文），pp.12-110。

［16］李元顺，《朝鲜西学史研究》，一志社，1989，p.14。

［17］对此可参考全勇勋的"朝鲜后期西洋天文学和传统天文学的矛盾与融合"，2004，首尔大学博士学位论文，p.16。

［18］参考全勇勋，"17—18 世纪西方科学的引进与矛盾：以时鑑历实行和节气分配法的争议为中心"，《东方学志》17-0，2002，pp.1-49。

［19］关于学习时宪历计算法过程的相关内容可参考金瑟祺，"肃宗代观象监的时宪历学习：以乙酉年历书事件及其观象监的应对为中心"，首尔大学硕士学位论文，2016。

［20］《国译增补文献备考》，"象纬考"第一册，p.69。

［21］关于这些实学家介绍的西方中世纪自然观，参考全勇勋，"朝鲜后期知识分子对西方四元素说的反应"，《韩国科学史学会志》31-2，2009，pp.413-435。

[22] 参考朴星来，"洪大容的科学思想"，《韩国学报》23，1981；具万玉，《朝鲜后期科学思想史研究——朱子学宇宙观的变动》，慧眼出版社，2004；任钟泰，"无限宇宙的寓言"，《历史批评》71，2005；文仲阳，"朝鲜后期实学者的科学论及其连续与断裂的历史——以气论宇宙论为中心，《精神文化研究》，26-4，2003"，《精神文化研究》，26-4，2003；文仲阳，"18 世纪朝鲜实学者的自然知识性质：以象数学的宇宙论为中心"，《韩国科学史学会志》，21-1，1999 等。

[23] 朴星来，"近代韩国的西方科学接受情况"，《东方学志》20-0，1978，252-292页中整理了李瀷、洪大容、丁若镛等实学家接受西方科学的过程大纲。

[24]《承政院日记》，高宗十九年（1882）。

[25] "行星论"，《汉城旬报》，1884 年 5 月 5 日；"测天远镜""赫歇尔的远镜论"，《汉城旬报》，1884 年 6 月 4 日；"恒星动论"，《汉城旬报》，1884 年 6 月 4 日。

[26] "行星论"，《汉城旬报》，1884 年 5 月 5 日。

[27] "恒星动论"，《汉城旬报》，1884 年 6 月 4 日。

[28] "论日与恒星"，"论月井月之动"，《汉城周报》，1887 年 6 月 20 日；"三论日月之蚀"，《汉城周报》，1887 年 7 月 11 日；"论太阳所属　天穹诸星"，《汉城周报》，1887 年 7 月 18 日；"论月为何体"，《汉城周报》，1887 年 7 月 18 日；"论各行星"，《汉城周报》，1887 年 8 月 1 日；"四续轨道行星"，《汉城周报》，1887 年 8 月 8 日。

[29] "天文学"，《汉城周报》，1886 年 6 月 31 日；"行星是运转的"，《汉城周报》，1886 年 7 月 5 日。

[30]《汉城周报》，1886 年 8 月 23 日；《汉城周报》，1886 年 8 月 30 日；《汉城周报》，1886 年 9 月 6 日。

[31] Homer B.Hulbert，《士民必知》，《第一章·地区》（奎 7695），p.1。

[32] 自 1898 年以来，学部发行的教科书中当然也反映了这样的世界。

[33] 对此，全勇勋，"传统历算天文学的中断和近代天文学的引进"，《韩国文化》，51，2012，p.51。关于因近代天文学引进而发生的重要变化之一的时间体系的情况，将在第 9 章中加以描述。

[34] 气象学将在下一章进行论述。

[35]《史记》，"历书"。

[36] 关于不定时法的详细说明参考全相运，《时间，时钟与历史——我们的钟表故事》，月刊时钟史，1994，pp.53-54。前面提到的近代宇宙结构也意味着传统时间体系的变化。虽然传统时间体系的变化与西方近代天文学的传入没有直接关联，但不得不说西方文物的引进与其时间体系的引入有着很深的渊源。虽说

并没有改变整个朝鲜的时间体系，但局部的变化也不是完全没有。例如港口、电报社、传教士学校等都采用了西方的时间体系。而全国时间体系的转换是与政治变化齐头并行的。

［37］《高宗实录》，高宗三十二年（1895）。另外，此次历法改动使得1895年十一月十七日成了1896年1月1日。关于太阳太阴历和太阳历的差异，可参考申东源"阳历和阴历"，《历史批评》，73，2005，pp. 123-126。

［38］Dallet，安雄烈，崔锡宇译，《韩国天主教会史》上，分图出版社，2000，p.302；郑相佑，"有关星期制引进考察的试论"，《文化科学》44辑，2005，p.328。

［39］英约附属通商章程，第1款；法约附属通商章程，第1款。

［40］办理通联万国电报约定书。

［41］《汉城旬报》从第4版1883年十一月初一的报纸开始，将书历（1883年11月30日）刊登在报纸的一侧。

［42］"内务府以育英公院设学节目条酌书入启"，第8条、第9条、第16条。

［43］李昌益，《有关朝鲜后期历书宇宙论复合性的研究》，首尔大学博士学位论文，2005，p.174。

［44］郑相佑，"开港后时间观念的变化"，《历史批评》，第50辑，2000，p.192，185。

［45］李昌益，前文，p.172。

［46］郑相佑，前文，2000，p.193；另一方面，日本总督府为了方便电报和邮件的收发工作和办公，于1912年将日本的中央标准时间适用于韩国时间。

［47］《独立新闻》，1896年6月4日。

［48］《独立新闻》，1898年12月8日。

［49］许允燮，《朝鲜后期观象监天文学部门的结构和业务：以18世纪后期为中心》，首尔大学硕士学位论文，2000，p.33。

［50］相关内容在第4章已详细论述。

［51］《世宗实录》，世宗十六年（1434）。

［52］《太宗实录》，太宗六年（1406）。

［53］《世宗实录》，世宗二十五年（144）。

［54］国史编纂委员编，《天，地，时之传统沉思》，p.58。

［55］《太宗实录》，太宗五年（1405）。

［56］《成宗实录》，成宗五年（1474）。

［57］《成宗实录》，成宗七年（1476）。

［58］朴星来，前书，2005，pp.36-71。

［59］许允燮，前文，p.33。

［60］李勉宇，许允燮，朴权寿译，《书云观志》，昭明出版社，2003，pp.77-79。当然，如果测候错误、漏报或不报测候记录，相关官员都会受到惩处。

［61］《世宗实录》，二十三年（1441）。

［62］《太宗实录》，五年（1405）;《世宗实录》，七年（1425）。

［63］《世宗实录》，二十四年（1442）（丁卯）。

［64］1781年在徐浩修的奏请下，每天分三次报告，即从天亮到正午一次，从正午到宵禁一次，从宵禁到第二天凌晨一次。但仅仅时隔两年就又回归到了每天报告两次的制度。对此参考李夏相，《测雨记》，笑臥堂，2012，p.178。

［65］金秀吉，尹相喆，《天文类抄》，大儒学堂，2009，p.438。

［66］《汉城旬报》，1884年8月31日。引用自 Matteo Ricci 的自序一文，他在文章中提出"地球养民关系"，指出气候为养民要义。并在其后补充说明道："养民的要点在于风之多寡、寒暑之差等因何而异，研究物产丰凶与人事之劳如何才能使所到之处尽善尽美的问题，对牧民们来说将有很大的帮助。"

［67］Hulbert，《士民必知》，pp.6-7（奎 7695）。

［68］前文，p.3。

［69］Hulbert，《士民必知》，p.4。

［70］前文。

［71］金楷理（美）口译，华蘅芳（清）笔述，《测候丛谈》（奎中 2822，Vol.1，2）。

［72］"论风"，《汉城周报》，1887年3月14日;"海风陆风""温带内风改方向之利1""飓风"，《汉城周报》，1887年3月28日;"论空气之浪"，《汉城周报》，1887年4月11日;"论海水流行""论水气凝降下"，《汉城周报》，1887年4月18日;"论露""成云之理""论雾""论散热之雾及水面之雾"，《汉城周报》，1887年4月25日。

［73］金延姬，"从《汉城旬报》及《汉城周报》的科学技术报道看高宗时代的西方文物接受情况"，《韩国科学史学会》33-1，2011，p.20。

［74］参考"占星辨谬"，《汉城旬报》，1884年3月27日;"地震别解"，《汉城周报》，1884年4月25日等;4月25日以后到6月13日为止，6周的《汉城周报》没有保存下来，因此《测候丛谈》的连载与否尚不确定。

［75］这些报道转载了1872年在中国发行的月刊《中西闻见录》(*The Peking Magazine*)和1876年开始发行的《格致汇编》的报道。《格致汇编》是由

傅兰雅负责，于 1876 年在上海制造局创办的杂志，是《中西闻见录》的
"后身"。

［76］俞吉濬,《西游见闻》,"地球世界概论",p.33。

［77］《独立新闻》,1899 年 5 月 3 日。

［78］这些设备于 1885 年被大火烧毁。直到 1886 年才再次安装了设备,重新开始气
象观测。

［79］《汉城旬报》,1884 年 5 月 5 日。

［80］气象厅气候局气象政策科,《近代气象百年史》,气象厅,2004,pp.55-56,
p.58。

［81］中央气象台,《韩国气象一览》,（明治三十八年,1905）。

［82］"全罗南道入木浦测候所",《木浦测候所要览》,昭和五年,p.1。

［83］宫川卓也,前文,p.166。

［84］前文,pp. 62-63。

［85］朝鲜总督府,《朝鲜施政の方針及实绩》,1915（大正四年）,p.130。

［86］朝鲜总督府观测所,《朝鲜总督府观测所》,大正四年,p.2。

［87］朝鲜总督府观测所大邱测候所,《大邱测候所一览》,昭和十二年,p.2。

［88］朝鲜总督府,《朝鲜施政の方針及实绩》,1915（大正四年）,pp.130-131。

［89］中央气象台,《韩国气象一览》,明治三十八年（1905）。

［90］全罗北道木浦测候所,《木浦测候所要览目录》,昭和五年,p.5。

［91］全罗北道木浦测候所,前文,p.4。

［92］李弼烈,《关于修正韩国气象史的研究》,气象厅,2007,p.40。

［93］罗逸星,《西方科学的引进和延禧专门学校》,延世大学出版部,2004,pp.243-245.

［94］李夏相,前书,p.249。

［95］宫川卓也,前文,pp.180-181。

［96］权近,《混一疆理历代国都之图,跋文》,李灿,"韩国的古世界地图——以天下
图和混一疆理历代国都之图为中心",《韩国学报》2-1,1976,p.59,再引用。

［97］金锡文将传教士书中所记载的知识和传统的象数学相结合,创立了"三大丸浮
空说"的独特宇宙论。他认为太阳、地球和月亮这三个巨大的圆形是悬浮在空
中的,地球也像月亮一样是旋转的。对此,闵泳奎,"17 世纪李朝学者的地动
说:金锡文的力学 24 图解",《东方学志》16-0,1975,pp.1-64;小川晴久,
"从地转说到宇宙无限论:金锡文和洪大容的世界",《东方学志》第 21 卷 0 号,
1979,pp.55-90 等。

[98] 李瀷,《星湖僿说》"天地门", 现代实学社影印, 1998.

[99]《增补文献备考象纬考 1》, 世宗大王纪念事业会影印, 1980, pp.22-23。

[100]《汉城旬报》, 1883 年 10 月 31 日。

[101] 根据地圆说, 提出了"从水平线上泛起的船的样子""回归原点""日出时间的差异""观察位置不同所出现的不一样的北极星纬度""发生月食的原理"等。对此参考《汉城旬报》1883 年 10 月 31 日的报道。

[102]《汉城周报》, 1886 年 8 月 23 日。

[103]《汉城旬报》, 1883 年 10 月 31 日。

[104]《汉城周报》, 1886 年 5 月 24 日;《汉城周报》, 1886 年 8 月 23 日。

[105] "集录""地理初步·卷之一",《汉城周报》, 1886 年 8 月 23 日。

[106] "地理初步·卷之一",《汉城周报》, 1886 年 8 月 23 日;"地理初步·第五章自转",《汉城周报》, 1886 年 8 月 30 日;"地理初步·第五章自续稿","第六章·公转",《汉城周报》, 1886 年 9 月 6 日。

[107] "地理初步·第七章",《汉城周报》, 1886 年 9 月 13 日。

[108] 对此参考金延姬, "从《汉城旬报》及《汉城周报》的科学技术报道看高宗时代的西方文物接受情况",《韩国科学史学会》33-1, 2011。

[109] 金延姬, 前文, 2016, pp.91-92。

[110]《独立新闻》, 1896 年 (建阳元年) 7 月 13 日; 7 月 17 日。

[111] Hulbert,《士民必知》, 首尔大学中央图书馆藏本 (深岳 910 H876sa)。

[112] 俞吉濬著, 金泰俊译,《西游见闻》, 前书, p.10。

[113] 徐泰烈, "开化期学部发行的地理书籍的出版过程及其内容分析",《社会科教育》52 卷 1 号, 2013, p.56。

[114] 李勉优, 前文, p.352。

[115] 南相俊, "关于韩国近代地理教育的研究",《教育开发》, 14-4 (Vol.79), 1992, p.96。

[116] 玄采, "序文"; 李泰国,《问答大韩新地志》, 博文书馆编辑局, 1908; 姜哲成, "问答大韩新地志内容分析——以自然地理为中心";《韩国地形学会志》, 17-4, 2010, p.20 再引用。

[117] 张膺震, "关于教授和教科 (前号续)",《太极学报》, 14 (1907 年 10 月 24 日)[张宝雄, "开化期的地理教育",《地理学》, 5 (1), 1970, p.47 再引用]。

[118] "学部令第 3 号",《官报》, 开国五百零四年 (1895) 八月十五日。

[119] 学部编辑部,《小学万国之志》, 1895 (奎章阁, 一簑古 910 H12m)。

[120]"学部令第 3 号",《官报》,开国五百零四年(1895)八月十五日。

[121]姜哲成,前文,2010,p.20。

[122]李泰国编,《问答大韩新地志》"第七章 图书和海湾"。

[123]南相俊,前文,p.95。

[124]南相俊,前文,p.95。

[125]对此,参考张宝雄,前文,pp.48-49。

第 8 章

[1]《汉城旬报》,"泰西文学原流考",1884 年 3 月 8 日。

[2]"论学政 1",《汉城周报》,1886 年 1 月 25 日。

[3]"论学政 2",《汉城周报》,1886 年 2 月 15 日。

[4]"光学校",《汉城周报》,1886 年 10 月 11 日。

[5]前文。

[6]《承政院日记》,高宗十八年(1881),池锡永上疏。

[7]俞吉濬著,金泰俊译,《西游见闻》,p.243。

[8]俞吉濬著,金泰俊译,前书,p.244。

[9]俞吉濬著,金泰俊译,前书,pp.245-246。

[10]俞吉濬著,金泰俊译,前书,p.246。

[11]俞吉濬著,金泰俊译,前书,pp.261-262。

[12]朴泳孝,"开化上疏"(1888),《日本外交文书》,第 21 卷,泰东文化社,1981,pp.292-311。

[13]慎镛厦,"关于韩国最初的近代学校设立",《韩国史研究》第 10 辑,1974。另一方面,郑在杰指出慎镛厦没有修正相关史料的误读部分,元山学舍的相关剩余史料上记载道:"因涉及招收学生的问题,所以希望朝鲜王朝在举行科举小初试时承认元山学舍学生隶属江原道生员。"郑在杰认为这些资料不过是元山监营上奏的奏折本而已。他认为慎镛厦仅凭该奏章和该校备置的西方汉译科学书的存在,就得出该校学生用这本书上课的结论。对此,参考郑在杰的"关于韩国近代教育起点的研究",《教育史学研究》第 2·3 辑,1990,pp.103-120;"对元山学舍的理解与误解",《初中教育》,第 1 号,1990,pp.62-69。这一主张如果能将谁负责该领域教学的疑问考虑到的话,将会更有说服力。

[14]李勉优,前文,p.58。

［15］Hulbert, "Hulbert to sister", Echos of the Orient（1886.10.2），2000, 善人出版社。

［16］参考崔宝英的 "育英公院的设立和运营情况再考察"，《韩国独立运动史研究》，42，2012，pp.307-319。

［17］G.W.Gilmore 著，申福龙译，《汉城风物志》，集文堂，1999，pp.176-177。

［18］李勉优，前文，p.59；培材百年史编纂委员会，《培材百年史》，1989；梨花学堂中，曾任教师的传教士 L.E. 弗雷（L.E.Frey）和 J.O. 佩恩（J.O.Paine）采用的是韩文编译的《人体生理学》作为教材。

［19］第二年 10 月，人数增至 20 人。

［20］Scott L.Montgomery, *Science in translation*：*movements of knowledge through cultures and time*，The University of Chicago Press，2000，chap.6。

［21］这样的用词，特别是 "舍密" 到 1872 年学制颁布后就消失了。

［22］朴钟硕，《开化期韩国的科学教科书》，韩国学术情报，2006，p.31。

［23］朴钟硕，前书，2006，p.25。该文章称，1890 年至 1997 年，日本小学开设的科学科目从 173 个猛增到 2617 个，足足增加了 15 倍以上。对此，朴钟硕借鉴郑炳勋的分析指出，从 19 世纪 90 年代开始，科学教育运动从个人运动转换为学会或相关团体等的集体运动。随着 18 世纪科学教育价值争论的结束，职业教育、技术教育方面，科学知识的价值体现在它所带来的产业效用性上，不仅如此科学知识还获得了作为日本教育价值的认可，大学开始面向自然和实业学校毕业的学生开放。最后，欧洲国家之间的产业竞争及军备竞争凸显了科学教育，特别是实验和实习对国家的重要性，这一时代背景使得科学教育迅速普及开来。

［24］金永植，前书，science books，2013，pp.157-167。

［25］金永植，前书，第 8 章。

［26］《官报》，1894 年 6 月 28 日。

［27］《高宗实录》，高宗三十二年（1895 年）。

［28］《独立新闻》，1896 年 5 月 12 日。

［29］本科考试见《官报》（1895 年 9 月 30 日）；汉城师范学校官制颁布见《官报》（1895 年 4 月 19 日）。

［30］"汉城师范学校规定"，学部令第 1 号（《官报》1895 年 7 月 24 日）。

［31］对此可参考朴英敏，金采植，李相九，李在华，"数学家李相高所述近代自然科学：《植物学》"，《韩国数学教育学会学术发表论文集》，2011-1，2011，

pp.155-158；李相九、朴钟润、金采植、李在华，数学家溥斋李相卨的近代自然科学以《百胜胡草》为中心，《E- 数学教育论文集》，27-4，2013，pp.487-498；李相九，韩国近代数学教育之父李相卨撰写的19世纪近代化学讲义录《化学启蒙抄》，*Korean Journal of mathematics*，20-4，2012，pp.541-563 等。

［32］《小学校令》(《则令》第 143 号，1895.7.19)。

［33］李继亨，"韩末公立小学的设立和运营（1895—1905）"，《韩国近近代史研究》11，1999，p.200。

［34］"中学官制"(《勅令》第 11 号，1899.4.4)。

［35］"中学规定"(《学校令》第 12 号，1900 年 9 月 3 日；《官报》1900 年 9 月 7 日)。

［36］"第七科植物变化"，《国民小学读本》(《韩国开化期教科书丛书》，1，亚细亚文化社影印，1977)。

［37］《小学读本》(《韩国开化期教科书丛书》，1，亚细亚文化社影印，1977)。

［38］《承政院日记》，高宗三十三年（1896）(阳历 9 月 30 日)。

［39］《寻常小学 1》《寻常小学 2》《寻常小学 3》(《韩国开化期教科书丛书》，1，亚细亚文化社影印，1977)。

［40］"小学校 校则大纲"（小学校令第 3 号，1895.8.12)。

［41］对此参考全勇浩的"近代知识概念的形成和《国民小学读本》"，《韩国语文研究》，25-0，2005，pp.249-53；如果说《国民小学读本》的内容和登场人物与美国有很深的关联性，那么《新订寻常小学》则与日本密切相关。在《国民小学读本》中有华盛顿的登场,《新订寻常小学》中则介绍了塙保已一的业绩。对此可参考宋明进的"'国家'与'德育'，19 世纪 90 年代读本的两种形态"，《韩国语文化》，39，2009，pp.31-53。

［42］金根培，《韩国近代科学技术人才的出现》，2005，文学与知性社，p.41。

［43］金根培，前书，p.42。

［44］申东源，《韩国近代保健医疗史》，1997。有研究表明有关该医学学校的文章大部分都是参考申东源的这本保健医疗史。传统社会高等医学教育是在典医监实施的。通常会选拔精通医学的一名具有正式品阶的从六品教授和一名正九品训导来教授学生。典医监的学生中有 50 多名是庶出、中人出身，他们希望成为专业医生。另外，还有 30 多名学生是想要当医学习读官，但因为国家有文官需博学多才才可出仕的政策而进入典医监学习医学。医学生在开始攻读医学课程之前，必须学习经典和历史书，医学学习初始以诊脉学、针灸学为基础，学习医学基础理论、内科学、本草学、方剂学等。教材有《纂图脉》《素问》《东垣十

书》《铜人经》《医学入门》《医学正传》《仁济直指方》《大观本草》等。要求不仅要理解这些比较难的书籍，还要通篇背诵《纂图脉》《素问》以及《铜人经》。要想成为一名医官，必须参加国家举行的科举考试，成为朝廷官员后，为了晋升也需要参加考试。直到1894年科举制度被废止，这种典医监教育才随之被废除。

[45] 有关日本帝国主义对韩医学政策下形成的韩医学存在样态参考全惠利，"1934年朝鲜韩医学复兴论中诞生的韩医学本质近代重组"，《韩国科学史学会》33-1，2011，pp.41-88。

[46] 大韩国民教育会藏板，《最新初等小学》，6〔（光武十年）《韩国开化期教科书丛书》，4，亚细亚文化社影印，1977〕。

[47] 不认可作为依据政治教育标准、审定无效作为依据行政程序标准、不允许审定作为依据行政教育标准下达的措施，所参照的相关法律法规分别为私立学校令第6条、审定规定第15条、审定规定第11条。对此的详细讨论参考朴钟硕，郑炳勋，朴胜载，"1895—1915年科学教科书发行、鉴定使用相关的法律依据和使用批准实态"，《韩国科学教育学会志》，18-3，1998，pp.372-381。

第9章

[1] 因为这场战争，日本和中国清政府签订了《马关条约》。日本通过该条约不仅确立了对朝鲜的政治、军事、经济支配权，还占领了中国辽东半岛的旅顺和大连以及台湾。此次战争日本花费了约2亿47万5000日元，获赔金额却高达2亿两白银（约3亿日元），这笔赔偿金成了日本金本位制的基金和军费扩张的财源。

参考文献

1. 官撰史料及古文献

『세종실록』

『태조실록』

『성종실록』

『태종실록』

『고종실록』

『일성록』

『승정원일기』

『증보문헌비고』(동국문화사 영인, 1957)

『經國大典』

『관보』

『舊韓末條約彙纂―입법자료 제18호』(국회도서관, 1964)

이면우, 허윤섭, 박권수 역주, 『서운관지』(소명출판, 2003)

『회남자』'천문훈'

『황제내경』

『西周全集』권1

『史記』, "曆書"

이익, 『성호사설』

2. 外交史料

러시아 대장성, 『韓國誌』(1905)

『一九世紀 美國務省 外交文書: 韓國關聯文書 4』

아세아문제연구소, 『구한국외교문서』

『주한일본공사관기록 5권』, 문서번호 기밀 제26(1895년 3월 24일).

外務省 編纂, 『日本外交文書 37권 제1책』 390쪽. 명치 37년(1904) 5월 31일.

高麗大亞細亞問題研究所 舊韓國外交文書編纂委員會 編, 『구한국외교문서』, 美案, 德
　　案, 日案

Hulbert, 『Echos of the Orient』(2000. 선인)

Hulbert, 『사민필지』

金楷理(美) 口譯;華蘅芳(淸) 筆述, 『測候叢談』(奎中 2822,Vol. 1, 2)

傅蘭雅, 『譯書事略』(규중 5406)(1880)

鄭觀應, 『易言』(연세대학교 소장 국역본)

3. 新聞史料

〈한성순보〉

〈한성주보〉

〈황성신문〉

『대조선독립협회보』 1호(1896년 11월 30일)

『독립신문』

『대한협회회보』

『서북학회월보』

『태극학보』

『대한학회 월보』

『대한흥학보』

4. 影印本

국사편찬위원회 편, 『한국사료총서 9: 수신사기록』, 1971

김윤식, "陰晴史", 『한국사료총서 06』, 국사편찬위원회, 1958

金綺秀, 『日東記游』, 國史編纂委員會 編, 『韓國史料叢書 9: 修信使記錄』, 1971

김홍집, 『修信使日記』, 『한국사료총서 06』, 국사편찬위원회, 1958

어윤중, "從政年表", 『한국사료총서 06』, 국사편찬위원회, 1958

『한국개화기교과서총서』 4, 아세아문화사 영인, 1977

朝鮮總督府, 『朝鮮施政の方針及實績』, 1915(대정 4년)

朝鮮總督府觀測所, 『朝鮮總督府觀測所』, 대정 4년

朝鮮總督府觀測所 大邱測候所, 『大邱測候所一覽』, 소화 12년

朝鮮總督府, 『朝鮮施政の方針及實績』, 1915(대정 4년)

우정100년사 편찬실 편, 『우정부사료 제5집: 고문서 5권』, 1982(정보통신부 행정자료실 소장)

朴志泰 편저, 『대한제국 정책사자료집 VIII』, 선인문화사, 1999

『일본전신전화공사, 電氣通信史資料 1』

5. 简史类

한국철도청, 『韓國鐵道史』 제1권, 2권, 1977

체신부, 『한국통신 80년사』

체신부, 『한국통신 100년사』

중앙기상대, 『한국기상일반』(명치 38년. 1905)

전라북도 목포측후소, 『木浦測候所要覽』(소화 5년)

6. 单行本

강문형, 『工部省』, 허동현 편, 『朝士視察團關係資料集 12』, 國學資料院, 2000

강상규, 『19세기 동아시아의 패러다임 변환과 한반도』, 논형, 2008

강신엽, 『조선의무기1: 훈국신조군기도설 훈국신도기계도설』, 봉명, 2004

경성부, 『경성부사(京城府史)』, 1934

국사편찬위원회 편, 『하늘 땅, 시간에 대한 전통적 사색』, 두산동아, 2007

국사편찬위원회 편, 『농업과 농민, 천하대본의 길』, 두산동아, 2009

강재언, 『조선의 서학사』, 민음사, 1990

교수신문기획, 『고종황제 역사청문회』, 푸른역사, 2005

구만옥, 『조선 후기 과학사상사 연구─주자학적 우주관의 변동』, 혜안, 2004

국방군사연구소, 『韓國武器發達史』, 국방군사연구소, 1994

기상청 기후국 기상정책과, 『근대기상100년사』, 기상청, 2004

길모어 지음, 신복룡 역, 『서울풍물지』, 집문당, 1999

김근배, 『한국 근대 과학기술인력의 출현』, 문학과지성사, 2005

김수길, 윤상철, 『천문유초』, 대유학당, 2009

김영식, 『과학혁명』, 민음사, 1986

김영식, 김근배 엮음, 『근현대 한국사회의 과학』, 창작과비평사, 1998

김영식,『동아시아 과학의 차이』, 사이언스북스, 2013

김원모,『한미수교사』, 철학과현실, 1999

나애자,『韓國 近代 海運業史 研究』, 국학자료원, 1998

나일성,『서양과학의 도입과 연희전문학교』, 연세대학교 출판부, 2004

니덤 지음, 콜린 로넌 축약,『중국의 과학과 문명: 수학, 하늘과 땅의 과학, 물리학』, 까치, 2000

러시아 대장성 편, 한국정신문화연구원 번역,『국역 한국지』, 1984

로잘린 폰 묄렌도르프 지음, 신용복, 김운경 옮김,『묄렌도르프文書』(1930), 평민사, 1987

묄렌도르프 부부 지음, 申福龍, 金雲卿 옮김, "묄렌도르프문서",『데니文書·묄레도르프 文書』, 평민사, 1987

민승기,『조선의 무기와 갑옷』, 가람기획, 2004

민종묵,『문견사건』,『조사시찰단관계자료집 12』

박경룡,『開化期 漢城府 研究』, 일지사, 1995

박경룡,『서울의 개화백경』, 수서원, 2006

박성래,『한국사에도 과학이 있는가』, 교보문고 1997

박성래,『한국과학 사상사』, 유스북, 2005

박성순,『조선유학과 서양과학의 만남』, 고즈원, 2005

박윤재,『한국 근대 의학의 기원』, 혜안, 2005

박정양,『日本國見聞條件』,『조사시찰단관계자료집 12』

박종석,『개화기 한국의 과학교과서』, 한국학술정보, 2006

박지향 외,『해방전후사의 재인식』, 책세상, 2010

박충석, "박영효의 부국강병론", 와타나베 히로시, 박충석 공편,『'문명' '개화' '평화'―한국과 일본』, 아연출판사, 2008

박형우,『제중원』, 몸과마음, 2002

배재백년사 편찬위원회,『배재백년사』, 1989

배항섭,『19세기 조선의 군사제도 연구』(출전)

백성현, 이한우 지음,『파란 눈에 비친 하얀 조선』, 새날, 1999

서인한,『대한제국의 군사제도』, 혜안, 2000

신동원,『한국 근대 보건의료사』, 한울아카데미, 1997

알프탄, "1895년 12월-1896년 1월의 한국여행", 카르네프 외 4인 지음 (출전)

야부우치 기요시 지음, 전상운 역,『중국의 과학문명』, 민음사, 1997

에밀 부루다래 지음, 정진국 옮김,『대한제국 최후의 숨결』, 글항아리, 2009

왕현종,『한국 근대국가의 형성과 갑오개혁』, 역사비평사, 2002

용산구,『용산구지(龍山區志)』, 1992

윌리엄 맥닐 지음, 신미원 옮김,『전쟁의 세계사』, 이산, 2005

유길준 저, 김태준 역,『서유견문 속』, 박영사, 1982

유길준,『서유견문』, '지구세계의 개론' (출전)

유길준 저, 채훈 역주,『서유견문』, 명문당, 2003

유봉학,『연암일파 북학사상연구』, 일지사, 1995

유영익,『甲午更張硏究』, 일조각, 1990

유영익, "청일전쟁과 삼국간섭기" (출전)

이만열,『한국기독교의료사』, 아카넷, 2003

이배용,『한국근대광업침탈사연구』, 일조각, 1989

이용범,『중세서양과학의 조선전래』, 동국대출판부, 1988

이태진,『고종시대의 재평가』, 태학사, 2000

이필렬,『우리나라 기상사 정립에 관한 연구』, 기상청, 2007

이하상,『측우기』, 소와당, 2012

제이콥 로버트 무스 지음, 문무홍 옮김,『1900, 조선에 살다』, 푸른역사, 2008

전상운,『시간과 시계, 그리고 역사』, 월간시계사, 1994

전우용, "일제하 서울 남촌 상가의 형성과 변천", 김기호, 양승우, 김한배, 윤인석, 전우용, 목수현, 은기수,『서울남촌: 시간, 장소, 사람』, 서울학연구소, 2003

전우용,『서울은 깊다』, 돌베개, 2008

정재정,『일제침략과 한국철도: 1892~1945』, 서울대학교 출판부, 1999

조준영,『문견사건』, 허동현 편,『조사시찰단관계자료집 12』, 국학자료원, 2000

지바현역사교육자협의회세계사부 지음, 김은주 옮김,『물건의 세계사』, 가람기획, 2002

차문섭,『조선시대군사관계연구』, 단국대학교 출판부, 1995

최문형,『국제관계로 본 러일전쟁과 일본의 한국병합』, 지식산업사, 2004

최문형,『한국을 둘러싼 열강의 각축』, 지식산업사, 2001

토마스 쿤,『과학혁명의 구조』(출전)

톰 스탠디지(Tom Standage) 지음, 조용철 옮김,『19세기 인터넷과 텔레그래프 이야기』, 한울, 2001

퍼시벌 로웰 지음, 조경철 옮김,『내 기억 속의 조선, 조선 사람들』, 예담, 1999

한철호,『親美開化派硏究』, 국학자료원, 1998

허동현,『近代韓日關係史硏究』, 국학연구원, 2000

홍이섭,『조선과학사』, 정음사, 1946

A. 이르게바예프, 김정화 옮김,『러시아 첩보장교 대한제국에 오다』, 가야미디어, 1994

I. B. 비숍 지음, 신복룡 역주, 『조선과 그 이웃나라들』, 집문당, 1999

Dallet, 안응렬, 최석우 역주, 『한국천주교회사』 상, 분도출판사, 2000

Fred H. Harrington, 李光麟 譯, 『開化期의 韓美關係』, 일조각, 1983

Alexandre Koyre, "The Significant OF the Newtonia Syanthsis", Newtonian Studies (Univ. Chicago Press, 1865)

Benjamin A. Elman, From Philosophy to Philology: intellectual and social aspects of change in late imperical China (Cambridge(Massachusetts) and London: Harvard University Press, 1984)

Benjamin Elman, On Their Own Terms, Science in China (Havard University, 2005)

Charles Gillispie, 『The Edge of Objectivity』

Michael Lackner, Iwo Amelung, and Joachim Kurtz, *New Terms for New Ideas: Western Knowledge and Lexical Change in Late Imperial China* (Leiden: Brill, 2001)

G. E. R. Lloyd, Early Greek science: Thales to Aristotle (New York: Norton press, 1970)

H. Butterfild, The Origins of Modern Science:1300–1800. revised edtitin (NY. 1957)

Paulo Rossi, "Truth and Utility in the Science of Francis Bacon", *Philosophy, Technology and the art in the early Modern Era* (New York, 1970)

Scott L. Montgomery, Science in translation: movements of knowledge through cultures and time (The University of Chicago Press, 2000)

Thomas Kuhn, The Copernican revolution: planetary astronomy in the development of Western thought (Cambridge : Harvard University Press, 1985)

伊藤篤太郎, "博物學雜誌ノ發行ヲ祝ス", 日本科學史學會編, 『日本科學技術史大系』 15卷

裵亢燮, 『19세기 朝鮮의 軍事制度 研究』, 국학자료원, 2002

善積三郎, 『京城電氣株式會社二十年沿革史』, 京城電氣株式會社:東京, 1929

朝鮮電氣協會, 『朝鮮の電氣事業を語る』, 朝鮮電氣協會, 1937,

7. 论文

강순돌, "애국계몽기 지식인의 지리학 이해: 1905~1910년의 학보를 중심으로", 『대한지리학회지』 제40권 제6호, 2005

구만옥, 『담헌 홍대용의 우주론과 인간, 사회관—조선후기 자연관 변화의 일단』, 연세대

석사학위논문, 1995

권석봉, "洋務官僚의 對朝鮮列國 立約勸導策", '『앞 책』(1997)

권석봉, "영선상행에 대한 일고찰",『역사학보』제17, 18집, 1962

권태억, "1904-1910년 일제의 한국 침략 구상과 '시정개선'"

권태억, "1904-1910년 일제의 한국침략 구상과 '施政改善'",『韓國史論』31(2004)

김경일, "문명론과 인종주의, 아시아 연대론",『사회와역사』제78집, 2008

김성근, "근세일본에서의 氣的 세계상과 원자론적 세계상의 충돌",『동서철학연구』61호, 2011

김성근, "동아시아에서 '자연(nature)'이라는 근대 어휘의 탄생과 정착",『한국과학사학회지』, 32-2, 2010

김성근, "일본의 메이지 사상계와 '과학'이라는 용어의 성립과정",『한국과학사학회지』25-2, 2003

김성덕, "1873년 고종의 통치권 장악 과정에 대한 일고찰",『대동문화연구』72

김성혜, "고종 친정 직후 정치적 기반 형성과 그 특징",『한국근현대사연구』52, 2010

김세은,『고종초기(1863~1876) 국왕권의 회복과 왕실행사』, 서울대 박사학위논문, 2003

김신재, "박규수의 개화사상의 성격",『경주사학회』19, 2000

김연희, "고종시대 서양 기술 도입: 철도와 전신분야를 중심으로",『한국과학사학회지』제25권 제1호, 2003

김연희, "대한제국기 전기사업, 1897-1905년을 중심으로",『한국과학사학회지』19-2, 1997

김연희, "서양 과학의 도입에 대한 지식인의 태도"(가제), 미발표원고

김연희, "영선사행 군계학조단의 재평가",『한국사연구』137호, 2007

김연희, "전기도입에 의한 전통의 균열과 새로운 문명의 학습: 1880~1905년을 중심으로",『한국문화』59, 2012

김연희, "『한성순보』및『한성주보』의 과학기술 기사로 본 고종시대 서구문물수용 노력",『한국과학사학회』33-1, 2011

김영식, "李滉의 理氣觀과 新儒學傳統上에서의 그 位置",『퇴계학보』81-0, 1994

김영식, "물질, 운동, 변화 등에 관한 주희의 견해",『철학사상』1권, 1991

김영식, "주희의『기』개념에 관한 몇 가지 고찰",『민족문화연구』19-0, 1986

김영희, "대한제국 시기의 잠업진흥정책과 민영잠업",『대한제국연구(V)』, 이화여자대학교 한국문화연구원, 1986

김용구, "조선에 있어서 만국공법의 수용과 적용",『국제문제연구』23-1, 1999

김원모, "조선보빙사(朝鮮報聘使)의 美國使行(1883) 硏究(下)",『東方學誌』50, 1986

김정기, "1880년대 기기국 機器廠의 설치" 99(1978)

김정기, "조선정부의 청차관도입(1882-1894)", 『한국사론』 3, 1978

김정기, "청의 조선에 대한 군사정책과 종주권(1879-1894)", 『변태섭박사 화갑기념사학논총』, 1985

김준석, 『조선후기 국가재조론의 대두와 그 전개』, 연세대학교 박사학위논문, 1990

김채수, "근현대 일본인들의 서구의 자연관 수용양상과 그들의 자연에 대한 인식 고찰", 『일본문화연구』 9, 2003

羅愛子, 『韓國近代 海運業發展에 관한 硏究』, 이화여자대학교 박사학위논문, 1994

남상준, "한국근대교육의 지리교육에 관한 연구", 『교육개발』 14-4(Vol.79), 1992

노인화, "대한제국시기 한성전기회사에 관한 연구", 『이대사원』 17, 1980

문중양, "18세기 조선 실학자의 자연지식의 성격―상수학적 우주론을 중심으로". 『한국과학사학회지』 21-1, 1999

문중양, "조선후기 실학자들의 과학담론, 그 연속과 단절의 역사―기론적 우주론 논의를 중심으로", 『정신문화연구』 26-4, 2003

미야가와 타쿠야, "20세기 초 일제의 한반도 기상관측망 구축과 기상학의 형성", 『한국과학사학회지』 제32-2, 2010

朴萬圭, "韓末 日帝의 鐵道 敷設. 支配와 韓國人 動向", 『韓國史論』 8권, 1982

박성래, "마테오 릿치와 한국의 서양과학수용", 『동아연구』 3, 1983

박성래, "정약용의 과학사상", 『다산학보』 1, 1978

박성래, "한국근세의 서양과학수용", 『동방학지 20』, 1978

박성래, "한성순보와 한성주보의 근대과학 인식", 김영식, 김근배 엮음, 『근현대 한국사회의 과학』, 창작과비평사, 1998.

박성래, "홍대용의 과학사상", 『한국학보』 23, 일지사, 1981

박성래, "개화기의 과학수용" (1980)

박성래, "大院君시대의 科學技術", 『동방학지』, 1980

박성래, "한국의 첫 근대유학" (1980)

박성진, "한국사회에 적용된 사회진화론의 성격에 대한 재해석", 『현대사연구』 제10호, 1998

박영민, 김채식, 이상구, 이재화, "수학자 이상설이 소개한 근대자연과학: 〈식물학(植物學)〉", 『한국수학교육학회 학술발표논문집』 2011권 1호, 2011

박종석, 정병훈, 박승재, "1895년부터 1915년까지 과학교과서의 발행, 검정 사용에 관련된 법적 근거와 사용승인 실태", 『한국과학교육학회지』 18-3, 1998

박찬승 "사회진화론 수용의 비교사적 검토 한말 일제시기 사회진화론의 성격과 영향",

『역사비평』 1996년 봄호(34호), 1996

서영희, 『광무정권의 국정운영과 일제의 국권침탈에 대한 대응』, 서울대학교 박사학위논문, 1998

설한국, 이상구, "이상설: 한국 근대수학교육의 아버지", 『한국수학사학회지』 22권 3호, 2009

송명진, "'국가'와 '수신', 1890년대 독본의 두가지 양상", 『한국어어문화』 39, 2009

신동원, "公立醫院 濟衆院, 1885-1894", 『韓國文化』, 제16집, 1995

신동원, "한국 우두법의 정치학―계몽된 근대인가, '근대'의 '계몽'인가', 『한국과학사학회지』 22-2, 2000

양상현, 『大韓帝國期 內藏院 財政管理 硏究: 人蔘·礦山·庖肆·海稅를 중심으로』, 서울대학교 박사학위논문, 1997

연갑수, "고종초중기 정치변동과 규장각", 『규장각』 17, 1994

오진석, "광무개혁기 근대산업육성정책의 내용과 성격", 『역사학보』 193, 2007

오진석, 『한국근대 전력산업의 발전과 경성전기(주)』, 연세대학교 박사학위논문, 2006

은정태, 『고종친정 이후 정치체제 개혁과 정치세력의 동향』, 서울대 석사학위논문, 1998

이광린, "미국 군사교관의 초빙과 연무공원(鍊武公院)", 『진단학보』 28-0, 1965

이광린, "한국에 있어서의 만국공법의 수용과 그 영향", 『동아연구』 1집, 1982

이꽃메, 『한국의 우두법 도입과 실시에 관한 연구 : 1876년에서 1910년까지를 중심으로』, 서울대학교 석사학위논문, 1993

이면우, 『韓國 近代敎育期(1876-1910)의 地球科學敎育』, 서울대 박사학위논문, 1997

이배용, "개항 후 한국의 광업정책과 열강의 광산탐사", 『이대사원』 10권 0호, 1972

이상구, "한국 근대수학교육의 아버지 이상설(李相卨)이 쓴 19세기 근대화학 강의록 『화학계몽초(化學啓蒙抄)』", 『Korean Journal of mathematics』 20권 4호, 2012

이상구, 박종윤, 김채식, 이재화, "수학자 보재 이상설(李相卨)의 근대자연과학 수용―『백승호초(百勝胡艸)』를 중심으로―", 『E-수학교육 논문집』 27권4호, 2013

李升熙, "일본에 의한 한국통신권 침탈", 『제48회 역사학대회(발표요지)』, 2005

이윤상, 『1894~1910년 재정제도와 운영의 변화』, 서울대학교 박사학위논문, 1996

이창익, 『조선 후기 역서의 우주론적 복합성에 대한 연구』, 서울대 박사학위논문, 2005

임경순, "통신방식의 역사", 『물리학과 첨단기술』, 2001년 6월호

임재찬, "병인양요를 전후한 대원군의 군사정책", 『복현사림』 24권 0호, 2001

임종태, "무한우주의 우화", 『역사비평』 71, 2005

장보웅, "개화기의 지리교육", 『지리학』 5(1), 1970

장현근, "유교근대화와 계몽주의적 한민족국가 구상", 『동양정치사상사』 제3권 제2호,

2003

전복희, "사회진화론의 19세기말부터 20세기초까지 한국에서의 기능", 『한국정치학회보』
　　제27집 제1호, 1993

전복희, "애국계몽기 계몽운동의 특성", 『동양정치사상사』Vol.2, No.1, 2003

전상운, "담헌 홍대용의 과학사상", 『이을호박사정년기념실학논총』, 1975

전용호, "근대 지식 개념의 형성과 『국민소학독본』", 『우리어문연구』 25-0, 2005

전용훈, 『조선후기 서양천문학과 전통천문학의 갈등과 융화』, 서울대 박사학위논문, 2004

전우용, 『19세기~20세기 초 한인회사 연구』, 서울대 박사학위논문, 1997

정상우, "개항이후 시간관념의 변화", 『역사비평』 50호, 2000

정상우, "일주일 도입고찰을 위한 시론", 『문화과학』 44호, 2005

정인경, "일제하 경성고등공업학교의 설립과 운영", 『한국과학사학회지』 16-1, 1994

정재걸, "원산학사에 대한 이해와 오해", 『중등우리교육』제1호, 1990

정재걸, "韓國 近代教育의 起點에 관한 研究", 『教育史學研究』 제2·3집, 1990

鄭在貞, "京義 鐵道의 敷設과 日本의 韓國縱貫鐵道 支配政策", 『방송대학논문집』 3집,
　　1984

鄭在貞, "京釜 京義鐵의 敷設과 韓日 土建會社의 請負工事活動", 『역사교육』 37·38합
　　집, 1985

조형근, "식민지와 근대의 교차로에서—의사들이 할 수 없었던 일", 『문화과학』 29호,
　　2002

주광호, "周敦頤『太極圖說』의 존재론적 가치론적 함의", 『한국철학논집』 20-0, 2007

주진오, 『19세기 후반 개화개혁론의 구조와 전망』, 연세대 박사학위논문, 1995

채성주, "근대적 교육관의 형성과 "경쟁" 담론", 『한국교육학연구』, 2007

최병욱, "대원군의 하야에 대하여", 『서암조병래교수화갑기념 한국사학논총』, 아세아문
　　화사, 1992

최보영, "育英公院의 설립과 운영실태 再考察", 『한국독립운동사연구』 42, 2012

한철호, "고종 친정초(1874) 암행어사 파견과 그 활동—지방관를 중심으로", 『사학지』 31,
　　1998

허남준, 『조선후기 기철학 연구』, 서울대학교 박사학위논문, 1994

허남진, "홍대용의 과학사상과 이기론", 『아시아문화』 9, 한림대아시아문화연구소, 1993

허동현, " 1880년대 개화파 인사들의 사회진화론 수용양태 비교 연구—유길준과 윤치호
　　를 중심으로—", 『사총』 Vol.55, No.0, 2002

허동현, "1881년 조사 어윤중의 일본 경제정책 인식—『재정견문』 등을 중심으로", 『한국
　　사연구』 93, 1996

현채, 『문답 대한신지지』, 서문, 강철중, "문답 대한신지지 내용분석—자연지리를 중심으로", 『한국지형학회지』17-4, 2010

小川晴久, "氣の 哲學と實學", 『朝鮮實學と日本』, 共榮書房, 1994

索 引

A

爱国启蒙运动　7，176-178，204-205，
　209

安德伍德学校　186

B

巴黎博览会　129

摆拨　87-88

邦制地理　142，170，173

报聘使　28，78-79

北洋舰队　50-51

备边司　46

边政司　32

标准轨　101-102

别技军　32，49

兵器学　57

丙寅洋扰　18，24，45-47

波士顿博览会　78

博文局　32，134，173，175

不定时法　112，152-153，155，157

C

布勒什电气公司　105

参奉　25

参议　168

参赞官　30

参政大臣　140

参政课　71

蚕桑局　35

漕运　7，37

测候　142-143，159，161-162，164，
　167-170

测候所　168-169

测量学校　41

测天远镜　149

测雨器　161，166

插秧　64，67，79，83-84，159

产业革命　2-3，188，210

朝日通商章程　107

朝日同盟　94，119

朝鲜海防水师学堂　53

译者后记

　　朝鲜半岛也有着饱受侵略但不失光辉的近代史。19 世纪六七十年代，法国、美国、日本开始试图用坚船利炮打开朝鲜王朝的国门。朝鲜王朝秉持"事大交邻"的态度，与以日本为首的列强国家签订了一系列不平等条约，在一系列内忧外患的冲击下，朝鲜王朝统治阶级也希望能通过改革来实现国富民强，于是逐步建立了推动近代化事业的政府部门，派学徒来中国学习武器制造技术、建立新式军队，还多次派出使节去美国、日本和西欧诸国考察，引进先进农业技术和近代交通、通信系统，众多仁人志士留下了大量与近代技术引进的相关史料。虽然改革初期屡遭挫折，但随着交通和通信的进步、大众传媒的普及、近代科学的引入和新教育制度的引进，朝鲜半岛也逐渐走上了近代化的道路，而这也是他们发现自我与迷失自我相互交织的过程。

　　朝鲜王朝乃至大韩帝国的政府在近代化的尝试中规范政府财政管理、平衡各项产业，一有机会就开始积极推行近代化事业，不可谓不努力。而政治上的冲突也让朝鲜半岛体会到了近代化人才流失的切肤之痛，可谓是惨痛的教训。由于近代技术起步较晚且难以短期内形成竞争力，朝鲜半岛的铁路修筑与钢船制造很快就受制于日本，从中也可见大工业崛起的日本利用其技术优势，影响和干涉后发的国家，这也为其进一步侵略朝鲜半岛乃至中国而做了准备。

虽然在社会激变中经历了不少曲折，但是朝鲜半岛以中央政府为中心，以引进近代西方科学技术为前提，推进了多种多样的事业，使得整个社会发生了巨大变化。特别是随着政府推进近代化事业，近代设施在民间得到广泛使用。传统社会开始逐渐崩塌，身份和阶级的界限逐渐模糊。近代科学技术与朝鲜半岛的社会相辅相成，逐步推动了其社会的发展变化，并使其真正塑造出了自身特色。

历史通过文献载体穿越古今，向我们讲述先人的生活。《韩国近代科学之路》以一个现代韩国人的视角反思了朝鲜半岛近代科技走过的艰难历程，通过整合翔实的史料给读者呈现了距今一百多前的朝鲜半岛上的生活，译者在翻译过程中了解到了一些意料不到的传统技术背景，还有很多意料不到的近代技术引进过程，相信读者读完此书，一定能领略到一个藏在时代大背景下丰富的朝鲜半岛近代化社会，而这些历史也不应被人遗忘。

译者翻译过程中亦遇到了不少困难。为避免误译，也为了使译出的文本更加准确，符合科技类图书的语言规范，译者团队在译前就搜集了不少相关资料作为参考，对原著所论述的领域和专业术语都进行了充分的了解。由于今日韩国文字与朝鲜半岛近代的语言记录体系相比有了巨大的变化，为真实地还原当时的历史记录，译者团队查找了《朝鲜王朝实录》《承政院日记》等庞大的典籍，尽最大的努力将原文中出现的奏章内容以汉字原文的形态呈现了出来。

为保质保量地完成这本著作的翻译，译者团队明确分工，树立责任意识，共同商讨翻译的方法和策略。在翻译过程中，我们反复阅读分析原文语句，粗翻加细翻，力求最大程度保障译文准确性，同时注重语言表达的流畅性和逻辑性，力争符合汉语的表达习惯。在译后审校阶段，我们反复多次自校和互校，针对难译的点多次讨论。在本书的翻译和出版过程中，出版社也给予了我们非常大的帮助。编辑们针对书中出现的人名、地名、

专有名词、史料等反复核实，仔细审校，提出问题，推动了书籍的最终
面世。

在此，感谢全团队成员和编辑老师所付出的努力。希望通过本书的翻
译出版，引起广大读者对韩国近代史的关注，也为各领域研究韩国问题的
学者提供更翔实的记录和资料。恳望细心的读者把阅读期间发现的问题及
时反馈给我们或出版社，这将是对我们翻译工作的鞭策，也是我们改进的
重要动力。

仲维芳　曲均丽　崔　迪

2023.11.20

致　谢

中国社会科学院民族研究所郑信哲研究员对本书的出版编辑工作给予指导，并审阅了相关内容；中国社会科学院历史研究所李亚明研究员在本书的出版工作中提供了支持。我们在此表示衷心感谢。